美丽中国的江西样本

——生态文明在江西的实践

华斌　著

中国商业出版社

图书在版编目（CIP）数据

美丽中国的江西样本：生态文明在江西的实践 / 华斌著. -- 北京：中国商业出版社, 2021.9
ISBN 978-7-5208-1737-0

Ⅰ. ①美… Ⅱ. ①华… Ⅲ. ①生态环境建设—研究—江西 Ⅳ. ①X321.256

中国版本图书馆CIP数据核字(2021)第163226号

责任编辑：侯 静 杜 辉

中国商业出版社出版发行

010-63180647 www.c-cbook.com

（100053 北京广安门内报国寺1号）

新华书店经销

三河市嵩川印刷有限公司印刷

710毫米×1000毫米 16开 22.75印张 300千字

2021年9月第1版 2021年9月第1次印刷

定价：98.00元

前　言

勇争先

2001年，广东省突破性地成为我国第一个GDP超过万亿元的省份。

10年后的2011年，“十二五”开局之年，江西省经济总量实现了历史性的一跃，国内生产总值总量突破万亿元；而当年，广东省再一次突破，成为我国第一个GDP超过5万亿元的省份。

就在江西省刚刚进入“万亿元俱乐部”的时候，解散“万亿元俱乐部”的声音响起，不要污染的万亿元、不要不幸福的万亿元……

江西重新审视自己的发展观；

江西重新调整自己的发展路径；

江西重新定位自己的发展方式；

……

2013年，为应对当时工业经济下行压力，江西省组成11个工业促生产稳增长帮扶督导工作组，赴各设区市进行帮扶，面对面、一对一帮助企业解决实际困难和问题。对主营业务收入可过50亿元的重点企业，实行挂点联系制度；对受外部市场或政策影响、短期经营困难的重点企业，一厂一策制定具体帮扶措施，帮助企业渡过难关。建立全省工业运行协调服务长效机制，开通“企声通道”，对企业反映的问题进行分类整理、限时办理，对重大问题实行专题协调。

当年的7月底，江西省工业和信息化委员会出台20条措施，从督导帮扶、要素保障、开拓市场、优化环境等各方面，帮助企业促生产、稳增长。一年后的2014年8月，江西省人民政府发布了《关于促进经济平稳增长若干措施》，提出推进光伏发电应用、加快发展生产性服务业、促进房地产市场平稳健康发展等20条具体举措。2015年第一季度，在江西全省生产总值增长8.8%，居全国第五位、中部第一位的情况下，经济下行压力仍然较大，主要经济指标增幅继续回落。此刻，江西省人民政府制定并出台了《促进经济平稳健康发展的若干措施》，包括帮扶实体经济、积极扩大投资、促进转型升级、鼓励创新创业等四个方面共22条措施，再推健康发展上新台阶。

一系列的政策措施，一股劲儿地求发展。2017年江西省生产总值突破2万亿元大关，达到20818.5亿元，按可比价格计算，同比增长8.9%，高于全国2.0个百分点，稳定在中高速增长区间，保持在全国“第一方阵”，正式迈入“2万亿元俱乐部”。

2万亿元的背后，有诸多的新变化。

——第一产业增加值增长4.4%，占GDP比重9.4%，首次降至10%以下；工业稳步推进，增速保持全国领先、中部领跑势头；服务业发展步伐加快，第三产业增加值增速比第二产业快2.4个百分点，服务业增加值占GDP比重超过工业，高新技术产业增加值占规模以上工业增加值比重达30.9%，千亿元产业达11个，百亿元企业达17家；环境质量保持良好，绿色生态优势持续巩固；三次产业结构由2012年的11.7 ：53.8 ：34.5调整为9.4 ：47.9 ：42.7，新旧动能加快转换，高新技术产业增加值增长11.1%，占规模以上工业的30.9%；战略性新兴产业增加值增长11.6%，占规模以上工业的15.1%。六大高耗能行业增加值增长5.1%，较上年回落1.0个百分点，低于全省规模以上工业增速4.0个百分点；产业结构“农业比重历史性降到10%以下、服务业增加值超过工业比重”两个转折性变化，这个变化标志着江西的发展已经站在新的历史起点上，进入了由要素推动到创新驱动转变、由量的积累到量、质双升转变的新阶段。

——没有机器轰鸣声，更没有厂房、烟囱，被称为“空中开发区”的楼宇经济，占到了南昌市西湖区财政总收入的近“半壁江山”。这个寸土寸金的省会中心城区，让每一栋高楼大厦都成为一个园区、一家大型企业。2017 年，全区税收“亿元楼”有 8 栋，“千万元楼”有 17 栋，平均每平方米税收达 2402 元。一栋楼创造的税收超过一个大型企业，这是江西产业结构“蝶变”的缩影。

——消费接续发展动力。2017 年，江西省实现社会消费品零售总额 7448.1 亿元。其中，通过公共网络实现的商品销售 108.3 亿元，增长 39.4%，高于限额以上零售额增速 25.3 个百分点。2017 年，全省固定资产投资增长 12.3%，社会消费品零售总额增长 12.3%，增速分别比全国平均水平高 5.1 个和 2.1 个百分点，投资与消费增幅差距由上年的 2 个百分点发展到持平。

——出口这驾“马车”强劲发动。2017 年，江西省进出口总值首次突破 3000 亿元。其中，出口值 2222.6 亿元，增长 13.3%，较上年提高 17.7 个百分点。上饶的马家柚在南昌海关隶属的上饶海关，仅仅 19 秒，全部通关流程就办理完成，实现了首次出口。据统计，南昌海关的进出口通关时间均为全国平均水平的一半。

——2017 年，人均 GDP 突破 6000 美元，金融机构本外币存款余额突破 3 万亿元，城镇居民人均可支配收入首次突破 3 万元，达到 31198 元，同比增长 8.8%；农村居民人均可支配收入 13242 元，同比增长 9.1%。

——2017 年，江西省有 50 万人脱贫、1000 个贫困村退出、6 个贫困县达到摘帽条件，贫困人口减至 90 万人以下，贫困发生率由 12.6% 下降至 2.37%，井冈山市、吉安县实现脱贫，尤其是井冈山市在全国率先脱贫摘帽，意义重大。

——2017 年，江西省全面实施全民参保计划，健全城乡基本养老保险及医疗保险等制度，连续 13 年提高企业退休人员养老金水平，城乡低保、农村特困人员供养、城乡居民基本医保财政补助等标准水涨船高，社会保障网越织越密。

公立医院综合改革实现全覆盖，彻底终结了持续半个多世纪的“以药补医”政策。与改革前相比，江西省就医负担逐步减轻，居民个人卫生支出占卫生总费用的比重由 32.47% 降至 28.54%。

——2017 年，“租售同权”新政在江西落地，租房者子女可就近入学。全面提前完成国家下达的保障性安居工程目标任务，改造各类棚户区 24.23 万套，新增分配公租房超 11 万套。

——在过去的五年，江西综合经济实力实现历史性跃升。面对持续的经济下行压力，先后多次出台政策措施，打好稳增长“组合拳”。实施项目滚动投资计划、六大领域消费工程、扩大消费十大行动、外贸出口提升工程，促进“三驾马车”共同发力，固定资产投资、社会消费品零售总额、外贸出口年均分别增长 17%、12.6% 和 7%。推动“众创业、个升企、企入规、规转股、股上市、育龙头、聚集群”，促进实体经济健康成长，五年净增规模以上工业企业 4981 户、新增国家高新技术企业 1775 家。经过五年努力，江西全省主要经济指标实现“2 个翻番”“4 个突破”“8 个前移”：固定资产投资、金融机构本外币贷款余额比 2012 年翻一番；地区生产总值突破 2 万亿元，人均 GDP 突破 6000 美元，金融机构本外币存款余额突破 3 万亿元，城镇居民人均可支配收入突破 3 万元；科技进步综合水平、地区生产总值、一般公共预算收入、规模以上工业增加值、固定资产投资、外贸出口、城镇和农村居民人均可支配收入在全国位次前移。

——江西告别了没有高铁、没有地铁的历史，铁路营运里程突破 4000 公里，其中高铁里程 913 公里。

……

这些数据的背后，体现的是江西走出了一条质量更高、效益更好、结构更优、优势充分释放的发展新路。2 万亿元的江西，是质的胜利，江西站在了新的历史方位。

站上了新的历史起点，江西积蓄着新的澎湃势能。

站在新的历史起点，在中国经济已由高速增长阶段转向高质量发展阶段的大背景之下，我们能不能理性地看待 GDP 的功能，江西该如何正确处理发展速度与质量的关系，确实是一个值得认真思考的问题。

GDP 被认为是人类在 20 世纪的一大创造，它是指一个国家（或地区）所有常住单位在一定时期内生产的全部最终产品和服务价值的总和，常被认为是衡量国家（或地区）经济状况的指标。一个地区的 GDP 大幅增长，反映出当地经济发展、居民收入增加；反之，则显示该地区经济处于衰退状况，居民消费能力减弱。改革开放以来，中国经济释放出巨大潜能，在 GDP 指标的衡量下，如同蓄积已久而一朝喷涌的洪流，势不可当地奔腾向前。如今，中国 GDP 总量已稳居世界第二，创造了世界经济发展史上的奇迹。

从这个角度来看，GDP 跨越 2 万亿元，对江西来说无异于一座里程碑，是江西崛起的一个重要标志，对全体江西人来说都是一件值得庆贺的大喜事。曾几何时，不少人一提到江西，不仅会想起红色革命根据地，还往往会把这片土地与贫穷落后联系在一起。从“吴头楚尾”的优越位置陷入“不东不西”的尴尬境地，皆因江西经济欠发达的基本省情。对江西这样一个有着 4600 万人口、16.69 万平方公里广袤山川的省份来说，无论是实现中部崛起，还是建设生态文明先行示范区，抑或是让全体江西人民过上富足的好日子，都需要一定的经济总量作支撑。否则，再美好的蓝图都是空中楼阁。因此，无论是过去、现在，还是今后一段时间，持续做大江西经济总量都是矢志奋斗的目标。

然而，我们也应清醒地认识到，GDP 并非万能。熟悉经济学的人们大都听过这样一个形象的比喻：两个母亲各自在家照看孩子，这样并不会产生 GDP；假设双方交换孩子照看并彼此付费，GDP 就产生了。可是，这样做全然忽略了孩子的痛苦。这个比喻意在告诉人们，用 GDP 来衡量经济社会发展是有局限性的。比如，一个南昌的白领和一个赣南山区的农民，两者的获得感与幸福感存在巨大差异，用人均GDP来衡量显然无法做到全面客观。而且，GDP的数字里面也没有空气和水的质量，不能反映环境因素给经济社会发展带来的重大影响。如果将GDP作为评价经济社会发展的单一指标，就意味着社会无须关注公平正义,企业也可以一味地追逐经济利益而不考虑环境污染问题。在这种情况下，GDP依然会增加，但“可持续发展”就是一句空话。事实上，盲目追求GDP的现象，在粗放式发展阶段并不鲜见。一段时间里，在“以GDP论英雄”的考核指挥棒下,有的人将“以经济建设为中心”异化为“以GDP为中心”，把“发展是硬道理”片面地理解为“经济增长是硬道理”，结果是：经济数据增长了，环境却遭到破坏，贫富差距拉大，一些民生问题长期得不到解决，给未来发展留下沉重的包袱。实践证明，要推动经济向中高端迈进，不能唯GDP是从，而要尊重经济规律和自然规律，通过全面深化改革、调整产业结构来力促经济转型升级，着力提高发展的质量。

在改变将GDP作为唯一发展评价指标做法的同时，亦不能不要GDP，否则无异于“将孩子和洗澡水一起泼掉”，走向另一个不理性的极端。从这个角度来看，“2万亿元”江西再出发、勇争先，追求的是没有水分、更有含金量的GDP，要的是经济总量和发展质量的双提升。中共江西省委提出“创新引领、绿色崛起、担当实干、兴赣富民”工作方针，根本目的就是兴赣富民，这是执政为民、贯彻落实新发展理念的具体行动。把“兴赣”和“富民”有机统一起来，强调的就是持续做大经济总量、做大民生“蛋糕”，让江西的改革发展成果更多更公平惠及全省人民；在分好“蛋糕”的过程中，不断增强全体江西人的获得感和幸福感。给人民带来充分的就业和收入增长，让人民的工作和生活条件得到持续改善，不让一个贫困群众在全面建成小康路上掉队，高新技术产业占比提升，让绿水青山变成金山银山。

在江西省委领导的心目中，未来，江西追求的GDP增长，既要体现经济总量的扩张，也要推动社会事业的进步，更要提高人民群众的生活水平。可以说，这就是富有含金量的GDP，就是大家要努力实现的高质量发展。

江西跃跃欲试，要成为美丽中国的“样板”。

但是，2万亿元数据的背后也说明，江西举全省之力的成果，也仅仅相当于一个深圳、两个长沙和四个南昌。发展不足仍然是江西的主要矛盾，欠发达仍然是江西的基本省情，相对落后仍然是江西的最大现实，2万亿元经济总量还不足以改变这一现状。

江西要在2020年与全国同步实现全面小康，并在更远的愿景中，实现全民富裕，举目向山，江西的视野已不仅仅，也不应仅仅在长三角、珠三角、海西、长江经济带……中共江西省委书记刘奇曾言，“站在全国和世界大格局中审视江西，我们既对我省发展日新月异、经济社会稳中向好充满信心，也为外部竞争咄咄逼人、自身发展面临深层次矛盾而倍感压力”。

2018年是改革开放40周年，从道路中调整方向，从经验中汲取力量，从发展中看见未来，从奋斗中获得幸福。从世界的大格局中，从世情、国情、省情审视江西，登高望远，江西的新起点，应该是，也必然是，不以江西为世界，而以世界谋江西。

2019年5月20—22日，习近平总书记到江西考察调研期间，主持召开推动中部地区崛起工作座谈会，特别鼓励江西要在推动中部地区崛起上勇争先，描绘好新时代江西改革发展新画卷。

勇争先，是目标，身处中位的江西，要进入发展的第一方阵；

勇争先，是精神，改革进入深水区，要攻坚克难求发展；

勇争先，是江西人民的发展力量——勇争先！

目　录

第一章　泛时代

改革开放的初期，江西依靠自身力量、自身资源发展经济，首先形成了昌九工业走廊、环鄱阳湖经济圈，实现了国内生产总值第一个 1 万亿元。

到 20 世纪末期，江西发展的内生动力已显不足，此时，从国家战略，以长三角为代表的东部沿海和以珠三角为代表的南部沿海已经获得了超常的发展，产业需要转移，发展需要更广大的空间调配，而江西所处的独特的区位优势，必然地让江西迎来了一个外生发展的泛时代。

这是一个迈向区域的时代，是一个从大陆经济迈向海洋经济的时代。

泛时代实现了江西国内生产总值第二个 1 万亿元。

第一节 缪尔达尔效应

在中国江西网“大江论坛”上有一篇持续多年的热帖——“江西为什么落后？”

江西省是全国唯一同时毗邻长江三角洲、珠江三角洲和海西经济区这三个活跃经济区的省份，又有长江中游城市群规划、鄱阳湖生态经济区、赣南等原中央苏区振兴发展、罗霄山片区区域发展、赣江新区、生态文明试验区等多个战略的叠加，全省是“一带一路”建设内陆腹地的重要支撑点，南昌是“重点节点城市”。但这样优越的区域位置却没有给江西带来经济超越性的发展和在全国领先的位置，是什么原因使得江西依然落后？

社会经济制度永远处在一个不断演进的过程中，这个过程由社会、经济、技术、政治、文化等因素的进步造成，也促进生产要素不断地流动。市场运行是一个连续的过程，在这个过程中各种经济力量以累积的方式相互作用，最终推动经济系统进一步脱离它的初始位置，要么发展进步，要么停滞不前，甚至倒退衰败。经过改革开放40年的中国，今天就呈现出长三角、珠三角地区持续发达和进步的经济区域，东三省等地发展缓慢，而更多的省份和城市依然处于爬坡阶段，不努力，松松劲儿，一不留神，就会处于停滞不前甚或倒退的境况。同时，也有一些省份，如河北省、江西省，区位条件虽得天独厚，但发展速度却赶不上沿海省份。

这种情况早在20世纪中叶就有经济学家发现、关注、研究。

1957年，瑞典著名经济学家缪尔达尔在批判新古典主义经济发展理论所采用的传统静态均衡分析方法的基础上，在他的论著《经济理论和不发达地区》中提出了循环累积因果原理。他认为市场机制能自发调节资源配置，使各地区的经济得到均衡发展，但不符合发展中国家的实际。事实上，长期信奉市场机制的发达国家也没有实现地区的均衡发展。因此缪尔达尔提出，应采用动态非均衡和结构主义分析方法来研究发展中国家的地区发展问题。

所谓的循环累积因果原理，就是在社会经济发展的动态过程中，社会经济各因素之间存在着循环积累的因果关系。某一社会经济因素的变化，会引起另一社会经济因素的变化，然而，这后一因素的变化反过来会加强前一经济因素的变化，最终导致社会经济过程沿着最初的那个因素变化的方向发展，从而形成累积性的循环发展趋势。

在分析观察实践中，该理论对应两大效应，即回流效应，就是落后地区的资本、劳动力、资金、技术等生产要素会受要素差异的吸引自发地向发达地区流动，最终导致落后地区要素不足，发展更加缓慢；扩散效应，就是在经济发展到一定的水平，发达地区的生产要素向落后地区流动促进落后地区的发展。

人们期待的是共赢的扩散效应，但在实际发展中，对于发展的追求似乎没有极限，从而更多的时候产生的是人们普遍担心的回流效应。产生回流效应有多种原因，其中最重要的是制度原因，资本的逐利性，生产要素丰富的地区使得经济活动的开展更为方便，利润会更高，逐渐形成了发达地区，其他地区为欠发达地区，市场力量不断加强了这种区域的不平衡。其次是移民、资本流动、贸易的原因，经济的扩张吸引了欠发达地区的科技人才等创造性的力量流向发达地区，使得发达地区经济发展更为迅速，而欠发达地区的发展像被吸空了一样。总之，循环累积因果论认为，经济发展过程首先是从一些较好的地区开始，一旦这些区域由于初始发展优势而比其他区域超前发展时，这些区域就通过累积因果过程，不断积累有利因素继续超前发展，导致增长区域和滞后区域之间发生空间相互作用。

缪尔达尔认为，在动态的经济发展过程中，是受到回流效应和扩散效应的相互作用的，区域间能否得到协调发展关键取决于这两种效应孰强孰弱。但在缪尔达尔看来，市场力量的作用一般趋向于强化而不是弱化区域间的不平衡，即如果某一地区由于初始的优势而比别的地区发展得快一些，那么它凭借已有优势，在以后的日子里会发展得更快一些。市场力作用的固有趋势，或说是规律，就是要产生区域之间的不平等，也就是说，回流效应要远远大于扩散效应，落后地区的资金、劳动力向发达地区流动，导致落后地区要素不足，发展更慢，而且越不发达，这种不平等的趋势越明显。这种市场力的作用一般倾向于增加而非减少地区间的不平衡，地区间发展不平衡，使得某些地区发展要快一些，而另一些地区发展则相对较慢，一旦某些地区由于初始优势而超前于别的地区获得发展，那么这种发展优势将保持下去。因此，发展快的地区将发展得更快，发展慢的地区将发展得更慢。

水村，是位于江西南部山区的一个村庄，在“十五”计划中被列入江西省重点扶贫村，2005 年全县人均收入仅 1500 元。

水村，是 21 世纪第一个十年中期，中国社会科学院“中国农村贫困定性调查”田野调查的十二个村庄之一。由于地少人多，且靠近广东和福建，占全村人口 60% 的青壮年劳动力几乎全部都外出打工，外出打工的收入构成了村民的主要收入。在大量劳动力外出打工之前，村庄多数家庭处于贫困状态；而在此之后，大量家庭变成了中等收入家庭。尽管村民的收入有明显提高，但是因为支出的增加，农民生活的脆弱性并没有降低。农民必需的支出包括建房的费用、教育和医疗费用，以及不断增加的农业生产费用。而“五保户”制度是唯一对缺少劳动力家庭提供帮助的制度，每年 800 元的补助基本可以维持他们的生存。

中国社科院的田野调查发现，这个村，贫困主要体现在两个层面上：第一个层面是社区层面的贫困，第二个层面是农户层面的贫困。社区层面贫困首先体现在村庄的青壮年劳动力大量外出，村内常住人口老龄化，在村内从事农业的主要是老人和妇女；其次也表现为村内经济结构简单，农业收入很低。农户层面的贫困首先体现在那些无法维持生存的家庭中。对于一般家庭来说，贫困主要体现为其经济的脆弱性。尽管外出打工增加了农民的现金收入，但是对于多数家庭来说，他们的生存状态非常脆弱；农业收入只能维持家庭的口粮，而家庭日常支出的维持只能依靠打工收入。这样的平衡非常脆弱，一旦出现疾病、教育等意外支出，家庭就会陷入贫困；甚至即便没有意外事情发生，正常家庭进入低收入的周期，也就是孩子还未成为劳动力，而又有老人需要照顾的时候，家庭的收入也会明显减少，从而进入村内贫困家庭的行列。

水村的农业生产以水稻种植为主，不过，在镇政府的倡导下，水村还开展过许多产业。

2000—2001 年村里进行了种席草的产业化试点，但是后来几十亩的席草却没有销路，村委会只好出几百块钱叫会计把席草堆起来，当作肥料沤肥。当初种子买得很贵，花了 8000 多元。而且租村民的田要交租金，所以光这一项村里就亏了 10000 多元。

2002—2004 年镇里要求种 5 亩葡萄，如果不种的话就出 5 亩葡萄的钱，也就是出 3000 元钱给镇政府。当时村委会点名让某户老表种，无偿付给他 1 万元作为对他的补贴，但三年下来他也没挣到钱。

此外，2002 年镇里要求种榨菜，村委会就让种，后来却没有找到销路。但是，村里对村民的承诺必须兑现，所以村委会只好每斤亏本 1 毛钱把村民种的榨菜收上来，最后全部倒进塘里。

2006 年镇政府要求水村种 15 亩烟叶，也是一个强制性任务，如果哪个村的任务没完成，干部就必须辞职。但是，由于前些年的产业化经营都失败了，而且现在村里年轻人都外出了，留在村里的老人、妇女对于尝试新的东西不感兴趣，水村的三名村干部只好租别人的田各自种了 5 亩。搞了几次“产业化”，村委会前后贴了三四万元钱，经济也被“挖空”了。

……

在江西的贫困问题中，还有一个特殊的群体，就是生活在革命老区的父老乡亲。

中华人民共和国刚成立的时候，百废待兴，经济发展缓慢，当年曾经倾其所有支持红色政权的江西苏区，其发展与中国其他地区的差距并不明显，以江西省原中央苏区的瑞金等 11 个县为例，1949 年人均经济实力为全国均值的 90.1%。但是，新中国成立后到 1978 年的这 30 年间，降到了 46.2%。改革开放后，其他地区得到了快速的发展，但这一地区的经济发展却相对滞后，到 2011 年人均经济实力降为全国均值的 33.8%。

虽然当地历年来致力于减少贫困人口，改善低收入人群生活条件，但截至

2011 年 12 月，以人均纯收入 2300 元以下的新标准计算，瑞金有近 16 万人处于贫困线以下，占农村总人口的 30.77%。甚至人们很难想象，这里仍有 1921 个村不通公路，3480 个村不通自来水，16634 户没有电视，另有 2.8 万人生活在深山区和地质灾害频发区。全市仍有 35 个村部未通电话；有 8.2 万人饮水得不到保障，16.9 万人在饮用含氟量超标的水；全市中小学校舍严重不足，教学器材、电化教学软件和硬件明显不配套，市区中小学校成班率长期居高不下，基本上每班多达七八十人。全市 20%以上的村没有卫生室，95%以上的村卫生室不能做到“三室公开”，设备简陋，医疗隐患严重。图书馆还是 20 世纪 70 年代初的模样，作为一个市，没有一个影剧院，没有一个标准田径运动场……

与瑞金类似的革命老区县虽然所处区域不同，自然经济状况也有较大差异，但存在以下几个共同特点。一是自然条件普遍较差，绝大多数分布在山区、边远地区、高寒地区、灾害多发地区，道路状况较差，交通不便，气候恶劣，各类自然灾害发生比较频繁，人口密度较小。二是经济发展落后，发展基础薄弱，产业结构调整缓慢，多以农业、牧业为主导产业，大部分地区第二、三产业发展滞后，经济发展动力不足，生产力水平较低。三是财政收支矛盾突出，财政收入规模小，自给率低，支出主要依靠上级转移支付，财力非常紧张，维持收支平衡压力大，债务负担也普遍较重。四是社会事业投入不足，路、水、电等基础设施建设欠账较多，农村中小学教育、公共卫生、体育文化、社会保障等民生领域投入不足，发展滞后，群众生产生活条件较差，支出需求较大。2010 年，全国城镇居民人均可支配收入为 19109 元，而在已经确定的 38 个苏区县中，有 27 个县低于 15000 元，占 70%。江西抽样苏区县人均地方财政收入 1058.10 元，全省人均地方财政收入 1749 元；广东抽样苏区县人均地方财政收入 647.41 元，全省人均地方财政收入 4650 元；福建抽样苏区县人均地方财政收入 1272.60 元，全省人均地方财政收入 3126 元。

据2010年瑞金市农村社会经济调查队调查统计，全市人均纯收入在1196元以下的贫困人口有9.6万人，占全市人口的14.7%，这个指标比全国高出8.7个百分点。这部分人大部分都集中在边远山区、地域偏远、交通不便、资源匮乏、生态环境恶劣的贫困村、组。如拔英乡的高岭村、红门村，丁陂乡的里田村，瑞林镇的森峰村。同时，一部分初步解决了温饱的贫困户，抵御自然灾害的能力差，遇自然灾害极易返贫。2008年的雪灾和2010年的洪灾导致瑞金农业、林业、果业直接经济损失近10亿元，因灾返贫人口达2万人。

从总体上看，瑞金市经济长期处于低投入低产出的低水平运作之中，仍未摆脱“地域大县，经济小县，财政穷县”的困境。经济总量特别是人均占有量大大低于全国及全省平均水平，2010年市本级财政收入只有5.7亿元。国家行政事业单位工作人员的工资福利难以保障，如规定的中餐费、“菜篮子”补贴，长期无法兑现，同级别的公务员、教师工资不要说与发达地区比较，就是与周边的贫困县比较也少三五百元。

整个瑞金市的产业化发育滞缓。区域特色产业规模小，优势不明显；企业规模小，底蕴不足；深加工的转化能力弱，缺乏具有较强辐射带动的大型龙头企业，营销和经纪人阶层发育不足；融资能力不强，产业化建设投入不足；社会化服务和管理体制不健全，信息化体系不完善，整体竞争力弱。

与此同时，瑞金市的基层组织经济复苏乏力。全市乡村集体经济收入十分薄弱，负债沉重。乡村不良债务清查结果显示，全市17个乡镇均负债，或多或少都欠乡镇干部的工资。223个行政村，只有两个村不负债，平均每个村负债达30万元。

最关键的是，瑞金市的劳动者素质普遍低下。全市有文盲半文盲7560人，失学儿童931人。52.7万农业人口中，没有中高级技术职称的农民技术员，初级技术职称仅有1020人，占0.02%，此外，培训机构设施差，培训师资力量薄弱，培训工作经费严重不足。

根据赣州市委办、市政府办公厅关于开展“二十万困难群众走访慰问调查”要求，瑞金市于2012年1月5—15日开展了对城乡困难职工群众进行走访慰问调查活动。

这次走访慰问调查活动覆盖全市城乡困难职工群众和单位共3740户、14900余人，所占比例达到了全市总人口的2.2%。

走访调查显示，大部分困难家庭因病或因智障等原因，无法从事劳动生产，使得经济收入来源渠道少，最低生活保障金是最主要的经济来源，造成人均纯收入普遍偏低，大多数敬老院基本上靠财政转移来维持。调查中，家庭人均纯收入500元及500元以下263户，占7%；家庭人均纯收入500—1000元（含1000元）789户，占21.1%；家庭人均纯收入1000—2000元（含2000元）2110户，56.4%占；家庭人均纯收入2000元以上578户，占15.5%。

部分农村困难户自身素质低，他们发展缺技术，开展经营难，劳动缺技能，外出就业难，只能从事普通的农作物种植或打打零工，收入来源单一且单薄。同时由于经济和思想观念等方面的原因，子女受教育水平低，形成贫困—辍学—再贫困的恶性循环，使困难户家庭难以摆脱弱势地位。再加上家庭户人口规模小，劳动力缺乏，其人口数在2人及以下716户，占19.1%；3人的697户，占18.6%；4人的968户，占25.9%；5人的621户，占16.6%；6人及以上的738户，占19.8%。家庭劳动力在1人或无劳动力1429户，占38.2%；2人的1258户，占33.6%；3人的821户，占22%；3人及3人以上的232户，占6.2%。

在此次走访中，调查人员发现调查对象基本上仍然居住在土坯结构房中，甚至无自有住房，有158户困难家庭租住破旧的房子，占总户数的4.2%，户均40平方米。大多数低保家庭都十分贫困，家里几乎找不到任何值钱的东西。经调查，虽然32%的家庭有电视机，6%的家庭有电冰箱，3%的家庭有通信工具，但这些多数都是亲戚朋友更新换代后的旧电器，近几年基本上没有购置，有的根本就不能正常使用。

从宏观层面来看，老区贫困受到历史原因、自然条件、救助体系建设等因素的制约。

由于瑞金市财力一直比较紧张，加之历史原因和自然条件的制约，全市农村特别是贫困乡村经济社会发展仍然较为滞后，尤其是1994年瑞金市被取消国定贫困县待遇后，因不在国家扶贫开发重点县之列，在“八七”扶贫攻坚计划及“十五”“十一五”“十二五”扶贫规划中，瑞金市在扶持资金和扶贫开发重点村数量上与周边县相差巨大，三个五年扶贫规划全市仅有扶贫开发重点村111个，不到兴国、宁都、于都等县一个五年规划的扶贫开发重点村数量。

与周边县市相比，瑞金市有更多的群众处在生存条件恶劣、地质灾害频发的地带，一定程度上给扶贫开发增加了难度。瑞金市的贫困人口，从自然地理和分布特征来看，主要集中在生态环境脆弱，水土流失严重；基础设施落后，农业基础条件薄弱；交通条件落后，发展空间狭小；科教文卫等事业落后的区域，造成农业生产条件和水平较低，抗灾能力低下，经济发展相对滞后。

同时，瑞金市的社会救助体系建设不完善造成对困难群体帮扶质量不高。由于社会救助体系还处于起步阶段，水平较低，覆盖范围不广。城市保障水平总体比农村保障水平要高得多，2010年城市低保每人每月300元，而农村低保仅为每人每月110元，城乡标准差距较大。城市低保户的“三无”对象最高300元，一般在260元左右，农村特困户救助只有130元每月每人，救助水平低。目前只能勉强保障基本生活，对于困难对象就医、住房、入学有心无力。

从微观层面来看，除极少数是个人原因造成贫困外，大部分还是由于因病、因残、因智障、因灾和无劳动力所致，还有一部分是因无文化和无技术专长。

走访慰问调查中，近一半的人都是患有大病或慢性病等情况，特别是因病丧失劳动力的家庭，困难程度更深。其中有近80%的调查对象是因年老多病，全部或部分丧失劳动力，收入渠道较窄，并且其法定赡养人同样生活困难，不能或只能尽极少一部分的赡养义务，周而复始，恶性循环，导致生活更加困难。

有近15%的调查对象，由于自然灾害或先天性原因导致身患残疾，从而丧失了全部或部分劳动能力，无法从事农业生产或工作，既影响整个家庭的生产发展，又需要家庭付出更多精力给予照顾，有的家庭还需照顾年幼的子女等，导致整个家庭无收入或收入低。

有近5%的调查对象，由于文化程度低，就业技能欠缺，就业率较低，长期处于待业和失业状态中，导致无稳定收入。再加上未能从事农业生产，使得经济收入来源渠道几乎为零，最低生活保障金成了最主要的经济来源。原有的扶贫政策也是“输血性”的，没有激发“造血”功能，扶持政策比较分散，中央苏区百姓生活水平较低，亟须改变。

中央苏区的贫困现状引起了高度重视，2012年4月10—14日，由42个国家部委、149人组成的国家部委联合调研组在江西省赣南、吉安、抚州等原中央苏区所在地调研所报道贫困状况。

在赣州中心城区章贡区的姚衙前棚户区，是一户户破旧低矮的民居。

居民熊纪纲和妻子肖燕萍领着调研组人员参观了他们的住房，一家4口住在一个十几平方米的百年老宅里，吃饭要在邻里进出的过道里，洗澡要在门外临时搭建的低矮的“盒子”里，空间只够一个人低头站立。

攀高铺48号门外周围密密麻麻的两排水管，引起了调研组的注意。有人细数发现，整整24根水管！居民说，这24根水管后面，有24个水表，对应的是，一道小门进去，里面狭小的空间里住着24户人家94口人。

宁都县固厚乡楂源村东排小组。村民柯坤森是烈属后代，爱人蔡英秀患糖尿病多年，3个儿子都成了家，没房住，夫妇2人挤在巷道上的一个阁楼里住。

有的人连基本的土坯房都没有，只好住在稍做整理的牛栏里；有的人长年搭铺在亲戚家里，租住的房子还是危房。

在村民的带领下，调研组一行来到了一口半径不足 1 米的水井旁，井水混浊不堪。村民告诉调研组一行：我们常年喝这样的“米汤”水，水挑回家要沉淀好久才能喝，村里已经有几个人得了重病。

在瑞金泽覃乡光辉村半山园小组，烈属后代杨小琴哭诉自己患尿毒症，面对昂贵医疗费已无法支撑。

战争带走了赣南苏区的优秀儿女，留下了一个个残缺的家庭，由于缺乏劳动力，家中生活困难，类似杨小琴这样的困难家庭，赣州有很多户。按 2300 元贫困线标准，赣州市有贫困人口 215.5 万人，贫困发生率达 29.9%，高出全国平均水平 16.5 个百分点。赣州市有 42.2 万人依靠国家低保补助生活，有 26 万余人急需生活及医疗救助，还有红军烈士遗属、在乡老复员军人遗孀及革命烈士遗属共计 10.45 万人，他们中大多数人生活水平还有待提高。

赣南苏区的群众，一些人还看不上电视，一些人还用油灯照明，一些人仍然住在 20 世纪四五十年代甚至二三十年代建的危旧土坯房中，睡觉盖的还是破棉絮。

赣南苏区“电压力锅蒸熟一锅饭要两三个小时，碾米抽水要在深夜起来进行，如此低的电压让家里的电视、电热水器、冰箱等电器都成了摆设……一年到头过着‘春天关着电灯看电视，冬天上面点灯下面燃烛’的日子”。宁都县小布镇横照村村民伊光生这样向调研组介绍他的生活。由于担负这个村供电任务的水西台区变压器容量只有 100 千伏安，压线路长达 2.46 公里，长期以来，这里的村民饱受低电压给生产生活带来的不便。

住房难、饮水难、用电难等问题在农村地区比较普遍。赣南苏区有 69.5 万户农户住着 20 世纪五六十年代甚至中华人民共和国成立前建造的破旧土坯房，大量群众居住在库区、深山区、水土流失区，时常受到地质灾害威胁……

在宁都县小布镇横照村西台区，调研组了解到：由于当地低压线截面小且陈旧，电源偏远且供电半径过长，严重影响当地群众的生产生活，电力问题成为当地经济社会发展的“瓶颈”。在于都县罗坳镇大桥村古嶂片区，由于土壤贫瘠、水源奇缺、交通不便，当地群众就医、就学十分困难，信息交流基本处于与世隔绝状态，贫困户占该片区总户数的67.7%。

真实的贫困，沉重而震撼。

到2017年11月，根据江西省扶贫和移民办发出的公告，经过全面摸排，江西省划定深度贫困村269个，深度贫困人口16.79万人。

这269个深度贫困村有167个分布在靠近粤北的赣州，其中兴国县有36个、于都县37个、宁都县19个、赣县区19个、会昌县15个、寻乌县9个、安远县7个、上犹县6个、石城县15个、南康区4个；吉安市的遂川县有8个深度贫困村；上饶市有9个深度贫困村，其中鄱阳县3个、余干县6个；抚州市的乐安县有3个深度贫困村；九江市有24个深度贫困村，其中包括修水县21个、都昌县3个；萍乡市的莲花县3个深度贫困村；宜春市有55个深度贫困村，其中万载县30个、铜鼓县25个。对于划定的深度贫困村，江西省要求，全面落实深度贫困村帮扶责任，实现帮扶工作全覆盖；全面建立健全建档立卡信息共享机制，确保扶贫政策落实不漏一户、不落一人。

与江西的贫困相对应的是周边省份的富足。

国家统计局公布的2017年31个省份居民人均消费支出数据显示，8个省份的居民人均消费支出超过2万元，其中上海、北京接近4万元，上海以39791.85元位居全国首位。

居民消费支出，是指居民用于满足家庭日常生活消费需要的全部支出，既包括现金消费支出，也包括实物消费支出。消费支出包括食品烟酒、衣着、居住、生活用品及服务、交通通信、教育文化娱乐、医疗保健以及其他用品及服务八大类。消费对经济发展具有基础性作用，反映了不同地区的收入状况、富裕程度，居民消费支出的结构能够反映居民生活水平状况。

全国居民人均消费支出18322元，上海、北京、天津、浙江、广东、江苏、福建、辽宁、内蒙古2017年居民人均消费支出超过了全国平均水平，江西为14459元，人均低于全国平均水平近4000元。在31个省份中，有8个地区的居民人均消费支出超过了2万元，包括上海、北京、天津、浙江、广东、江苏、福建、辽宁。其中上海、浙江、广东、福建、江苏正是与江西为邻的长三角、珠三角、闽三角上重要的省份。

据江西省扶贫和移民办的统计，21世纪开始后的前10年间，截至2012年江西已经累计投入财政扶贫资金近50亿元，整合专项扶贫、行业扶贫、社会扶贫投入超过160亿元，21个扶贫重点县农民人均纯收入由2001年的1339元提高到2010年的3109元，是2001年的2.32倍；贫困地区新农村建设扎实开展，基础设施和人居生态环境明显改善。但是，江西扶贫对象规模仍较大，到2012年，还有3400个贫困村和386万贫困人口。解决扶贫对象温饱、尽快实现脱贫致富成为江西扶贫的首要任务。

前文提到的水村所在的赣县自然条件恶劣，灾害频繁发生，特别是洪灾，以及山洪导致的山体滑坡，“水村，水村，有水难，无水也难”。因此，从“十五”计划期间，最重要的扶贫方式就是“整村推进”和“移民搬迁”。

在这个阶段，江西集中扶持了4269个贫困村，紧密结合新农村建设，实施完成了整村推进扶贫规划，许多贫困村成为新农村建设的示范点；移民扶贫搬迁深入开展，特困群众贫困问题逐步解决，共搬迁安置深山区、库区和地质灾害频发区37万多名贫困群众，移民扶贫成为深受群众和社会赞誉的民心工程。在加快转变经济发展方式和全面建成小康社会重要战略机遇期，江西探索出了一条适合省情的发展路子，为推进扶贫开发创造了有利环境和条件。但同时，江西省经济仍欠发达，特别是贫困地区基础差、底子薄、实力弱，制约发展的深层次矛盾比较突出。

此外，江西一些地方特殊贫困问题凸显，还有相当规模群众处于生存条件恶劣、地质灾害严重地区，尤其是连片特困地区扶贫攻坚任务十分艰巨；相对贫困问题突出，与毗邻沿海发达地区存在发展差距。

从缪尔达尔开始，许多经济学家在区域经济发展理论基础上展开了丰富的，具有实用性指南的研究，同时也是给回流效应提供观察问题的方向和解决方法。

1972 年，卡尔多在缪尔达尔的研究基础上，提出了相对效率工资理论。他认为，在一国或区域范围内，由于采用相同的经济制度和经济政策，各地区的货币工资水平及其增长率都是相同的。卡尔多的循环累积观点相对效率工资决定了区域在全国市场中占有的份额，即一个区域的相对效率工资越低，则其产出增长率越高。

目前，该理论已经成为发展经济学中不平衡发展理论的经典理论之一。该理论分析了经济发展过程中极化作用的消极影响，更加客观地反映了社会经济发展诸因素变动的现实，为许多发展中国家制定区域经济发展政策提供了可靠依据。

几乎与缪尔达尔同时期，1950 年，法国经济学家佩鲁首次提出增长极理论。该理论的基本思想是，经济发展的主要动力来自技术进步和创新，经济增长并不是同时出现在所有行业和部门，而是首先集中在某些具有创新性的行业和部门；由于供给函数和市场需求的不可分性，这些主导部门和有创新能力的行业通常聚集在大城市中心。佩鲁认为，增长极是一种推进型产业，具有规模较大、增长速度较快、与其他部门的相互关联效应较强特征的创新产业为推进型产业。

推进型产业与被推进型产业通过经济联系建立起非竞争性联合体，通过后向、前向连锁效应带动区域的发展，最终实现区域发展的均衡。增长极的作用机制表现为乘数效应、剥夺效应、聚集效应、扩散效应四种效应。

此后的20世纪60年代初，罗德文将增长极理论应用于区域规划中，提出了增长极的空间含义。

60年代中期，佩鲁的弟子、法国经济学家布代维尔重新探讨了经济空间的含义，提出并拓展了佩鲁的增长极理论，认为增长极是城市配置不断扩大的工业综合体，并在影响范围内引导经济活动的发展，将增长极从抽象空间转换到地理空间中，强调了增长极的空间特征。此后，许多学者进一步对增长极概念进行了重新解释和定义。

增长极理论更加真实地描述了社会发展过程中地区差异存在的现实，重视创新和推动型产业的作用，鼓励技术创新，同时提出便于操作的有效政策建议，对欠发达地区经济发展具有一定的指导意义。但是，该理论也存在一定的缺陷。各国的实践表明，该理论的应用没有产生增长极地区经济的快速发展，反而扩大了与不发达区域间的差距，加大城乡差距。由此可见，该理论在实际操作中既有一定的优点，也产生了一系列的负面问题，例如导致地区经济两极分化问题，这些都是不容忽视的。

此时，赫希曼也适时提出了产业关联理论，产业关联理论又称产业联系理论和投入产出理论，重点研究产业间投入产出之间的关系。赫希曼在1958年出版的《经济发展战略》一书中，从经济发展取决于主要稀缺资源最大限度地发挥其效率的能力的认知中，提出了不平衡增长理论。他认为发展中国家首先应该集中有限的资源发展具有较强产业关联度的产业，从而带动大批相关产业的发展，以此为动力逐步扩大对其他产业的投资。在区域发展上，也必须有一定的发展次序，应当快速优先发展主导产业和创新能力较强的部门比较集聚的地区，以此带动其他地区和产业部门的发展。赫希曼认为，经济增长是一个传递的过程，经济发展是一条“不均衡的链条”，从主导部门通向其他部门。

产业关联理论认为，在一国或地区经济发展初期实行非均衡发展有其必要性和意义，为发展中国家设计一条非均衡发展的路线。首先，欠发达地区产业之间缺乏相互联系，同时也缺乏产生“后向联系”效率部门，这是欠发达地区产业发展的典型特点，也是其最大弱点。因此，从有效配置资源方面思考，在地区经济发展的初期首先需要把有限的稀缺资源应用于最具主导能力和产业关联效应的部门，通过优先发展这些产业部门来解决经济发展中资源稀缺的“瓶颈”问题，并通过其发展来带动和促进其他产业和部门的发展。然而在经济发展的中期以后，即当经济发展到一个较高水平时，从工业化和发展经济方面来看，国民经济各部门需要做一定的协调，采用均衡发展战略，使其各经济部分保持均衡发展。其次，在一定程度上，该理论揭示了国民经济各产业部门之间的内在联系，为确定一国或一地区的产业和空间的优先发展次序，提供了理论基础和有效的政策依据。

梯度推移理论被引入我国的总体布局与区域经济研究中的时间也不短。经济学者在区域经济研究中引入了美国哈佛大学学者创立的工业生产生命循环阶段理论，创立了区域经济梯度理论。

梯度推移理论的基本观点是：在世界范围内或者一国范围内，经济发展是不平衡的，客观上存在一种技术梯度，那么也就存在着空间的推移。生产力的空间推移要因地制宜，首先让具有优势的高梯度地区引进和掌握先进的前沿技术，然后再慢慢向较低级别梯度的地区推移。随着经济的发展，推移速度加快，也就可逐步缩小地区间的差距，实现经济分布的相对均衡。该理论在相关领域也引起了部分学者的争议，并在此基础上创新了该理论，提出一些新的梯度推移理论，如反梯度推移式、跳跃式、混合式等，但多数学者认为起主导作用的还是梯度推移方式。主要理论根据是梯度推移产生的原因：首先是其内部的推动作用和外部的挤压作用造成的扩散；其次是梯度推移的受力方在接受扩散中存在某种引力场，不同的引力场产生不同的推移方向。而引力场的状况主要受到劳动力因素、资源因素、区位因素的影响。

西方经济学者将生产的生命循环理论和区域经济发展理论相结合，从区域经济梯度论角度阐述了世界范围内和一国范围内工业布局规划与经济发展水平的变化与推移样式。梯度推移理论认为，客观上存在经济与技术发展的区域梯度差异，也就是说，每个国家或地区都处在一定的经济发展梯度上，而且产业和技术会随时间推移由高梯度区向低梯度区扩散和转移。世界上每出现一种新行业、新产品、新技术，都会随着时间的推移，它就像一个生命有机体一样遵循某种规则的变化次序而发展，经历从年轻到成熟再到老年阶段，不同阶段会面临不同的问题，处于不同的竞争地位。威尔伯、汤普逊把这种情况形象地称为“工业区位向下渗透”现象。

20 世纪中期，阿根廷著名经学家劳尔·普雷维什（1945）通过阐述发达国家与落后国家的中心—外围不平等体系及其发展模式与政策主张中心—外围理论，首次提出了“中心—外围理论”模式。

20 世纪 60 年代，弗里德曼在前人提出的相关的理论与模型的基础上，在其论文《极化发展的一般理论》中，将中心—外围理论引入区域经济学的理论研究中，从更广的范围和角度来研究区际不平衡发展的较长期演变趋势，将单一的经济因素扩展为与之关联的各影响因素的综合分析，从空间的角度，将经济体系划分为中心和外围两个部分，处于中心的区域在经济发展中有比较高的增长能力，而外围区（边缘区）的发展受控且依附于中心区域的经济发展，二者共同构成一个完整的二元空间结构。他认为，经济发展是一个既间断又不断累积的创新过程，而一国或地区内部个别的技术革命导致了地区核心区的技术创新,同时从核心区开始横向、纵向地向非核心但具有较低外围区域扩散其创新。对中心和外围的关系,中心是指在经济发展中起着支配和主导作用的地区,相反,外围则是受中心区支配并依附于中心区发展的地位，中心的主导地位主要通过六种效应机制来实现，分别为支配、信息、心理、现代化、连锁以及生产效应。基于此，他认为，区域经济的发展过程是一种非均衡的发展过程，而中心区的快速发展将导致区域间经济发展差距的拉大。

市场力量的作用一般趋向于强化而不是弱化区域间的不平衡，即如果某一地区由于初始的优势而比别的地区发展得快一些，那么它凭借已有优势，在以后的日子里会发展得更快一些。在经济循环累积过程中，这种累积效应有两种相反的效应，即回流效应和扩散效应。前者指落后地区的资金、劳动力向发达地区流动，导致落后地区要素不足，发展更慢；后者指发达地区的资金和劳动力向落后地区流动，促进落后地区的发展。总之，循环累积因果论认为，经济发展过程首先是从一些较好的地区开始，一旦这些区域由于初始发展优势而比其他区域超前发展时，这些区域就通过累积因果过程，不断积累有利因素继续超前发展，导致增长区域和滞后区域之间发生空间相互作用。

佩鲁的增长极理论，主要阐述了增长极对其自身和其他地区发展的积极作用，而忽视了增长极对其他地区发展的消极影响。缪尔达尔提出了“地理上的二元经济”结构理论，利用扩散效应和回波效应，阐释了经济发达地区优先发展对其他落后地区的促进作用和不利影响。两者不谋而合地相辅相成。

区域经济能否得到协调发展，关键取决于两种效应孰强孰弱。在欠发达国家和地区经济发展的起飞阶段，回流效应都要大于扩散效应，这是造成区域经济难以协调发展的重要原因。缪尔达尔等认为，要促进区域经济的协调发展，必须有政府的有力干预。这一理论对于发展中国家解决地区经济发展差异问题具有重要指导作用。

20世纪80年代，钱纳里等人提出的“发展形式”理论，从经济发展的长期过程中考察了制造业内部各产业部门的地位和作用的变动，揭示制造业内部结构转换的原因，即产业间存在着产业关联效应，为了解制造业内部的结构变动趋势奠定了基础，他通过深入考察，发现了制造发展受人均GNP、需求规模和投资率的影响大，而受工业品和初级品输出率的影响小。

霍利斯·钱纳里是美国哈佛大学教授，著名经济学家，曾任世界银行经济顾问。

钱纳里利用第二次世界大战后发展中国家，特别是其中的9个准工业化国家（地区）1960—1980年的历史资料，建立了多国模型，利用回归方程建立了市场占有率模型，即提出了标准产业结构。即根据人均国内生产总值，将不发达经济到成熟工业经济整个变化过程划分为三个阶段六个时期，从任何一个发展阶段向更高一个阶段的跃进都是通过产业结构转化来推动的。

1966年约翰·弗里德曼在他的学术著作《区域发展政策》一书中，正式提出核心—边缘论。1969年他在《极化发展理论》中，又进一步将“核心—边缘”这个具有鲜明特色的空间极化发展思想归纳为一种普遍适用的主要用于解释区际或城乡之间非均衡发展过程的理论模式。目前这一理论已成为发展中国家研究空间经济的主要分析工具。

弗里德曼认为，发展可以看作一种由基本创新群最终汇成大规模创新系统的不连续积累过程，而迅速发展的大城市系统，通常具备有利于创新活动的条件。创新往往是从大城市向外围地区进行扩散的。基于此他创建了核心—外围理论（又称核心—边缘理论）。核心区是具有较高创新变革能力的地域社会组织子系统，外围区则是根据与核心区所处的依附关系，而由核心区决定的地域社会子系统。核心区与外围区已共同组成完整的空间系统，其中核心区在空间系统中居支配地位。

空间系统发展过程中，核心区的作用主要表现在以下几个方面：核心区通过供给系统、市场系统、行政系统等途径来组织自己的外围依附区；核心区系统地向其所支配的外围区传播创新成果；核心区增长的自我强化特征有助于相关空间系统的发展壮大；随着空间系统内部和相互之间信息交流的增加，创新将超越特定空间系统的承受范围，核心区不断扩展，外围区力量逐渐增强，导致新的核心区在外围区出现，引起核心区等级水平的降低。

弗里德曼曾预言，核心区扩展的极限可最终达到全人类居住范围内只有一个核心区为止。弗里德曼所指的核心区域一般是指城市或城市集聚区，它工业发达，技术水平较高，资本集中，人口密集，经济增长速度快。边缘区域是国内经济较为落后的区域。它又可分为两类，过渡区域和资源前沿区域。过渡区域又可以分为两类，上过渡区域，这是联结两个或多个核心区域的开发走廊，一般是处在核心区域外围，与核心区域之间已建立一定程度的经济联系，经济发展呈上升趋势，就业机会增加，具有资源集约利用和经济持续增长等特征。该区域有新城市、附属的或次级中心形成的可能。下过渡区域，其社会经济特征处于停滞或衰落的向下发展状态。其衰落向下的原因，可能是初级资源的消耗，产业部门的老化，以及缺乏某些成长机制的传递，放弃原有的工业部门，与核心区域的联系不紧密。

核心—外围理论对于经济发展与空间结构的变化都具有较高的解释价值，对区域规划师具有较大的吸引力，所以该理论建立以后，许许多多的城市规划师、区域规划师和区域经济学者都力图把该理论运用到实践中去。其实际价值在于处理城市与乡村的关系、国内发达地区与落后地区的关系、发达国家与发展中国家的关系。

在自然地理上，中国天然地存在着东、中、西三个不同空间上的位置，也因为这样的自然禀赋，在经济发展上便相互形成东、中、西三个不同发展阶段的梯度和不平衡。2004 年，中国社会科学院“全面建设小康社会指标体系研究”课题组撰写的《中国小康社会》一书对东、中、西部的发展现状进行了总体评价。小康和现代化实现程度综合指数按东、中、西部比较，东部 12 个地区平均为 80.1%，中部 9 个地区为 62.4%，西部 10 个地区为 59.5%，东、中、西部比例为 1∶0.78∶0.74，西部比东部低 26%，现代化水平居前的 10 省市中有 9 个是东部地区，居后的 10 省区均为中西部地区。

中国的经济问题出在区域间发展不平衡上，好也好在这个不平衡上。不平衡才能形成发展的梯度、产业转移的梯度、劳动力供给的梯度。不平衡才能形成发展的动力和集中力量办大事的可能。沿海地区在承接了国际的产业转移后，能够有更大的空间在国内实现产业转移，以空间的推移，换得长期发展的时间。

20 世纪 70 年代末 80 年代初，我国在研究区域问题时，形成并选择了梯度发展理论。“七五”期间正式提出了“梯度发展理论”为核心的区域发展战略。

当时之所以选择这样的发展战略，是按照当时我国配置资金和资源的能力提出的，希望通过先发展沿海和东部地区的经济，形成集聚效应和扩散效应，带动中西部地区的发展；选择这样的发展策略，还因为东部地区集中了我国大量的轻纺工业，能够很快地通过贸易和加工的形式获得国际市场，而中西部却集中了我国的重工业和能源工业，较难迅速面向国际市场。

梯度战略从它提出的第一天起就遭到了来自中西部地区的反对，地区间矛盾尖锐，各种情绪化的地方政策在某些省份的某些时期蔓延，甚至很长的时间。

第二节　城市化版图

江西“一五”时期是国家投资的重点，20世纪六七十年代作为“小三线”又建立了大量的军工企业。应该说，计划经济时期留给江西的遗产是丰厚的。

现代江西人在商机的洞察和把握上，常常表现出先人一步的智慧。改革开放之初，江西人及时把握消费的新趋向，几乎是在第一时间生产出了当时具有进口替代性质的产品和国内创新产品。在国内第一个生产摩托车；第二个生产方便面、洗衣机和羽绒服装；电视机和电冰箱也上得很早。当年，长虹的老总曾来赣新电视机厂取经，春兰的老总曾去湾里制冷设备厂学习。但是，江西人缺乏发展现代市场经济所需要的那种商业精神和商业意识，如竞争的意识、做大的意识、危机的意识、冒险的意识。取得了一点成绩，就不思进取和发展，故虽有好开场，但免不了被后来者打败的结局。如今，上述企业和产品除华意冰箱厂尚有活力外，大多死的死，不死的也奄奄一息。

1992年年初，88岁高龄的邓小平视察南方。1月30日，他乘坐的列车沿浙赣线进入江西，特地在鹰潭站作短暂停留。在站台上，他对江西深情寄语：“江西有机遇能跳还是要跳。要思想更解放一点，胆子更大一点，放得更开一点，发展更快一点。”

这让江西人豁然开朗。同时，党的十四届五中全会确定了全国生产力布局的战略取向，特别是做出了建设长江沿岸经济带和京九沿线经济带的战略决策，给江西的发展提供了难得契机。江西省委、省政府决定开发建设位于京九铁路中段、长江中下游交接地带的昌九工业走廊，提出了以工业为主带动第一、第三产业高速、协调发展，参与以浦东为龙头的沿长江开放开发和“支持、跟进、接替”的发展思路。用30年时间把该区建成起点高、外向型、综合开发、环境优美的新型产业带。

当年，江西省委、省政府出台了《关于鼓励开发昌九工业走廊的规定》。沿昌九公路两侧展开布局，包括南昌、九江两个设区市的市区和南昌、新建、永修、德安、九江等五个县，属于单轴开发模式。以工业为主带动第一、第三产业高速、协调发展，参与以浦东为龙头的沿江开发开放和“支持、接替”的发展思路。

走廊地区土地总面积2.6万平方公里，占全省面积的15.7%；人口921万人，占全省总人口的21.4%。走廊地区生产总值占全省的35.3%；人均生产总值15814元，是全省平均水平的1.7倍；财政总收入占生产总值的11.5%，比全省高1.04个百分点，人均财政总收入，为全省的1.8倍；城镇固定资产投资占全省的34.5%。

江西省发改委的信息显示，1992—1995年，全省一半左右的基本建设资金都投入在昌九工业走廊建设上，效果立竿见影。昌九工业走廊地区发展速度，竟然高于全省平均水平6个百分点左右，且全省大部分1000万美元以上的外资项目也集中在此，实际利用外资占全省一半左右。但由于南昌、九江之间相距近150公里，这个带上散布的城市都是县城，中间缺少大城市支持；中间主要是18个大工业园区支持，找不到一个着力点，没有像预期的那样迅速崛起。1997年，江西省委、省政府提出要大力发挥江西农业大省的优势，在工业上要对接长江三角洲、珠江三角洲、闽南三角区三大黄金经济带。2000年前后，江西省、南昌市、九江市等地发改委，以及南昌经开区等园区的三级的“昌九办”先后撤销。昌九工业走廊办公室合并到江西省发改委，在工业处的门牌下面括号标出“昌九办”。

2003年，江西省委十一届四次全会提出，举全省之力做大做强南昌，将南昌建设成现代区域中心城市和现代文明花园英雄城市，使之成为现代制造业基地，在走新型工业化道路这个思路上，昌九工业走廊似乎找到了立足点。率先在中部地区崛起的关键是做大南昌，到 2010 年南昌城区将“长大”，面积将是 350 平方公里，人口将达到 350 万人。“建设大南昌”的提出，无疑就是以昌九工业走廊为中心发展思路的调整。

到 2003 年，南昌市实际利用外资已经位居江西省首位，在华中六省省会城市中总量居第二，增幅第一。昌九工业走廊有 18 个被称为主要经济增长点的工业园区。而南昌市的工业园区就有 13 个之多。

尽管关于江西的一些公开报道中称：“经过 12 年的建设，承载了无数梦想的昌九工业走廊终于成为一条工业强带。”但是，这条“工业强带”仍有强化空间。凭借 13 个工业园区形成的增长点，再加上江西省的支持，南昌的发展优势越来越明显。而九江的差距也在无形中拉大了。九江虽然是江西省的第二大城市，但是多项经济指标与南昌都有较大差距，并且两城市自身还有待发展，所谓带动和吸引作用并不强。两市之间的距离过大，都将使昌九工业走廊的实际作用大打折扣。

2004 年以来，温家宝总理两次在政府工作报告中提出“促进中部地区崛起”，并要求尽快落实到资金、政策和产业布局上。中部六省迎来中部崛起的大势，中部六省相继提出城市群及产业带，作为江西经济最活跃的地区，昌九工业走廊再一次被推到了发展的前沿。搁置多年的“昌九工业走廊计划”开始重新提上议事日程。江西人要借助南昌的基地和九江的港口，使全省工业走向更新的高度。

但是，仍有声音批评建设昌九工业走廊不够实际。150 多公里的空间没有什么大城市，而九江的发展势头并不是很好，“像扶不起的阿斗”。

排除种种质疑，江西省坚定了建设“昌九工业走廊”的信心。2008 年，昌九工业走廊再度重启，提出昌九一体化南昌九江经济全面融合发展。

不了解昌九的发展历程，可以说，你就不了解改革开放后江西发展的曲曲折折和坚定的信心。

2009年12月，国务院正式批复《鄱阳湖生态经济区规划》；2012年，江西支持南昌打造核心增长极，以及南昌纳入长江中游城市群，让有着昌九工业走廊“升级版”之称的“昌九一体化”再次成为关注焦点。昌九工业走廊再逢机遇，构建长江中游城市群、打造中国经济增长“第四极”已成为赣鄂皖湘四省共识，也得到国家层面的肯定，这是提升江西在全国战略地位、推动发展升级的重大机遇，面对周边武汉城市圈、长株潭城市群、皖江城市带的强劲发展态势，江西只有昌九联动、一体发展，形成区域集合效应，才能在激烈的长江中游城市群竞争中赢得应有地位，实现更大作为，鄱阳湖生态经济区38个县（市、区），南昌、九江占20个，环湖且发展基础较好，推进昌九一体化，有利于加快两市资源整合、要素互补，赋予鄱阳湖生态经济区建设经济发展方面的更大平台，发挥国家战略的最大效应。

昌九工业走廊，核心增长极……江西在发展的道路上不断实践、调整发展思路，也使发展面积从一点一线向一面铺张而来。

随着中国经济中另一大引擎——城市化成为发展的巨大动力，2006年年末，江西省发展和改革委员会公布了《环鄱阳湖地区经济发展规划》。这一规划的重点是推动江西城市化的发展。

在中国，自2000年以来融入全球的都市化进程之后，特别是“十一五”规划的建议中首次提出了“城市群”的概念，要求“珠江三角洲、长江三角洲、环渤海地区，要继续发挥对内地经济发展的带动和辐射作用，加强区内城市的分工协作和优势互补，增强城市群的整体竞争力”，并提出在“有条件的区域，以特大城市和大城市为龙头，通过统筹规划，形成若干用地少、就业多、要素集聚能力强、人口合理分布的新城市群”之后，到2010年已纳入中国城市群竞争力排名榜的城市群就达到 15 个之多，同时各种新的城市群规划也层出不穷。

城市化是中国经济发展的最强有力的引擎，江西被城市化推动着，也推动着城市化向前发展。

环鄱阳湖城市群是中部地区第五个城市群，主要是以我国最大的淡水湖——鄱阳湖为核心，由环绕鄱阳湖的城市组成。江西提出的“环鄱阳湖城市群”大发展思路，是以江西省辖区内的我国第一大淡水湖——鄱阳湖为核心，环绕湖区有景德镇、九江、南昌、鹰潭、新余、上饶共 6 个设区市，38 个县（市、区）和鄱阳湖全部湖体在内，国土面积为 5.12 万平方公里。占江西省面积的 30%，人口占江西省的 50%，经济总量占江西省的 60%。该区域是我国重要的生态功能保护区，鄱阳湖生态经济区还是长江三角洲、珠江三角洲、海峡西岸经济区等重要经济板块的直接腹地，是中部地区正在加速形成的增长极之一，具有发展生态经济、促进生态与经济协调发展的良好条件。

江西地处“长三角”“珠三角”“闽三角”叠加辐射的最近区域，为什么不能改变在相邻省和中部地区发展滞后的状态呢？这个问题江西人问过很久，也问过很多遍。最根本的原因是江西缺少一个能够在大空间范围内有效吸聚和配置资源的中心大城市。江西这一广大地域的经济社会发展，需要一个超大中心城市的带动，而且这一地域的众多人口和丰富资源也有足够的能量建成一个超大中心城市。南昌，作为目前江西唯一的大城市，自然要作为经济发展的领头羊，建立这样一个超大城市，来实现有限的资源在综合效益最高的空间配置，最终实现江西在中部的崛起。为了策应江西省构建环鄱阳湖城市群战略，更好地发挥南昌经济的辐射力和拉动力，2007 年 2 月 28 日，南昌市主动宣布面向全国征集《南昌大都市圈规划研究》的编制单位。

南昌大都市圈这时开始“显山露水”。作为江西省会城市的南昌，拥有独特的地理优势，交通便利，首位度高。尤其是在崛起征途中，南昌全力做好“两篇文章”、打造先进制造业重要基地，全市经济步入了发展快车道，中心城市的优势越来越明显。

2012 年，区域格局、市场格局、发展格局发生了重大变化。南昌扩城、融城……真真正正地成了大南昌。

向北，昌九一体化渐行渐近，战略措施日益具体化；向东，抚州已提出融入大南昌发展战略，不断向南昌经济圈靠拢；向西，丰城市已将丰昌同城化作为战略目标推进。周边县市纷纷策应，南昌大都市圈呼之欲出。

在《滕王阁》的华章里：“南昌故郡，洪都新府。星分翼轸，地接衡庐。襟三江而带五湖，控蛮荆而引瓯越。物华天宝，龙光射牛斗之墟；人杰地灵，徐孺下陈蕃之榻。”这样的词句一直都是南昌人的骄傲。

南昌的快速发展，与 2001 年的这次战略调整有很大的关系。民心所向的背后，有对昌九工业走廊的淡漠，而更多的是对昌九工业走廊淡漠后的思考和重大调整。江西省“举全省之力建设大南昌”的策略，让南昌人民充满期待。

2011 年 10 月 26 日，江西省第十三次党代会给南昌提出了新的发展要求——成为带动全省发展的核心增长极。

如果说以鄱阳湖生态经济区让南昌在平面的广度上带动了环鄱阳湖城市圈的发展，那么，核心增长极的打造将从高度上提升南昌成为江西发展的引擎，乃至在中三角的发展中成为区域合作发展的带动城市之一。

核心增长极是实力，核心增长极是竞争力。

2012 年江西省政府工作报告具体勾画出南昌的任务：充分发挥省会城市要素集聚、经济带动、城市辐射、改革示范作用，鼓励支持南昌创新体制机制，拓展发展空间，壮大经济规模，努力培育一批千亿元产业集群、百亿元企业方阵，着力打造带动全省发展的核心增长极。

从昌九工业走廊来看，南昌的发展从来就不仅仅是要发展南昌经济，更要带动江西省经济向上发展，起到龙头带动的先锋作用。

2005 年，南昌 GDP 首次突破千亿元，在全国排名第 57 位。使得这座当时已拥有 454 万人口的城市首次超越了“35 个特大城市之一”的地理概念，一脚迈进了“千亿元 GDP 俱乐部”。随着经济实力的增强，南昌对周边地区的辐射带动作用显现。也就是在 2005 年前后，安义、靖安、奉新、余干、丰城、樟树、高安等县市先后提出了要将自己建成“南昌后花园”的构想。经济上的强大吸附力和天然的地理优势，让这些县市将南昌视为自身发展的一个增长极，渴望搭上南昌这趟经济快车。环南昌一小时经济圈就这样自然形成。

大都市圈是区域经济的重要增长极，对周边地区具有巨大的辐射效应和带动作用。随着中部崛起战略的稳步推进，中部地区的湖北、河南、湖南、安徽已分别提出构建武汉城市圈、中原城市群、长珠潭城市群、皖江城市带的战略。正在加速发展的江西，也在发展沿京九线城市带和沿浙赣线城市带的基础上，提出进一步打破行政区划，构建以南昌为核心的环鄱阳湖城市群，并支持南昌做大做强。

2011 年南昌提出要打造江西核心增长极后，已和南昌市城区无缝对接的新建区固有的区位优势更加明显，也迎来了前所未有的快速发展态势，创造了一个又一个新建速度、南昌速度，乃至江西速度。平均一天新设 1.2 家企业，仅仅一年时间，中国再生资源集团、法国欧尚集团等一大批国内外知名企业纷纷落户新建。2012 年，接续这样的速度，4 月 28 日，23 家企业集中在一天开工。这一天，23 家企业为新建区带来 36.8 亿元的投资，预计年新增产值 50 亿元，提供就业岗位 3200 个。其中，总投资超 20 亿元的企业 1 家，投资超亿元企业 3 家，投资 5000 万元以上的有 7 家；23 家企业中，现代装备制造企业 6 家，医药食品企业一家，汽车商贸城 13 家，轻工加工企业 3 家。

2012 年 3 月，全球知名房地产投资管理公司仲量联行发布《中国新兴城市

50强》报告，报告中把南昌评为新兴型的三线城市。相比周边的武汉1.5线，长沙二线，南昌还存在一些差距。虽然这是一个房地产投资的第三方报告，但却明确标注了南昌的城市位置。这份报告将北京、上海、广州、深圳定位为中国一线城市。传统的二线、三线城市共有50个城市，仲量联行则重新划分为4级：1.5线城市，过渡型，即将向一线城市逼近；二线城市，增长型；三线城市，新兴型；四线城市，起步型。报告中，南昌周边的武汉被定义为“1.5线城市”，同属中部省会城市的长沙、合肥被列为“二线城市”，南昌则和福州、昆明、长春、哈尔滨、石家庄、南宁、温州等13座城市，定义为“三线城市（新兴型）”。

2017年南昌市地区生产总值突破5000亿元，达到5003.19亿元。2018年2月1日，中国城市和小城镇改革发展中心在北京2017城市发展论坛上发布了《2017中心城市发展年度报告》。报告涵盖全国所有直辖市、省会城市（除台湾地区）、自治区首府、计划单列市及所有常住人口200万以上且地区生产总值3000亿元以上的地级市，共计50个城市。报告结构层次化、全面评价、多元发展、创新引导、科学统计五大原则，首次构建了多层次、多维度、动态衡量中心城市发展的指标体系。50个中心城市分为四级，南昌排名第39落后于南宁、贵阳。在城市群层面，长三角、京津冀、珠三角、成渝四大城市群具有主导城市和城市群间的协同，而排名落后城市，该发展报告认为均缺乏强大的城市群支撑。

2018年7月30日，江西省委十四届六次全体（扩大）会议在南昌开幕。省委书记、省长刘奇代表省委常委会做工作报告，这是一个具有超越性的报告，报告对江西省的发展提出了要以更大力度、更实举措在区域协调上求突破，强化引领支撑，优化区域格局。打造“一圈引领、两轴驱动、三区协同”的江西区域发展格局的“升级版”：确定了以融合一体的大南昌都市圈为引领，以沪昆、京九高铁经济带为驱动轴，以赣南等原中央苏区振兴发展、赣东北开放合作、赣西转型升级为三大协同发展区，形成层次清晰、各显优势、融合互动、高质量发展新格局。

报告称：当前，江西省区域发展不充分不平衡的问题仍然比较突出，龙头核心的引领带动力还不强，区域协调发展机制还不完善，同质化竞争比较严重，产业空间集聚度不高。适应全方位扩大开放，推动高质量、跨越式发展的要求，提升江西在全国区域发展格局中的地位，必须着眼从战略上调整优化全省区域发展格局。

“一圈引领”：以南昌为核心，以赣江新区为引擎，以九江、抚州为支撑，以一小时交通时空距离为半径，联动丰樟高、鄱余万等周边县市，打造融合一体发展的大南昌都市圈。

根据 2015 年 12 月国务院原则同意的《江西省城镇体系规划（2015—2030年）》。南昌大都市区包括南昌市辖区、抚州市辖区、南昌县、新建区、安义县、奉新县、高安市、丰城市、樟树市、靖安县、进贤县、东乡区、余干县、永修县等，总面积约 2.3 万平方公里。

也就是说，该战略涉及 5 个设区市：南昌、九江、抚州、宜春、上饶。

南昌大都市圈怎么建？

全会也给出了路径：依托高铁交会、通江达海、路网密集的区位交通优势，强化要素资源聚合、产业集群发展、城市互动合作，加快发展航空制造、中医药、虚拟现实、LED 照明、新能源、新材料等产业，形成一批千亿元级产业和产业集群，建成高端产业集聚、城乡融合一体、创新创业活跃、生态宜居宜游的都市圈。

值得一提的是，地处大南昌都市圈的赣江新区，被江西省委寄予厚望：赣江新区作为国家重大改革发展的功能性平台，必须进一步创新体制机制，用足用好政策机遇，在先行先试中大胆创新、率先发展，成为展示江西高质量跨越式发展的亮丽窗口、引领全省高质量跨越式发展的战略制高点。

除了上述区域发展战略，全会还提出，要着力构筑大开放支撑。加强开放大通道及支点门户、开放平台建设，强化“南下”“东进”“长江航运”三条开放大通道。以南昌综合枢纽、九江水港、赣州内陆港、上饶高铁枢纽为支点，建设具有承载大物流集散、大产业集聚、大商贸活动功能的开放平台，把南昌、九江、赣州、上饶打造成江西大开放的四个门户。

每个区域板块的发展定位一旦确定下来，就要以此来设定差异化的政策配套、评价体系、考核办法，并优化交通、能源、资金、人才和公共服务等方面的资源配置。要坚持全省“一盘棋”，正确处理好向心集聚与协同发展的关系，把地方发展融入全省区域发展大格局，创新区域合作机制，立足自身区位条件和资源禀赋，着力“强点、通轴、带面”，实现错位发展、协调发展、有机融合，形成整体合力。

这些方案与措施，让与会的干部和从新闻中聆听会议精神的群众精神为之一振！

红谷滩的秋水广场，隔赣江与滕王阁相望。无论是登滕王阁眺望红谷滩，还是从红谷滩眺望滕王阁，林立的大楼都高耸入云。

新的大南昌在赣江两岸崛起，江西太需要一个强大的城市了。

第三节　从“中部塌陷”到中国“第五极”

20 世纪 90 年代初，国务院发展研究中心组织了“我国中部地区经济发展战略和政策研究”，提出了《谨防中部塌陷》的研究报告。我国在制订《国民经济和社会发展第七个五年计划》时，做出过东部、中部、西部三个经济地带的划分，中部地区包括山西、内蒙古、吉林、黑龙江、安徽、江西、河南、湖北、湖南九省份。后来，黑龙江、吉林、内蒙古三省份纳入了沿边开放范围。这份报告中所称的中部地区只包括了山西、河南、湖北、湖南、安徽、江西六省。当时，“中部塌陷”的言论，虽然道理讲得通，但人们仅仅把它当作学界的一次讨论而已，在实践层面并未受到重视。

但十几年后，这个预言应验了。

2004 年，中部地区生产总值合计为 3.2 万亿元，实际相当于 1978 年的 11.7 倍；人均 GDP 为 9186 元，实际相当于 1978 年的 8.6 倍。尽管经济总量持续增长，但相对地位却明显下降。1978 年，中部地区经济总量占全国的比重为 21.6%，2004 年下降到 19.7%。与东部沿海地区相比，1978 年中部地区 GDP 相当于东部的 49.6%，2004 年则下降到 36.3%。1978 年，中部地区人均 GDP 与东部相差 570 元，2004 年则相差 14045 元，差距明显拉大。

从纵向看，中部地区经济地位总体上逐年相对下降，但下降幅度较大的时期主要集中在 20 世纪 90 年代。中部地区 GDP 占全国 GDP 总量的比重，1990 年为 21.9%，与 1978 年 21.6% 相差不大。到 2000 年，中部地区 GDP 所占比重降到 20.4%，比 1990 年下降了 1.5 个百分点。进入 21 世纪以来，总体差距仍在继续拉大，但下降幅度相对缩小。2004 年中部地区 GDP 所占比重比 2000 年下降 0.7 个百分点。

从横向看，中部地区经济地位的相对下降，主要是相对东部地区而言，实际上，同期西部地区和东北三省 GDP 所占比重的下降幅度还要更大些。与 1978 年相比，2004 年各地区 GDP 占全国的比重，中部地区下降 1.9 个百分点，西部地区下降 3.7 个百分点，东北三省下降 4.7 个百分点。

比财力，全国最低。2004 年，中部六省地方财政收入为 1796.6 亿元，占全国地方财政收入合计的 15.4%，比 GDP 所占的比重低 4.3 个百分点；中部六省人均地方财政收入为493元，不仅低于东部的1549元和东北三省的918元，而且也低于西部的536元。

从居民收入看，2002年在全国31个省、自治区、直辖市城镇居民收入中，中部地区人均可支配收入比全国平均水平低1369元，比西部地区低183元；城镇居民人均收入排名前10位的省（区、市）中，西部地区有2个，中部地区无。

论工业化，中部地区滞后于全国平均水平。2004年，中部地区GDP三次产业结构为17.8∶47.7∶34.5，与全国平均水平相比，第一产业高2.6个百分点，第二产业低5.2个百分点。同期西部地区三次产业结构为19.5∶44.5∶36.1，东北三省为12.7∶51.6∶35.7，东部地区为8.9∶53.3∶37.8。第一产业内部，中部也存在着基础设施薄弱、良种繁育推广能力不强、土壤地力下降、农机装备水平较低、生态环境脆弱等突出问题。工业内部结构存在的突出问题是，能源、原材料等上游产业比重大、技术水平不高、附加值低。

论城市化，中部这六个省的中心城市没有一个进入全国城市竞争力排名前十位。六省平均城市化水平由1990年的20.4%上升到2004年的36.1%，14年间提高了15.7个百分点，年均提高1.1个百分点。但与全国相比，城市化水平还比较低。2004年全国城市化水平为41.8%，中部地区比全国平均水平低5.7个百分点。以省会城市为中心的六大城市群人均GDP不及长三角、珠三角的二分之一，特别是中心城市的实力不强，人口、资金、技术等生产要素的聚集度不够。

论市场化，外商投资企业14504户，仅占全国的6.4%，中部整个六省的外商投资企业户数比广东一省拥有的外资企业数少37168户。2004年，中部六省非国有工业增加值比重平均为49.4%，明显低于全国57.6%的水平。截至2003年年底，中部地区共有私营企业39.1万户，从业人员508.2万人，分别占全国的13.0%和14.4%；全国的城镇从业人员中，非国有经济从业人员占73.2%，中部地区仅占 52%。

从人均 GDP 看，2004 年中部地区人均 GDP 为 9186 元，按 2004 年平均汇率折算为 1109 美元，对照钱纳里工业发展阶段的判断标准，中部地区尚处于工业化初期阶段，与基本进入工业化中期阶段的东部沿海地区相比，工业化进程明显滞后。

从对外开放看，程度明显偏低。2004 年，中部地区进出口总额为 349.5 亿美元，仅相当于全国的 3.0% 和东部地区的 3.4%；实际外商直接投资为 61.5 亿美元，仅相当于全国的 10.1% 和东部地区的 13.2%；外贸依存度仅为 9.0%，比东部地区低 87.9 个百分点，比全国平均水平低 60.8 个百分点。

再看政策，改革开放以来，我国南部、东部沿海地区率先发展，深圳经济开发区后，浦东风生水起；2000 年，西部大开发从政策到国务院西部地区开发领导小组机构的设置趋于完备；2003 年，东北振兴也获得政策支持。

左看右看，上看下看，拥有我国十分之一土地和近三分之一人口的中部六省，曾经是我国重要的能源、原材料生产和输出基地；加上承东接西、连南通北的区位优势，成就过“雄踞一方”实力的中部，却越来越淡出人们的视线。

中部，怎么看数字怎么觉得在锅底，怎么看政策心里怎么不是滋味。

而江西呢？更是中部六省的谷底和边缘。

“九五”期间，江西经济年均增长 9.3%，增长速度居第 5 位。2000 年江西省人均国内生产总值 4851 元，居中部最后一位；人均地方财政收入 269 元，居倒数第二位。全省工业增加值占国内生产总值的比重为 27%，工业企业效益综合指数为 78.3%，全员劳动生产率为 19423 元 / 人，均居最后一位；而资产负债率则达到 68.7%，在中部六省中最高。

在塌陷的中部六省中，江西是工业小省、财政穷省、经济弱省。仅有的光环却是：从计划经济以来，江西是全国两个未中断向国家调出粮食的省份之一。

反之,江西省农业增加值虽居全国前 15 位之列,粮、棉、油产量也居全国前 10 位,但江西具有市场竞争力的农产品没有形成市场规模,产业链条短,以农产品为原料的品牌几乎没有,商场的货架上摆满了广东、湖南的食品和山东的食用油。

在塌陷的中部六省中,江西被沿海发达地区极化的“边缘”着。根据弗里德曼“核心—边缘”理论,江西处于沿海发达地区“核心”的“边缘”,属于边缘区。“边缘”的特点意味着经济相对落后,边缘还意味着人口的流出、资金的流出。江西是人口和经济要素省际净流出省,2000 年第五次人口普查表明,江西净迁出 343 万人,比“四普”时迁出量增加 11 倍。从迁移方向看,粤、浙、闽、沪、苏沿海地区占迁移人口的 90.6%。

虽然中部陷入了塌陷一说也能找到一些依据。但其实,也有更多的学者并不同意“中部塌陷”一说,比较有代表性的是国务院发展研究中心对外经济研究部部长张小济,他就明确地说:“我并不同意‘中部塌陷’的说法,中部与东部沿海的差距是在开放过程中形成的,实际上中部地区的增长速度并不慢。‘中部崛起’战略的提出不是由于‘中部塌陷’,而是基于中部面临一个新的发展机遇期。”

这种机遇是什么?

由于东部发展较快,产业升级日趋明显,东部原有的劳动力密集型产业受制于劳动力价格上升、地价上升及环境承载能力限制,开始向外转移,而邻近东部的中部各省恰巧得到地利之便,同时又有产业基础好、劳动力和资源价格便宜的优势,这样东部的产业转移为中部发展带来机遇。

这是水到渠成的机遇,这是恰逢其时的机遇。

2002 年,党的十六大报告提出,“促进区域经济协调发展”,“加强东、中、西部经济交流和合作,实现优势互补和共同发展,形成若干各具特色的经济区和经济带”。中央对于中部的发展早有筹谋,只是在等待恰当的时机。

2004年的政府工作报告明确提出了“促进中部地区崛起”的概念。在2004年12月举行的中央经济工作会议上，“中部崛起”的提法，首次出现在第二年经济工作的六项任务中。会议提出：“促进区域经济协调发展是结构调整的重大任务。实施西部大开发，振兴东北等老工业基地，促进中部地区崛起，鼓励东部地区率先发展，实现相互促进、共同发展。”

2005年的政府工作报告提出：“抓紧研究制定促进中部地区崛起的规划和措施。充分发挥中部地区的区位优势和综合经济优势，加强现代农业特别是粮食主产区建设；加强综合交通运输体系和能源、重要原材料基地建设；加快发展有竞争力的制造业和高新技术产业；开拓中部地区大市场，发展大流通。国家要从政策、资金、重大建设布局等方面给予支持。”2005年10月，中共十六届五中全会通过《中共中央关于制定国民经济和社会发展第十一个五年规划的建议》，进一步明确提出，中部地区要抓好粮食主产区建设，发展有比较优势的能源和制造业，加强基础设施建设，加快建立现代市场体系，在发挥承东启西和产业发展优势中崛起。

2006年4月，党中央、国务院下发了关于促进中部地区崛起的若干意见，中部崛起战略正式启动。促进中部地区崛起，是党中央、国务院继做出鼓励东部地区率先发展、实施西部大开发、振兴东北地区等老工业基地战略后，从我国现代化建设全局出发做出的又一重大决策，是落实促进区域协调发展总体战略的重大任务。随着一系列促进区域发展政策的完善和实施，东中西部互动、优势互补、相互促进、共同发展的区域协调发展格局正在逐步形成。

从塌陷到崛起，根本的出发点不仅是国家层面政策的重大调整，而且是促进从行政区划的割据状态向经济区划的合作状态的转变。但是，这中间的张力有时会让人头脑发热。在中部崛起过程中暴露出了“行政区化”壁垒和产业“同质化”的竞争关系。在具体的产业规划上，中部六省也有太多的相同之处，比如郑州、武汉、长沙、合肥，都把汽车产业作为自己的支柱产业。这种状况使得中部各省过于关注各自发展，争做龙头。

2005年友邦调查公司的一项调查，引爆了中部“龙头之争”。

时任武汉市市长李宪生认为，作为中部地区唯一特大中心城市的武汉，理应在中部地区崛起中有所作为，在中部地区实现率先崛起，“成为促进中部地区崛起的战略支点”。

之前，长沙市统计局发布的分析报告表明，长沙已经成为未来中国经济发展过程中的战略要地，“应成为中部崛起战略的首发城市”。

河南建议国家大力支持“以郑州为中心的中原城市群建设”，尤其是要大力支持郑州的经济发展。

时任武汉市委书记的苗圩强调，武汉市作为中部地区唯一的特大中心城市，“誓当中部崛起龙头”。

合肥市称：合肥要率先成为中部崛起的龙头城市。

南昌则称自己为中部崛起的龙头城市。

也许市场需要这样一个磨合期，政策也需要一个等待期。

在各省市的积极发展中，中部崛起的高地优势正在凸显。中国人民银行《2010中国区域金融运行报告》显示，2010年东部、中部、西部、东北地区分别实现地区生产总值22万亿元、8.5万亿元、8.1万亿元和3.7万亿元，地区生产总值加权平均增长率分别为12.3%、13.8%、14.2%和15.4%，比上年分别提高1.5个、2.1个、0.7个和2.8个百分点。占全国的比重达到19.7%，居全国四大板块第二，六省地区生产总值将全部达到1万亿元以上。

2009年9月，国际金融危机后，国家《促进中部地区崛起规划》(以下简称《规划》)获得通过。规划期为2009—2015年，重大问题展望到2020年。这也就意味着，此后5—10年内，是中部地区发挥优势、实现突破、加快崛起的关键时期。

《规划》明确了中部六省在全国的定位是“三基地一枢纽”——建设全国重要的粮食生产基地、能源原材料基地、高技术产业及现代装备制造基地和综合交通运输枢纽。这份《规划》从构想到最终通过，整整经历了五年的时间。

《规划》提出了总体发展目标：到2015年，中部崛起要实现4项目标：经济发展水平显著提高，人均地区生产总值力争达到全国平均水平，城镇化率提高到48%。城乡居民收入年均增长率均超过9%。到2020年，全面实现建成小康社会目标。

这份规划直接促成了两大重要的变革，其一实现了中部各省的联合，其二促成了鄱阳湖经济生态区的建立。

2012年，湖北省为“构建中部崛起重要战略支点”立法已经进入实质阶段。号称“天上九头鸟，地下湖北佬”的湖北，本是具有仰首观云的傲气，但在已经出炉的《湖北省构建中部地区崛起重要战略支点促进条例》中，不但把“实现居民收入增长与经济发展同步”写入条例当中，更将构建“中三角城市集群”首次写进了法规。条例称，推动以武汉城市圈、长株潭城市群、环鄱阳湖城市群为主体的长江中游城市群建设是构建战略支点的区域合作战略，湖北省政府应当与湖南、江西等省加强合作，合力打造中国区域发展新的增长极。

中国目前称得上大都市圈的地区主要有三个，分别是长江三角洲、珠江三角洲和京津冀。这三大都市圈作为新的城市空间单元在区域经济社会发展中的地位和作用日益显现。可以预测，未来国内区域竞争将是都市圈之间重量级的较量。

2009年12月，《促进中部地区崛起规划》（以下简称《规划》）出台，标志着历时5年的促进中部地区崛起战略构想正式付诸实施，这是中部发展的天赐良机。《规划》中对中部地区打造“三个基地一个枢纽”的战略构想，将对南昌在现代农业、新能源、制造业和高技术产业等方面带来新的机遇，对提升南昌交通枢纽地位带来新的契机。同时,《规划》在支持重点地区发展、资源节约和环境保护、社会事业发展、体制改革和对外开放等各方面给南昌发展开启新的空间。

中部地区崛起规划后的3年,中部地区取得了长足的发展,并形成了“抱团”发展的成长模式。

2012年2月10日,长江中游城市集群三省会商会议在武汉举行。来自中国工程院、中国社会科学院、国家发改委、国务院发展研究中心等国家部委负责人,江西、湖南、湖北三省省委、省政府主要负责人率领代表团齐聚湖北武汉,畅谈合作,共促崛起。会议期间,三方签署了包括交通、旅游、产业发展、城镇化等方面在内的“三省共同建设长江中游城市集群合作框架协议”。

目前鄱阳湖地区正在建设国家级生态经济区,武汉城市圈、长株潭城市群正在进行国家“两型社会”综合配套改革试验,共同面临国家实施中部崛起战略的机遇。江西、湖北、湖南三省地域相连、文化相近、人缘相亲,构建长江中游城市集群,共筑中部对外开放、承东启西、联南通北的平台,有助于提升中部整体实力和竞争力,成为促进中部地区崛起的重要载体。

翻开“中三角”的历史,会惊人地发现,早在2006年年初,在鄱阳湖生态经济区之前,民建江西省委会在江西省“两会”期间就曾提交过一份提案,内容是“关于构筑南昌—武汉—长沙大都市圈的构想”,目标直指打造中国经济增长第四极。

在中部地区,江西省是除省会城市外唯一没有百万人口大城市的省份。要更大程度地发挥城市的带动效应,就必须把加快中心城市发展,特别是将南昌的发展置于更加重要的战略位置。从江西的现实来看,在加快对接长珠闽,联结港澳台,融入全球化的同时,积极参与构筑南昌—武汉—长沙大都市圈是推进江西城市化进程,是实现江西在中部地区崛起的必然选择。中部地区不仅城市化总体水平明显低于全国平均水平，而且缺少大型区域性中心城市和城市群。因此，中部地区必须加快实施城市化战略，积极培育若干区域性中心城市和城市群，使其尽快成为中部地区支撑点和增长点。

这样的三角形布局顾及全国态势，调动区域优势。

就南昌自身的条件而言，它是江西省经济、政治和文化的中心，也是发展条件最好的城市。而三角形是最稳固的结构，因为其各边各角相互支撑。南昌、武汉、长沙也具备这样互相补充、互相支撑的要素。它们都处在我国中部，分别是三省的省会，地域邻近，南昌、萍乡、株洲、长沙、岳阳、武汉、九江等长江中游地区也都是正在成长的都市连绵区，构筑南昌—武汉—长沙大都市圈已有一定的基础。

在此基础上，以南昌、武汉、长沙三个已经形成的中心城市为核心，以浙赣线、长江中游交通走廊为主轴，呼应长江三角洲和珠江三角洲，加强对周边地区的辐射，强化中心城市功能，提高其在全国的地位和作用，促使其成为区域经济的增长点和国家规划的重点地区，逐步把都市圈建成具有国际性功能、跨省域影响力和较强创新能力的地区，南昌市也因此成为全国区域性中心城市。

沉疴了六七年的"中三角"，2012 年 2 月终于有了这样实质性的进展。对于这样的结果，人们期待"起步快一点，实质性内容多一点"。

纵观改革开放 40 多年来我国经济社会发展的实践，可以感受到，现在相互竞争已经从单一的城市竞争演变为区域型城市群的竞争，无论是珠三角、长三角区域，还是环渤海、京津塘区域，其经济社会发展势头的强劲，均得益于区域内城市群的互相补充、互相支撑。借鉴成功经验，只有加强湖北武汉城市圈、湖南环长株潭城市群、江西鄱阳湖生态经济区之间的对接，融为一体，抱团发展，才能真正成为中部地区崛起的核心增长区，才有与其他发展较快的城市群脱颖而出的资格。

长江中游城市群有许多共同特点，比如“承东启西”，比如“发展速度高于全国平均水平”。又比如，资源环境承载能力大，可以大规模地集聚人口和产业，等等。但同时，由于三省有着相似的自然资源和趋同的产业结构，导致目前长江中游城市群在区域合作方面还存在着“竞争多于合作”的局面。目前，武汉城市圈、长株潭城市群、鄱阳湖生态经济区规划建设都上升到国家发展战略，再往前走就是把这三个区依托资源禀赋，加强战略合作，实现优势互补、差异发展、共同发展、集聚发展。可以预见，长江中游地区必将成为未来中国经济的横向主轴。

在这个“捆绑发展”的新路中，这个“三角”关系并不平衡。南昌由于偏小的城市空间、较小的经济容量以及对周边城市辐射能力的不足，是“中三角”中最弱的一角，如何让“小南昌”成长为大南昌，成为擎起“中三角”不得不破解的“南昌之惑”。

据中国社科院发布的2011年我国城市竞争力蓝皮书，国内综合实力前百名中，武汉排名第17位，长沙排名第27位，而南昌仅居第71位。以经济总量而论，2011年度，武汉市GDP为6536亿元、财政总收入1796亿元，长沙市GDP为5600亿元、财政总收入1330亿元。南昌市的GDP为2560亿元、财政总收入为411亿元，处于明显的劣势地位。

与此同时，武汉城区面积超过763平方公里，全市常住人口900余万人，环绕武汉的8个城市已与武汉形成了“一小时经济圈”，经济联系紧密，内部自成系统。株洲、湘潭两地，在全国城市中分别排名第64位和第73位，实力已是不凡，与长沙结成“同盟”后，容量堪与武汉城市群一比高下。相比之下，南昌城区面积仅300平方公里，常住人口约500万，除与九江有较多联系外，与周边城市关系松散，辐射力较小，甚至省内不少设区市在制定发展战略时，更强调掉头向外，以承接周边长三角、珠三角及海西经济区的辐射。

城市空间太小，意味着对产业的承载能力有限；经济总量偏小，与周边城市联系松散,意味着对全省的辐射带动力不强。而这对于要求发挥区域龙头作用，带动全省共谋长江中游城市群崛起的“中三角”战略而言,无疑在南昌这一“角”矮下了一大截。江西省内一位经济学者甚至直言：“‘中部’更多是一个地理的概念，‘中三角’更多是一个经济的概念，倘若南昌未能在‘三角’中发挥足够大的作用，或许将遭遇被抛弃的命运！”

对一个城市的发展来说，没有压力是不可能的。多年来，鄂、湘、赣三省相类似的发展模式，近乎相同的产业承接对象，同处内陆腹地的区位特征，多有重叠的产业基础,决定了三省之间的竞争多于合作。更为南昌人所担忧的则是，依照资源向区域核心集聚的经济规律，以目前武汉在中部中心城市的龙头地位，南昌乃至江西的诸多优势资源，是否会为更具辐射力的武汉所吸附?

种种“中三角之惑”，一时间让南昌人在拥抱“中三角”的同时，产生了危机感。

区域合作的基础，在于有着很强的互补性，各城市在资源禀赋方面有着较大的差异。南昌有自己独特的相对优势，区位优势方面，是唯一一个与长江三角洲、珠江三角洲和海西经济区毗邻的省会城市，京九线上唯一一个省会城市。目前，水陆空立体化交通体系日益完善，南昌既是承接沿海产业梯度转移的重要基地，又可以为长江中游区域性城市经济共同体创造更为广阔的发展空间。

生产要素方面，南昌是江西省省会，是全国三大职业教育基地、全国科技进步先进市、国家创新型试点城市；劳动力资源、人才以及自主创新等优势逐渐显现。同时，水、电、气供应充足且价格低廉。产业基础方面，南昌正依托五大战略性新兴产业，着力打造五大“千亿元产业集群”包括现代航空业、汽车以及零配件产业、生物与新医药、软件与服务外包、光伏光电产业。此外，南昌位于鄱阳湖畔，赣江穿城而过，临山靠水、风光秀丽，是休闲、度假、旅游胜地，适宜人居和创业。

江西对接长珠闽的战略是必需的，可以承接其产业转移，但这样一直是属于从属地位，要真正实现崛起有一定的困难。南昌到上海需要6—8小时，到武汉、长沙只需4小时，从地缘上讲，与武汉、长沙更加接近，三个省份构建自己的经济区域，相互协作，充当起拉动区域经济发展的主角角色。

“中三角”，南昌必将走完自己的奋斗之路，从自身、周边辐射、省内核心，最终成为“中三角”强有力的一极。

“长江中游城市群”最初是以湘、鄂、赣、皖四省联手谋求，以武汉城市圈、长株潭城市群、环鄱阳湖城市群、江淮城市群等合作打造的国家规划重点地区，又称“中四角”。

2013年，三省携手深化为四省共襄，“长江中游城市群”从呼之欲出到瓜熟蒂落，一个新经济地理概念水到渠成。

2013年2月下旬，长江中游城市群四省会城市首届会商会在武汉举行，长沙、合肥、南昌、武汉四省会城市达成《武汉共识》，将联手打造以长江中游城市群为依托的中国经济增长“第五极”。按照《武汉共识》，四省会城市将在九个层面深入开展协作，包括共同谋划区域发展战略，推动自主创新、转型发展合作，推进工业分工合作，共同推进内需发展和区域开放市场体系建设，共同推进交通基础设施建设，推进生态文明建设，共同建设文化旅游强区，共建公共服务共享区，共建共享社会保险平台。与此同时，四省会城市交通、科技、商务、卫生等11个部门也分别签署协议，将加强交通基础设施，推进科技资源相互开放和共享，鼓励科技成果、科技人才、创业资本等科技要素流动，建立医疗服务共享和新型农村合作医疗实现跨市结算等。

仅仅四个月后的2013年6月，《武汉共识》在武汉召开首届长江中游城市群建设论坛，论坛提出加快建设长江中游城市群环状快速铁路网，合武客专将升级为高铁，并实现提速。论坛上，长沙、南昌、合肥、武汉四城市社科院还签订战略合作协议，决定定期举办“长江中游城市群建设论坛”，由四市轮流。

2014年2月27日至28日，长江中游城市群省会城市第二届会商会在长沙举行。2月28日，长沙、武汉、南昌、合肥四省会城市共同签署发布了《长沙宣言》，携手冲刺中国经济增长“第五极”。《长沙宣言》约定，四省会城市要积极放大长江中游城市群的国家战略优势，共同建设具有国际竞争力的特大城市群，共同推动区域开放融合、创新发展，并就健全四省会城市交流合作保障机制达成了共识。按照“核心带动、多极协同、一体发展”原则，构建新型城市化合作体系和利益协调机制，全面提升省会中心城市高端服务和辐射引领功能，共同探索区域发展新模式；合作推进国家总体规划进程，争取重大基础设施布点，争取重大示范点政策，争取重大产业专项布局，争取重大环保项目布局；加快推进区域营商环境、要素市场、创新网络建设，全面巩固和深化专项领域合作；完善联席会议制度，建立重大项目调度机制，对四省会城市共同推进的重大项目、重大政策，逐项试行牵头负责制。

2015年4月5日经李克强总理签批，国务院批复同意《长江中游城市群发展规划》，规划涵盖湖北、江西、湖南、安徽四省，标志着“中三角”格局正式得到国家批复，而此前一直参与长江中游城市群规划的安徽省因已被划入长江三角洲城市群的范畴之中，正式退出“中四角”格局。

长江中游城市群即“中三角”，是以武汉、长沙、南昌为中心城市，以武汉城市圈、环洞庭湖经济圈、长株潭城市群、环鄱阳湖经济圈等中部经济发展地区，以浙赣线、长江中游交通走廊为主轴，依托沿江、沪昆和京广、京九、二广等重点轴线，呼应长江三角洲和珠江三角洲，打造的国家规划重点地区和全国区域发展新的增长极。

长江中游城市群包括武汉城市圈（武汉市、黄石市、黄冈市、鄂州市、孝感市、咸宁市、仙桃市、襄阳市、宜昌市、荆州市、荆门市）；

环长株潭城市群（长沙市、岳阳市、益阳市、株洲市、湘潭市、娄底市）；

环鄱阳湖城市群（南昌市、九江市、景德镇市、鹰潭市、抚州市）；

江淮城市群（合肥市、六安市、芜湖市、安庆市、马鞍山市、池州市、滁州市、铜陵市）；

湖北省：武汉市、黄石市、黄冈市、鄂州市、孝感市、咸宁市、仙桃市、襄阳市、宜昌市、荆州市、荆门市；

湖南省：长沙市、岳阳市、益阳市、株洲市、湘潭市、娄底市；

江西省：南昌市、九江市、景德镇市、鹰潭市、抚州市、新余市；

安徽省：合肥市、六安市、芜湖市、安庆市、马鞍山市、池州市、铜陵市、滁州市。

《长江中游城市群发展规划》（以下简称《规划》）明确，要努力将长江中游城市群建设成为长江经济带重要支撑、全国经济新增长极和具有一定国际影响的城市群。

长江中游城市群是以武汉城市圈、环长株潭城市群、环鄱阳湖城市群为主体形成的特大型城市群，国土面积约 31.7 万平方公里，承东启西、连南接北，是长江经济带三大跨区域城市群支撑之一。该《规划》明确，强化武汉、长沙、南昌的中心城市地位，依托沿江、沪昆和京广、京九、二广等重点轴线，形成多中心发展格局。

根据该《规划》，长江中游城市群建设未来将在六大方面重点发力，分别是：城乡统筹发展、基础设施互联互通、产业协调发展、共建生态文明、公共服务共用、深化对外开放。

其中，在城乡统筹发展方面，《规划》要求，坚持走新型城镇化道路，形成多中心、网络化发展格局，促进省际毗邻城市合作发展，推动城乡发展一体化。

在基础设施互联互通方面，《规划》要求，围绕提高综合保障和支撑能力，统筹推进城市群综合交通运输网络和水利、能源、信息等重大基础设施建设，提升互联互通和现代化水平。

在产业协调发展方面，《规划》要求，依托产业基础和比较优势，建立城市群产业协调发展机制，联手打造优势产业集群，建设现代服务业集聚区，发展壮大现代农业基地，有序推进跨区域产业转移与承接，加快产业转型升级，构建具有区域特色的现代产业体系。

《规划》在产业协调发展方面提出，联手打造优势产业集群，如汽车及交通运输设备制造业，要引导武汉、长沙、南昌、合肥、襄阳、九江、芜湖、株洲、湘潭、景德镇等地开展汽车产业合作与重组，建立汽车产业联盟。在打造中部钢铁产业集群上，以武汉钢铁、湖北新冶钢、华菱钢铁、新余大型钢铁、马鞍山钢铁等骨干企业为龙头，兼并、重组一批中小钢铁企业，组建若干特大型钢铁联合企业集团。

长江中游城市群地处中国中部，连南接北，启东承西，是连接中国其他四大国家级城市群珠三角、长三角、京津冀和成渝城市群的枢纽。

区域内主要高速铁路包括京广高铁、沪昆高铁、昌九城际铁路、武九高铁、合武高铁、合安九高铁、合福高铁等。

主要港口包括武汉港、九江港、岳阳港、长沙港、荆州港、宜昌港、芜湖港等。

长江中游城市群正式定位为中国经济发展新增长极、中西部新型城镇化先行区、内陆开放合作示范区和“两型”社会建设引领区。

在长江中游城市群中，三个大城市武汉、长沙和南昌，呈“品”字形分布，分别为三省的省会和中心城市，是三个都市圈的“首位城市”和“核心力量”（是为“三核”）；并以三核为心形成武汉都市圈、长沙都市圈、南昌都市圈共三大都市圈（是为“三圈”）；三大都市圈，在各省的经济总量中所占的比重均在

60%以上,是带动周边地域经济发展的拉动力量,是推动三省经济的发动机和“中部崛起”的增长极(是为“五极”)。

以武汉—岳阳—长沙—南昌—九江—合肥之间的铁路、高速铁路、高速公路和部分长江水道构成横跨湘鄂赣皖四省的“环形”快速通道，成为三省生产力布局、城市化和区域经济的主轴。

该规划的出台意味着,较为沉寂的“中部崛起”再次得到决策层重视。湖南、湖北、江西正好位于长江经济带与中部崛起的交集处，长江中游城市群的规划发展被纳入了“长江经济带”的战略框架下进行部署,堪称“中部崛起2.0”版。

这是从国家层面首次明确中国经济第五增长极，将有利于推动该区域的联动发展，其中，武汉、长沙、南昌等城市的地位将得到强化。

第四节　泛珠三角大湾区

回家！回家！每到春节，一颗颗急切回家的心汇聚成波澜起伏的春运大潮。春运出行人流的背后，浓缩了多少辗转奔波，多少坚毅决然，多少酸甜苦辣。

每年都有数以万计的外出务工人员，骑摩托车风雨兼程，只为了能够尽早回家过年。

2011年春节，据交警部门估计，江西经广东肇庆返乡的有10万人，从浙江经江西玉山返乡的有4万人。

从金华到上饶，300公里左右的路程，骑摩托车5小时就到。

从汕头到瑞金，480公里，骑摩托车早出晚归。

……

骑摩托车返乡，虽然路途艰难，但这就是江西的位置——连接东部沿海、紧邻珠江三角洲。

仅仅三五百公里的路途，经济发展却是两重天，追赶之路更是比骑摩托车回乡艰难许多。

江西所在的泛珠江三角地区包含了中国华南、东南和西南的九个省份及两个特别行政区：福建、广东、广西、贵州、海南、湖南、江西、四川、云南、香港和澳门特别行政区，覆盖了中国五分之一的国土面积和占三分之一的人口。

2003 年 6 月 29 日达成的《内地与香港关于建立更紧密经贸关系的安排》（*Closer Economic Partnership Arrangement*，CEPA）后，2003 年 10 月 17 日，《内地与澳门关于建立更紧密经贸关系的安排》（*Closer Economic Partnership Arrangement*，CEPA）也正式生效。这是内地与香港和澳门之间开展新一轮经济合作的框架。这意味着这一地区在贸易、投资自由化和便利化进程中再次提速。

两个 CEPA 给泛珠江三角地区带来了重大变化，“9+2”，本来仅仅是区域空间表述的泛珠江三角洲地区，因此成了“9+2”经济地区。

两个 CEPA 为江西在泛珠三角中的合作带来了更美好的希望，江西与香港更近了，江西与澳门更近了。

2008 年 12 月 31 日，国务院批准并实施的《珠江三角洲地区改革发展规划》，首次明确提出将泛珠三角区域合作纳入全国区域协调发展总体战略。这是在泛珠三角区域合作开展 5 年的关键时期，国家对泛珠三角区域合作定位的一次战略性提升。

2009 年国际金融危机后，泛珠三角区域合作带来效应逐步显现。从区域整体看，“泛珠三角”的 GDP 总量，从 2003 年的 6300 亿美元左右，增长为 2008 年的约 15900 亿美元，翻了一番多。以单个省区为例，泛珠三角区域合作之前，区域内的内地省区中只有广东省 GDP 总量超亿元，到 2008 年，区域内又增加了四川、福建、湖南三个GDP超过万亿元的省份，总数达到了四个，占了全国的近三分之一。

国际金融危机后，面对加工贸易政策调整、劳动力成本上升、电力供应等因素的巨大压力，以加工制造业闻名全球的珠三角，历经30年高速发展后，感到疲惫不堪。2010年数据显示，四成港企欲迁离珠三角，而江西成产业转移首选地。

香港工业总会一份针对珠三角港商的调查显示，珠三角约8万家港企中，有37.3%的正计划将全部或部分生产能力搬离珠三角，更有超过63%的企业计划迁出广东。

以鞋业为例，据亚洲鞋业协会统计，主要集中在广东东莞、惠州、广州、鹤山和中山的5000—6000家企业，有25%左右到越南、印度等国家设厂，而有50%左右则选择转移至江西、湖南等中西部地区，只有25%左右的企业留在广东省。

毗邻广东的赣州市“香港工业园”，一天就有10多批企业来考察。从全国产业梯度转移的趋势看，这些企业搬迁时考虑最多的是劳动力、电力和运输三大因素，江西颇具吸引力。首先是地理位置，江西是我国三个最具活力的经济金三角的直接腹地；其次是商务成本江西最低，江西省劳动力资源丰富，土地、水电等要素费用都比发达地区低，平均水价只有上海的50%、广东的60%左右；承接条件江西最好，在基础设施条件方面，是中西部地区率先实现与沿海发达地区交通对接的省份，也是近几年全国唯一用电高峰不拉闸限电的省份。

利益与利益的联合，也要有路与路的连接。

2011年9月22日，泛珠三角区域综合交通运输一体化对接磋商会在南昌举行。江西省将加大路网建设力度，完善泛珠区域省际通道规划，力争将（浙江）—德兴—南昌—铜鼓—（湖南）浏阳—长沙、（福建）莆田港—三明—抚州—

吉安—井冈山—（湖南）炎陵—衡阳、（福建）漳州港—武平—寻乌—龙南—（广东）连平—广州、（湖南）浏阳—上栗—萍乡—莲花—（湖南）茶陵、（浙江）—德兴—上饶—（福建）武夷山—福州（福州港）、福州（湄洲湾）—三明—建宁—广昌、永修—武宁—修水—（湖南）平江县—长沙、南昌—兴国—大余—（广东）韶关—广州，8 条高速公路运输大通道纳入泛珠三角区域路网规划。此外，“十二五”时期，江西省将打通省际“断头路”和建设具有带动经济发展作用的地方高速公路为重点，加快形成高速公路网，打通 28 个省际出口，全面建成与泛珠三角区域相邻的 3 省 17 条高速公路快速通道。同时，江西省还将尽快开通广州—南昌空中快线。

不仅如此，泛珠三角区域在六个方面进行了突破：以打破各种形式的垄断和封锁为突破口，推进区域市场一体化；以统筹大型项目规划建设为依托，推进基础设施的互联互通；以建立健全区域协调发展和合作互动的法律法规为重点，推进管理体制合理对接；以促进企业联合协作为重要抓手，推进产业结构调整和优化布局；以加强和改善对口帮扶为重要途径，加快欠发达地区发展步伐；以协调解决重大社会与自然矛盾为契机，着力构建和谐的区域发展环境；以及以加强资源与市场合作为重点的国际区域合作。

自 2004 年第一届泛珠论坛举办以来，江西省积极参与“9+2”区域合作，截至 2011 年已达成了一大批泛珠区域合作项目，其中累计引进港、澳合作项目 3309 个，实际直接利用港、澳地区资金 109 亿美元；引进福建、湖南、广东、广西、海南、四川、贵州、云南 5000 万元以上工业合作项目 2189 个，实际利用八省份资金 1817.53 亿元；江西全省跨省劳务输出人数达 660 万人，其中输往闽、粤两省 370 多万人。

依托泛珠区域合作，江西找到了自己独特的位置：以建设新兴工业体系为重点，大力发展光纤等十大新兴战略型产业；加大土地开发整理，构建优质稻米以及蔬菜、茶叶等优势农产品基地；加快现代服务业发展，培育智能环保服务企业。

如今泛珠三角区域中既有我国经济“三大引擎”之一的“珠三角地区”和香港、澳门两个比较发达的特别行政区，又有极具发展前景和活力的北部湾地区、海峡西岸经济区和长株潭“两型社会”发展试验区、鄱阳湖生态经济区、海南生态旅游岛、成渝经济区等区域……成为中国最具新兴活力的区域。

“珠江三角洲地区”的概念最早起源于20世纪90年代初。90年代后期，在“(小)珠三角”的基础上出现了“大珠三角”的概念。

2003年7月，广东省倡导并得到福建、江西、湖南、广西、海南、四川、贵州、云南等八省（区）政府和香港、澳门特别行政区政府积极响应，从而形成了泛珠三角区域合作，即“9+2”经济地区概念。该区域不含港澳，其范围占全国面积1/5、人口1/3强、经济总量比重超过1/3。

广东已成为当今世界一个十分重要的制造业基地，全世界的服装生产中心、家用电器生产中心、运动鞋生产中心都在广东。而相对于欠发达的内陆地区来说，广东已经开始大规模的产业转移。因为，它的劳动密集型产业的利润空间越来越小，只有向低成本地区转移，才能进一步发展。

在国际经济理论界有一个非常重要的观点，即由日本经济学家提出的“雁行模式”。日本经济学家用这一理论解释了20世纪60年代以来亚洲经济发展的过程，美国经济的起飞带动了日本经济的起飞，日本经济的起飞带动了“亚洲四小龙”经济的起飞，“亚洲四小龙”经济的起飞带动了中国沿海地区经济的起飞，这种带动是通过产业转移和产业承接来完成的。因此，在泛珠合作中，产业转移是不可缺少的。

“泛珠三角”的提出之所以得到八省和港澳特别行政区的积极响应，珠江三角洲正面临新一轮的产业结构调整，在这一过程中，许多沿海企业为形成新的竞争优势，纷纷打破地域界限，把生产基地选择或搬迁到成本低的地方。江西毗邻广东，所谓“近水楼台先得月”。江西不仅区位条件好，而且生态环境优，水、电、土地和劳动力等生产要素相对低廉，最适合承接珠三角的产业梯度转移。另外，珠三角企业还可以把江西作为跳板，实现向中部腹地省份的经济辐射。因此，江西率先主动融入“泛珠三角”，甘当配角。

江西一头连着沿海，一头连着内地，是长江三角洲、珠江三角洲和闽东南三角区的共同腹地。浙赣铁路穿越东西，京九铁路纵贯南北，直达深圳、香港。出省高速公路通车里程达 1330 公里，与广东对接的赣粤高速公路建成通车。按公路里程半径划分，江西在深圳、广州等城市 7—8 小时经济圈。与广东山水相连的赣州，全市 18 个县（市、区）有 7 个与广东毗邻，为了融入泛珠三角，赣州打造了 20 个工业园区，以承接沿海产业梯度转移。

合作的第一年，江西引进的 680 多亿元国内投资中，广东就占了三成左右。

泛珠三角区域合作是在不同体制框架和发展水平上的生产力要素优化组合，实现了区域经济的异质性整合。泛珠三角区域横跨整个珠江流域，覆盖我国东、中、西部，自然资源禀赋不同。区域内各地区经济发展结构差异明显、互补性强，而且还拥有香港和澳门两个独立的关税区。表面看，差异是整合的障碍，但实际上，差异是互补的基础和合作的前提，差异大则互补性大、合作的动力强、合作的空间广。

泛珠三角区域合作，有助于沿海发达地区实现产业梯次转移，加快沿海发达地区的产业升级，增强内地的经济活力。其更大的意义在于，有助于在更大范围、更广阔的空间实现资源的有效整合和配置，实现区域经济的可持续发展。

此外，泛珠三角区域处于中国和东盟国家两大区域经济往来和经济合作的交汇点，泛珠三角区域合作能够增强与东南亚的对接能力和开拓市场的能力，对中国—东盟自由贸易区的建立与发展具有重要的战略意义。

广东省发改委被看作泛珠战略的“操盘手”，广东方面推进泛珠合作协调领导小组办公室就设在发改委。

2004 年 6 月 1—3 日，在由“9+2”政府共同举办的“泛珠三角区域合作与发展论坛”上，“9+2”政府领导人共同签署了《泛珠三角区域合作框架协议》。框架协议标志着泛珠三角区域合作进入全面启动和实施的新阶段，泛珠三角区域合作机制基本建立。

2004 年首届泛珠三角区域合作与发展论坛在香港和澳门引起了广泛关注和极大的轰动。首届泛珠三角区域经贸合作洽谈会上，香港经贸团共签约项目 313 个、金额 563 亿元，分别占总签约项目的 37% 和总金额的 19%；澳门经贸团共签约项目 28 个、金额 23 亿元，分别占总项目的 3% 和总金额的 0.8%。

2004 年 7 月，首届泛珠三角区域经贸合作洽谈会在广州隆重举行。洽谈会签约项目 847 个、金额 2926 亿元，其中政府推动签约的铁路、航运、西电东送、科技、劳务、粮食等 6 个领域的合作项目总金额 1202 亿元；区域内企业在能源、产业与投资、商务与贸易、旅游、农业、科教文卫、信息化建设、环保、人才劳务等 10 个领域的签约合作项目 840 个、金额 1724 亿元。

在所有签约项目中，涉及中西部省区的项目 560 个，总金额 1115 亿元。

从 2005 年开始，这一合作延伸到江西、湖南、广西等“9 + 2”泛珠经济合作地区。针对深圳鲜活农产品基地供应率不到 20% 的现状，规划用 3—5 年的时间，用 6 亿元至 8 亿元，外供鲜活农产品达到 50% 以上。

2004 年签署了《泛珠江三角洲区域合作框架协议》，确立了以香港为中心城市、大珠江三角洲为核心地区及其辐射地带的泛珠三角“9+2”经济圈。到 2006 年，这个经济圈在 GDP、地方财政收入、固定资产投资和对外贸易总额上超越长三角城市群。

改革开放后，深圳在狭长的地带，城市建设不断扩展，占用了农田。让深圳这个昔日的小地方，经历现代化工业的变迁，郊外建起了许多工厂，而蔬菜种植对远离工矿污染源和灌溉水等都有严格要求，因而部分工厂附近的田地土质因含有镉、砷、汞、铅、铬等重金属，都已不再适合种菜。同时，菜地、猪场等反过来也会污染居住区、工业区环境，存在迁移问题。深圳农田历史上的最高纪录也仅为20多万亩，到2005年仅有3.5万亩，其中宝安区1.85万亩，龙岗区1.6万亩，南山区500亩，罗湖区、福田区和盐田区基本没有蔬菜生产基地。

深圳没有农村，但不能没有农业！在城区建设规模不断扩大，农业用地越来越少的情况下，用先进的技术和管理经验发展异地农业合作是一条值得探索的路子。

因此，到泛珠三角区域寻找、开辟合适的生产基地成为大部分产品认证企业的共同特点。尽管广东省内异地种植合作持续升温，但仍无法满足深圳市场巨大的需求量。深圳近九成的蔬菜来自外地，这同时也给安全监管带来相应的难度。泛珠三角突破现有的省内合作范围，发挥地缘优势，深圳的蔬菜基地延伸到了福建、江西、湖南、广东、广西、海南、四川、贵州、云南等泛珠三角地区。

蔬菜生产向外围扩散生产的路径，在某种程度上也是外资向中西部外溢的路径。

在经济全球化和区域经济一体化的进程中，实际利用外资是连接我国与国际社会的枢纽以及承接区域内部产业转移的桥梁。在我国，东、中、西部三大阶梯之间的区域差异十分明显，实际利用外资的空间分布也反映了我国经济非均衡发展的特征。我国存在泛珠三角、泛长三角和环渤海三大热点投资区。与其他两大投资区相比，泛珠三角的大部分省市是我国最早实施对外开放的地区，泛珠江三角洲涵盖了东、中、西部的省市，区域圈层差异明显，有利于分析外资集聚的层级结构和区域间梯度转移。

对外经济贸易大学研究生科研创新重点项目“新经济地理视角下的制造业产业布局及区位选择分析”，针对20世纪90年代以来，FDI（外商直接投资）的集聚以及外溢分析得出结论：从总体发展来看，泛珠江三角洲地区实际利用外资的总量一直处于全国前列。

2010年，珠三角的实际外资利用达到183.5亿美元。但是，泛珠三角实际利用外资的地区也存在极大的差异性，经济发达的广东地区是整个泛珠三角外资最为集中的省份。福建紧随其后，该省份邻近广州，经济较发达、地理条件较好，也成为外资青睐的区域。此外，近年来，随着中部地区经济的崛起，与大珠三角接壤的湖南、江西、广西引进外资力度逐渐加大，外商投资现状分布呈现出以广东为中心，由东向西，由沿海向内地递减的分布特征，广州和深圳发挥着巨大的中心城市辐射作用。从外商投资现状分布看，将泛珠三角分为三个层次：第一层次为广东地区，第二层次为福建、江西、湖南、海南、广西，第三层次为云南、贵州和四川。

这项研究发现，我国东南沿海率先对外开放政策的实施使得外资在短期内迅速集聚到东部沿海，在泛珠三角地区，广东省外资全国占有比例从1987年的17.5%上升至2001年的25%，并长期处于领先地位。而随着“西部大开发”和“中部崛起”战略的相继提出，中部的湖南和江西外资利用额显著提升，西部的四川省外资利用比例甚至接近了东部福建等省市。而广东省外资占有率逐步下降，其他8省市外资比重则上升到29.14%。

“泛珠三角区域合作论坛和经贸洽谈会”的报告显示，来自香港的资本投资已经逐步投入内地的湖南、江西和广西等省市。梯度转移是一个国家发展内部区域差异存在的产物，通过产业转移，低梯度地区能够促进本地区的发展，从而缩小区域间差距。作为省会城市，中部的湖南和江西、西部的贵阳和成都在一定程度上都吸引了东部地区的投资转移。而在中西部省市内部，以省会为中心的发散式外资渗透也将稳步推进。

统计数据显示，在泛珠三角内部，广东省的外资占有率虽然依然处于首位，但是从 1992 年 77% 的比重已经下降至 2011 年的 36%，基本缩减一半。与此同时，广西和湖南分别从改革开放之初的 0.9% 和 2.4% 上升到 18% 和 17.9%，整个泛珠三角的外资空间分布开始出现由集聚向分散发展的趋势。

泛珠区域拥有全国国土面积的 199.45 平方公里，占全国国土面积的五分之一；人口近 5 亿人，占全国人口的三分之一。2004 年泛珠三角区域合作启动。截至 2017 年经济总量约 29.45 万亿人民币，占全国经济总量的三分之一，是 2004 年的 5 倍。区域内各方共同发起的泛珠大会，15 年间共签约合作项目超过 2 万个，总金额达 4.3 万亿人民币。粤、桂、黔三省区形成了 4 小时经济生活圈。粤桂黔高铁经济带投资洽谈会至今共达成合作项目 164 个，投资总额超 2000 亿元。泛珠区域四省区福州、厦门、南宁、海口海关区域通关一体化实现“多关如一关”，为企业节省约 30% 的通关成本。2016 年 3 月，《国务院关于深化泛珠三角区域合作的指导意见》正式发布，从 10 个方面提出了 35 条指导意见。泛珠区域内地八省区共 32 座城市入围“中国外贸百强城市”，泛珠区域全年进出口已经超 9 万亿元。广东、广西、福建、江西四省区截至 2017 年共出资 16 亿元建立生态补偿机制。

泛珠三角合作至今，仅广东省江西商会组织会员企业返乡投资已近千亿元，其中不乏高新科技企业。

2018 年 5 月 14 日下午，江西省委书记刘奇在广州迎宾馆亲切会见了广东省江西商会赣商代表并举行座谈，这是刘奇书记主政江西以来接见赣商活动的第一站。这次会见的成果，是力争五年内在粤赣商回乡投资再增 1000 亿元，慈善公益捐赠超过 20 亿元。

广东省江西商会名誉会长李平的天高集团独资或控股的企业在家乡总投资

额已超过了 30 亿元，在江西五六个地市有自己的企业，集团正处在从传统产业向新经济的转型之中，2016 年年底，天高把环保板块的总部放在了赣州，一年多时间已实际投入近 2 亿元。佛山欧神诺陶瓷股份有限公司在景德镇投资 13 亿元的欧神诺公司，于 2007 年正式投产，到 2018 年已走过 11 年的历程，公司多年来都是景德镇陶瓷行业纳税第一名。

1998 年前，来自江西的务工者并不多，京九铁路的通车直接拉动沿线万安、遂川、南康等地的外出务工人数，而此后的增长速度非常明显。2014 年春节，南昌铁路局江西节后春运的客流数据图如下。

总量	对比
18日南昌铁路局预计发送旅客57.5万人次	超出平时客发量约78%
节后累计发送旅客超过1005.6万人次	同比增长约12%

目的地	列车数	备注
广东、浙江、福建方向	每天增开临客数十对	
广州、深圳等地	多达数十趟列车(含过路车、临客)	南昌开通了到深圳的动车
杭州、金华、海宁等地	动车每天就多达14趟	
福州、厦门	经向莆铁路“公交化开行”的动车每天十余趟	春运上座率长期达155%

流向	人数	原因
广东方向	98.8万人	珠三角仍是大规模劳动密集型产业集聚地区、工作好找、薪酬不低。
浙江方向	77.8万人	主要优势是用工环境优良、企业五险一金规范，有后来居上的势头。
福建方向	49.6万人	与前往广东、浙江方向一样，交通便利、运力充足。
四川、重庆	31.8万人	
上海方向	31.5万人	
北京方向	25.6万人	
湖北方向	13.4万人	

(从节后至正月十六(2月15日)返程务工出行高峰)

360 大数据中心基于 9 亿用户春运前夕至除夕的迁徙态势，发布了 2017 年春节“空城指数”报告。2017 年，一份春运前夕至除夕的迁徙大数据显示，江西、湖南、河南、安徽、山东等省份是外出打工人群最多的省份。排名第一的江西外出打工人数占全省总人数的 7.25%。

珠三角地区是我国经济最活跃的地区之一，同时也是我国人口集聚最多、创新能力最强、综合实力最强的三大城市群之一。珠江三角洲地区是我国参与经济全球化的主体区域，全国科技创新与技术研发基地，全国经济发展的重要引擎。

珠三角经济最发达的广州、深圳、香港。广东省 2016 年成为全国首个 GDP 突破 8 万亿元的省份，深圳突破 2 万亿元。2016 年香港地区生产总值为 24891 亿港元。2017 年深圳 GDP 超香港，这一极具里程碑意义的大事件，代表着粤港实力对比的逆转。人均地区生产总值突破 11 万元大关。珠三角经济持续快速发展，带动人均 GDP 稳步提升。2012 年突破 8 万元，2013 年突破 9 万元，2014 年突破 10 万元，基本上一年一个万元台阶，2016 年更是迈上 11 万元大关，达 11.43 万元，按当年平均汇率折算为 17205 美元，参照世界经合组织 2016 年最新划分标准，已达到高等收入水平标准。珠三角人均 GDP 在全国仅在天津（11.51 万元）、北京（11.47 万元）之后，超过上海（11.36 万元），也超过长三角 16 市（11.12 万元）。其中，深圳突破 2.5 万美元，广州、珠海突破 2 万美元。

党的十八大以来，珠三角以国家自主创新示范区和全面创新改革试验试点省建设为引领，务实推进以企业为主体，以市场为导向，以重大创新平台和国际科技合作、省部院产业研合作为依托的开放型区域创新体系建设，发挥打造国家科技产业创新中心的主力军作用。新旧动能实现有序转换，以广州、深圳为创新龙头的“1+1+7”一体化区域协同创新格局基本形成。

2016 年，研究与试验发展（R&D）经费支出占 GDP 的比重从 2012 年的 2.43% 提升至 2.85%，比全省高 0.29 个百分点。万人发明专利拥有量达 27.73 件，比 2012 年增加 14.3 件；PCT 国际专利申请量占全国一半。技术自给率和科技进步贡献率提高到 2016 年的 71% 和 58%，基本达到创新型国家和地区水平。截至 2016 年年底，珠三角高新技术企业达 18872 家，拥有国家级高新区 6 个，国家重点实验室和国家工程技术研究中心共计 49 家，新型研发机构、孵化器、众创空间分别达 161 家、589 家和 442 家。2016 年，珠三角工业企业新产品产值是 2012 年的 1.88 倍，占全省新产品产值的比重达 95.4%。

在大力发展新兴消费、服务消费、加大投资力度等扩大内需战略带动下，消费的基础性作用和投资的关键性作用也得到较好发挥。

2013—2016 年，珠三角固定资产投资和社会消费品零售总额年均分别增长 13.8% 和 10.9%，比 GDP 年均增速高 5.3 个和 2.4 个百分点；最终消费支出对经济增长的年均贡献率为 45.8%，高于资本形成总额 9.2 个百分点。重大平台、重大项目、重大科技项目建设不断推进，基础产业和现代服务业投资力度不断增强。广州南沙基础设施总投资累计达 1557 亿元，深圳前海累计入驻企业超 12.3 万家。2016 年，珠三角交通运输、仓储和邮政业、信息传输、软件和信息技术服务业、科学研究和技术服务业、农林牧渔业投资占全部投资的比重分别为 9.7%、1.8%、0.9%、0.8%。

党的十八大以来，珠三角推动产业向高端方向发展，立足现代服务业和先进制造业“双轮驱动”，大力发展战略性新兴产业，现代产业新体系基本形成。

在这个过程中，珠三角力促服务业和消费加快发展，推动研发设计、科技服务等生产性服务业迅速发展，服务业对经济增长贡献明显。第三产业增加值占国内生产总值的比重在 2012 年突破 50%，2016 年达到 56.1%，比 2012 年提高 4.3 个百分点，比第二产业高 14.0 个百分点。现代服务业发展加快。2016 年，珠三角现代服务业增加值占服务业比重达 64.1%，比 2012 年提高 3.2 个百分点，服务业从“传统服务业支撑”发展到“现代服务业拉动”。

党的十八以来，珠三角深入实施广东工业转型升级三年行动计划和新一轮技术改造，大力推进智能制造，建设珠江西岸先进装备制造产业带，提升珠江东岸电子信息产业带，先进制造业和高技术制造业发挥了主导作用。2016 年，珠三角先进制造业、高技术制造业占规模以上工业比重分别达 54.9% 和 32.5%，比 2012 年提高 3.0 个和 4.5 个百分点。新一代移动通信设备、新型平板显示、新能源等战略性新兴产业蓬勃发展，战略性新兴产业占规模以上工业比重为 22.2%，比 2012 年提高 9.6 个百分点。骨干企业培育取得新进展，2016 年，珠三角年主营业务收入超百亿元企业达 233 家，比 2012 年增加 85 家。

党的十八大以来，珠三角以广东自贸试验区建设和参与“一带一路”建设为新契机，大力推进粤港、粤澳合作，全面深化对外开放合作，开放型经济发展水平不断提升。

2016 年，珠三角一般贸易进出口总额占全省的比重达 41.9%，比 2012 年提高 9.6 个百分点。加工贸易企业转型升级步伐加快。“委托设计 + 自主品牌”方式出口比重达 71.3%，提高了 16.4 个百分点。服务贸易占进出口总额比重达 13.8%，提高 3.8 个百分点。贸易伙伴更趋多元化，率先实现粤港澳服务贸易自由化。2013—2016 年，珠三角与“一带一路”沿线国家进出口额累计达 5.5 万亿美元，2016 年占比达 20.2%，比 2012 年提高 4.0 个百分点。2013—2016 年，珠三角累计实际利用外商直接投资年均增长 1.2%。外商投资领域向高技术产业、服务业特别是金融、保险、民生等服务领域拓展的趋势明显。2016 年，珠三角服务业利用外商直接投资比重达 68.9%。“走出去”战略加快实施，2013—2016 年，珠三角对外实际投资年均增长 51.7%。

党的十八大以来，珠三角在保持经济中高速增长的同时，大力提高能源资源利用效率，持续推进以大气、水、土壤为重点的污染综合治理，加强生态环境保护力度，实现生态环境质量的总体改善。

珠三角全面完成“十二五”国家下达的节能减排任务，万元 GDP 用水量累计下降 45.5%，单位地区生产总值污染物排放强度处于全国先进水平；累计完成电机能效提升 1085 万千瓦，淘汰黄标车和老旧车 128.5 万辆。

2016 年珠三角九市 PM2.5 平均浓度比 2013 年下降 31.9%；区域空气质量

达标天数比例比2013年提高13.8个百分点，空气质量继续在全国三大重点防控区中保持领先。珠三角城市集中式饮用水源水质保持100%达标，完成56个黑臭水体整治。2016年珠三角成为全国首个国家级森林城市群建设示范区，森林覆盖率达51.5%，比2012年提高1.1个百分点，珠海、肇庆获批国家森林城市。

党的十八大以来，珠三角全面实施基础设施、产业布局、环境保护、城乡规划、基本公共服务五个一体化规划，推进三大经济圈融合发展，初步形成产业链对接、交通互联互通、公共服务共享的一体化格局。

2016年，珠三角轨道交通运营里程达1491公里；高速公路通车总里程达4114公里，比2012年增加804公里。港珠澳大桥主体桥面全线贯通，珠海连接线南湾互通至洪湾互通段建成通车；港口群集装箱吞吐量达5360万标箱，居世界港口群首位。

珠三角各市平均产业同构系数呈下降趋势，从2012年的0.6169下降到2016年的0.6131，5年间下降0.0038，区域内产业同构程度得到改善。珠三角已初步形成汽车制造、交通运输设备、电气机械及器材、通信设备、计算机及其他电子设备、仪器仪表及文化、办公用机械制造等优势产业协同发展的产业布局。

珠三角城镇化率从2012年的83.84%提高到2016年的84.85%，比全省高15.65个百分点。若与世界银行2016年高收入国家城镇化率（81.41%）相比，珠三角城镇化率高出3.44个百分点。城市建设优化升级，深圳、珠海入选国家海绵城市建设试点，广州入选国家地下综合管廊建设试点城市。

2016年，广东首次提出“粤港澳大湾区”这个概念，并在2017年的全国“两会”上，正式将“粤港澳大湾区”上升到国家层面。

若放眼全球，除了中国外，世界上有三大知名湾区，分别是纽约湾区、旧金山湾区、东京湾区，每一个都在自己国家的经济格局中，扮演着举足轻重的角色。而“粤港澳大湾区”与另外三个湾区相比起来，在经济实力上，毫不逊色。

首先，就经济实力而言，2016年粤港澳大湾区的经济总量（GDP）为1.34万亿美元，位居四大湾区第二位，仅次于纽约湾区，而且在经济地位上，粤港澳大湾区GDP占全国的占比达到了12%，是高于美国的纽约湾区与旧金山湾区。

当然，因为日本的特殊性，地形狭长，人口稠密，所以，地形相对平缓的东京就主导了日本的经济。

其次，在贸易上，粤港澳大湾区在全球范围内都有着举足轻重的地位，如2016年大湾区对外货物贸易额超过2万亿美元，是日本东京湾区的3倍以上。而且粤港澳大湾区内，仅广州、深圳和香港三个港口，就占世界前20个大集装箱港口总量的五分之一，这显然是旧金山湾区、纽约湾区和东京湾区无法比拟的。

最后，粤港澳大湾区的城市呈现出多强格局，如联合国发布的2016年全球城市经济竞争力指数20强中，单是中国占据了5个，其中有3个来自大湾区：深圳排名第6、香港排名第12、上海排名第14、广州排名第15。

2018年5月17日，作为江西省对接粤港澳大湾区发展的重要项目，首届赣深经贸合作交流会在深圳举办。双方签署《江西省与深圳市进一步深化合作框架协议》，进一步推动赣深两地经贸、产业、创新和国资国企等领域全面合作，提升赣深合作层次和水平。

深圳是江西进出口贸易最主要的通商口岸。江西商务部门统计数据显示，2017年江西省进出口贸易从深圳口岸报关进出口近120亿元，占当年全省进出口额的26.8%，其中出口110亿元，占全省当年出口额的33.4%。与此同时，两地电子口岸实现互联互通，开通了盐田港至赣州港五定班列，赣深合作共建了吉安（深圳）产业园，签署了深圳与赣州合作框架协议，双方合作机制不断完善。

根据合作框架协议，赣深两地将充分发挥两地在产业、区域、信息等方面的优势，深入推进高新技术产业、制造业、现代金融合作；加强科技与人才交流合作，推动创新成果转化；支持现代服务业深化合作，推动两地区域市场一体化；加强两地物流信息互联互通，交通网络互联互通，口岸等平台建设互联互通；积极开展旅游交往合作，共同拓展旅游市场等，描绘赣深合作新画卷。

本次合作交流会共签约61个投资合作项目，签约投资总额819.7亿元。主要涉及电子信息、先进制造业、文化旅游、特色小镇等项目。

粤港澳大湾区朋友圈又变大了！

拥有全国约五分之一的国土面积、三分之一的人口和三分之一以上的经济总量的泛珠区域再一次扩张！

2018年9月5日，第十二届泛珠三角区域合作与发展论坛暨经贸洽谈会的主题为“共享湾区机遇”。

在本次会议上，江西省委副书记、代省长易炼红表示：江西既是泛珠合作的积极参与者，也是直接受益者，通过与泛珠各方在基础设施建设、能源、产业、环境保护等方面开展务实合作，有力助推了全省经济社会发展。粤港澳大湾区建设为泛珠区域合作发展带来了千载难逢的重大机遇。江西将加快推进赣深高铁等出省通道建设，全面融入泛珠区域综合交通网络；致力于打造粤港澳发展的重要腹地，积极主动承接沿海发达省份产业梯度转移；深化与泛珠各方的全方位创新合作，努力以高质量创新引领高质量发展；始终坚持生态优先、绿色发展，加快打通绿水青山与金山银山的双向转化通道，为民众提供更多优质生态产品。

借助出席泛珠大会的机会，易炼红还分别与广东省省长马兴瑞，湖南省省长许达哲，澳门经济财政司司长梁维特举行会晤，达成诸多共识。

会晤中，江西提出加快赣粤重大通道建设，提前谋划昌吉赣和赣深高铁经济带建设，加大科技创新合作力度，开拓绿色金融合作领域，深化生态环境保护和医疗等社会事业领域合作。广东省省长马兴瑞建议两省完善粤港澳大湾区至江西的交通网络，形成梯度发展、分工合理、优势互补的产业协作体系，加强粤港澳大湾区的辐射带动作用。易炼红提出加强与中国澳门在参与“一带一路”建设和国际产能合作、中医药、旅游、科技创新和教育等各领域的交流合作。澳门经济财政司司长梁维特表示，澳门将帮助江西大步“引进来”“走出去”，特别是加强与葡语国家的经贸往来，推进两地在更深层次、更宽领域开展交流合作。

粤港澳大湾区，世界第四大湾区耀世而出！

第五节　泛长三角

1982 年 12 月 22 日，上海经济区成立，这是长三角经济圈概念的最早雏形。历经多年的发展，长江三角洲经济区已经成为中国第一大经济区，中国综合实力最强的经济中心、亚太地区重要国际门户、全球重要的先进制造业基地、中国率先跻身世界级城市群的地区。2008 年年初，胡锦涛总书记视察安徽时，第一次明确提出了“泛长三角”的概念。2008 年 9 月，国务院常务会议审议并原则通过了《进一步推进长江三角洲地区改革开放和经济社会发展的指导意见》，这也是国务院第一次对国内的区域发展提出规划性要求。根据国务院 2010 年批准的《长江三角洲地区区域规划》，长江三角洲包括上海市、江苏省和浙江省，区域面积 21.07 万平方公里，占国土面积的 2.19%；按照《2010 年第六次全国人口普查主要数据公报》统计结果，2010 年“两省一市”范围的长三角常住人口达到 15610.59 万人。

所谓的泛长三角经济区，理论界和经济界有着不同的观点，一指“15+1”

的城市群范畴，更是指“3+2”的概念，也就是在江浙沪三省份的基础上，将属于长江中下游地区的安徽、江西全部纳入泛长三角。但在实践中，因为江西南部距离长三角较远，辐射效果并不明显。

相对于融入泛珠三角的主动，江西与泛长三角的融合不论是从文化、政策到成效等方面，都明显有些吃力。其中江西省和长三角经济实力差距成为阻碍泛化的主要因素。2006年环鄱阳湖六城市的GDP为2821亿元，远远低于上海的10297亿元、浙江7市的11887亿元、江苏8市的17339亿元，在地方财政收入、实际利用外资额、人均可支配收入等其他各项经济指标上的差距也极为明显。

江西，虽然地处沿海产业转移的第一梯度，具有相对优越的地理条件，区域内资源丰富、劳动力价格低廉，符合长三角扩散的要求，但是长期滞后发展使得江西市场经济体制仍不完善、企业经营环境远未能与长三角接轨，影响了长三角企业投资江西、扎根江西的信心。

长期以来，广东资本占江西吸引省外资金的第一位，但自2001年开始，浙江资本开始超越广东位列江西外来资金第一位。学者认为，江西首先需要在政府层面上主动对接长三角，在这一点上，安徽从2003年就开始不断提出加盟长三角的城市协调会，并主动对接江苏将省内城市最终划入了江苏省南京市“十一五”规划发展框架中。从2007年开始，安徽与长三角对接的层级进一步提高，全面江浙沪三省份多地政府开展大长三角区域发展模式的探讨，最终在建设部组织编制的《长三角城镇群规划》中，将安徽和苏北地区纳入规划范围。江西的行动慢了。

在产业层面，江西虽然区位和生态优势较为明显，但资源禀赋、产业结构等方面在中部六省中并无特殊优势。

要求长三角扩容、更高层次区域联合的呼声渐起，从区域经济学理论及长三角发展远景分析，长三角出现泛化趋势不是一种因素的结果，而有其多方面的发展动力。

长期集聚发展导致矛盾日益严重是促使长三角泛化的内在动因。长三角经过近高速发展，集聚效应带来的一些负面影响开始显现，严重制约了长三角可持续发展和区域竞争力的提高，从而产生资本外溢、产业转移的内在扩散需求。这种城市间产业高度同构现象，不但使得长三角城市在招商引资、开发区建设等方面存在较为激烈的竞争，而且使产业链在较长时间内难以形成规模效应，制约了地区经济的快速发展。随着长三角经济规模不断扩大，土地、能源、技术人才等要素短缺现象日益突出，生产成本不断上升，投资环境受到影响，一些外商开始对来长三角投资持观望、等待态度。长期高速的工业发展也使得长三角地区的环境承载能力变得十分脆弱，使长三角成为中国新的生态环境脆弱带。

面对一系列日益严重的发展问题，长三角迫切需要进行产业结构调整和升级：从劳动密集型向资本密集型和技术密集型升级，从传统制造业向新兴制造业升级，从传统服务业向金融、咨询等现代服务业态升级。这种产业结构的新陈代谢，对其内部落后产业产生了“挤出效应”，必然加速将本身不再具有比较优势的产业向外转移，从而形成扩散趋势。

区域竞争是促使长三角泛化的外在动力。随着长三角、珠三角、京津冀三大经济区域的形成，它们之间必然是一种竞争、发展的格局。《泛珠江三角洲区域合作框架协议》的签署，确立了以香港为中心城市、大珠江三角洲为核心地区及其辐射地带的泛珠三角经济圈，腹地广阔、资源丰富，经济实力大大增强。

泛珠三角的形成及其有效运作，一方面为泛长三角的形成提供了宝贵经验，另一方面也真实反映了以上海为龙头的长三角与长江上中游省份之间经济联系的弱化和经济腹地的丧失，从而对长三角及长江经济带的整体发展带来了十分不利的影响和十分严峻的挑战。

理论界对长三角扩散有两种观点：第一种认为，长三角经济一体化不能停留在江浙沪的城市范畴，而应该把属于长江中下游地区的安徽、江西全部纳入"泛长三角"通盘考虑。第二种是"大长三角"概念，即从建立长江流域经济体系的角度来构建"大长三角"经济区，范围向西可延伸至黄山、天柱山、大别山山脉，包括合肥在内的整个江淮地区、皖江城市带和苏北地区。如果从经济发展、社会联系、地理位置、历史影响以及区域内人口交流等方面综合考虑，包括上海、江苏、浙江、江西与安徽在内的泛长三角"3+2"区域经济发展模式，得到了理论界与实践界的广泛认可。江西作为紧靠长三角经济区的中部省份，应加速融入长三角，推动泛长三角区域合作，为江西构筑新的发展平台。

江西与长三角地区开展经济合作是一个经济社会发展水平较低的地区与一个经济社会发展水平较高地区的对接，也是一个开放度较低与一个开放度较高地区的对接，更是一个竞争力较低与一个竞争力相对较高地区的对接。

江西与长三角向来联系甚密，2007 年，上海在江西省实际投资达 44.1 亿元，通过上海口岸出口的江西产品占江西省外贸出口产品的 29.1%，江西三分之一的外来资金来自浙江。近年来，江西作为长三角地区经济腹地的作用和功能日益突出。

摩根士丹利亚太区首席经济学家谢国忠在《明天的太阳从安徽江西升起》的文章中指出，"按照梯度发展的理论，下一步加速崛起的就是江西和安徽"；此外有学者指出：长三角是中国经济的一个增长极，江西省要通过开放，积极加入长三角的产业链整合，接轨长三角地区的产业发展，推进江西的工业化进程。

总之，江西需要长三角的发展平台，而长三角地区也需要大力推进产业结构升级和产品结构优化，建立有效的高新技术转移和促进机制，需要一个强大的经济腹地作为支撑。江西在能源、劳动力和各种初级加工产品等方面具有许多优良条件，已经成为构建长三角经济腹地不可多得的区域。

江西对接长三角有着多重优势：首先是地理区位与交通优势。江西一头连着沿海，一头连着内地，与长三角、珠三角和闽东南相互毗邻，具有承东启西、贯通南北的极佳区位优势，其地理位置和交通环境决定了江西省与长三角的关系最为密切。江西交通优势明显，京九铁路与浙赣铁路在境内交会。从南昌到合肥、长沙、武汉只要 3 个小时，到南京、杭州、福州只要 6 个小时，到上海和深圳 7 个小时。交通的便捷有助于江西省发挥后发优势，并在发展中使某些产业后来居上。交通的改善，对江西省的物流业应该是个巨大的机会。同时，这也会对长三角刚刚起步的物流业构成巨大的吸引力。

其次是各种可利用的资源优势。江西具有规模可观的劳动力资源、储量丰富的矿产资源、广袤的国土资源以及独具特色的旅游资源。2003 年江西离乡外出从业 1 个月以上的农村劳动力为 443.84 万人，外出从业 6 个月以上的为 375.25 万人,保留户口举家外出从业的为 109.6 万人。劳动力转移具有流动性强、短期性少、重职业转移、轻地域转移的特点，便于开发利用。

江西矿产资源丰富,在中国拥有的 150 多种矿产资源中,江西省拥有 140 种；7 种稀缺资源，江西一个也不缺。水资源丰富，均值在全国列第一，人均拥有 4120 平方米的水面；江西省拥有 33.33 多万公顷可养殖水面。全省生态环境良好，森林覆盖率达 59.7%，居全国前列，林业资源丰富。江西是土壤与生态表现对比比较丰富的省份，耕作条件优越。地表赣江、信江等河汇成鄱阳湖水系，且水质优良，淡水资源丰富。

江西经济发展优势明显，与长三角地区经济互补性强，两者开展经济合作潜力巨大。江西若能融入泛长三角经济区，将产生巨大的经济效益，实现与长三角地区的经济双赢。

“不管黑猫白猫，能捉老鼠就是好猫。”在南昌市八一大桥桥头，矗立着两尊巨大的石雕，一只黑猫，一只白猫。江西省浙江总商会会长陈志胜说，改革开放后，30 多万浙江商人正是在“黑猫白猫论”的精神感召下，前来江西

“淘金”。

到 2008 年，在赣投资的浙江企业达 6000 多家，投资额达 1000 多亿元，占江西省引进外来资金的 34.1%，上缴利税占江西全省税收的 16.17%，成了江西省不折不扣的外来投资第一军团。

2001 年，在老家永康完成资本积累的陈志胜将目光转向发展中的江西，并做出了投资 4.5 亿元建大学的惊人之举。2002 年，华东交通大学理工学院首届招生就吸引了 2000 多名学子。此后该学院每年招生规模快速递增，2008 年下半年在校生将达到万人以上。至今，陈志胜在华东交通大学理工学院的投资累计达 8 亿多元，并已有丰厚回报。

和陈志胜投资教育产业不同的是，老家兰溪的江西兰丰水泥集团董事长、总裁赵静涧在江西投资水泥。短短几年时间，赵静涧的“兰丰水泥”在江西各地迅速扩张，如今已跻身江西省水泥制造业三强。之所以选择在江西创业，就是看中了这里的资源优势。2000 年，赵静涧收购了年产仅为 15 万吨、连年亏损、处于半停产状态的丰城市尚庄水泥厂，开始了自己的创业之旅。有丰城电厂、丰城煤矿和巨大的石灰石矿藏储备，加上赣江黄金水道、105 国道、赣粤高速公路傍厂而过，铁路专线直通车等巨大的交通优势，赵静涧投资 3000 万元进行技改，公司年产量一下子跃升到 50 万吨，当年就进入了江西省中型水泥企业行列。

作为市场大省的浙江，以义乌小商品市场为代表的专业市场在全国都有着标杆作用，其成功模式不断在全国各地被复制，江西自然也不例外。在南昌市象湖新城，一座占地面积 1200 亩，建筑面积 80 余万平方米，总投资达 6.8 亿元的小商品城正拔地而起。这座融商业、仓储物流、购物休闲、娱乐、餐饮、商务为一体的超大型多功能高档次综合性批发大市场由永康商人抱团投资。

“南邻”广东超过“东邻”浙江，成为投资江西的省外第一大投资来源地。

但由于近年浙商归乡，在江西的投资也有所放缓。2008年，广东省再次取代浙江成为投资江西最多的省份。由于生产成本提升等因素，广东省还将继续往内陆梯度转移。

同时，泛长三角区域合作还存在着其他诸多的困难。其中江西省和长三角经济实力差距成为阻碍泛化的主要因素。2006年环鄱阳湖六城市的GDP为2821亿元，远远低于上海的10297亿元、浙江7市的11887亿元、江苏8市的17339亿元，在地方财政收入、实际利用外资额、人均可支配收入等其他各项经济指标上的差距也极为明显。但在实践中，因为江西南部距离长三角较远，辐射效果并不明显。

关于泛长三角跨区范围的讨论由来已久。如果从经济发展、社会联系、地理位置、历史影响以及区域内人口交流等方面综合考虑，包括上海、江苏、浙江、江西与安徽在内的泛长三角“3+2”区域经济发展模式最为合理，得到了理论界与实践界的广泛认可。江西作为紧靠长三角经济区的中部省份一直努力而为并期待着融入长三角，推动泛长三角区域合作，为江西崛起构筑新的发展平台。

长江三角洲地处中国沿海、沿江两大发达地带的交汇处，是目前中国经济发展速度最快、经济总量规模最大的区域，被经济学界认为是继纽约、多伦多与芝加哥、东京、巴黎与阿姆斯特丹、伦敦与曼彻斯特之后的世界第六大城市群。长三角地区是中国综合实力最强的区域，1%的国土面积，不到6%的人口，创造了占全国20%以上的GDP，吸引了占全国近50%的境外资金。被誉为世界最活跃、中国最大城市经济带之一。

长江三角洲是我国最大的综合性工业基地，工业总产值占全国近1/4。江西曾积极推动上饶等地加入长三角城市群，对接上海来赣投资，促进在沪赣商回乡创业。

在2010年3月举行的长三角城市经济协调会第十次市长联席会上，安徽省的合肥、马鞍山两市被正式吸收为新入会员城市。

谁都知道，获得长三角的“户口”有诸多益处，首先，可以获得更高层次的交流平台,有利于推动全面创新。其次,不少城市都认为利于增加城市软实力。最后，纳入长三角区域规划，地方发展在国家政策资源层面上赢得更大空间。

对于广大市民来说，自己的城市加盟长三角城市群，长三角城市之间达成很多养老和医疗保险合作协议，还打破了行政区划壁垒，让人才和资金的流动更快更便捷。这意味着，在上海、杭州、南京的江西人有望在当地享受“同省”福利。

但最终在长三角泛化名单中没有江西。2016 年 5 月国务院批准的《长江三角洲城市群发展规划》板上钉钉,长三角城市群包括：上海,江苏省的南京、无锡、常州、苏州、南通、盐城、扬州、镇江、泰州，浙江省的杭州、宁波、嘉兴、湖州、绍兴、金华、舟山、台州，安徽省的合肥、芜湖、马鞍山、铜陵、安庆、滁州、池州、宣城等 26 市，国土面积 21.17 万平方公里，2014 年地区生产总值 12.67 万亿元，总人口 1.5 亿人，分别约占全国的 2.2%、18.5%、11.0%。长三角城市群从原先的 16 个城市扩容到 26 个城市，国家对长三角城市群的发展也提出，到 2030 年，全面建成具有全球影响力的世界级城市群。

作为中国第一大、世界第六大城市群，长江三角洲城市群在 2017 年的经济发展势头迅猛。在 2017 年度长三角城市群 GDP 总量及人均 GDP 排行榜中，GDP 总量前五名中有三个江苏城市，而人均 GDP 排名的前四位是苏州、无锡、南京、常州，全部来自江苏省。对于 GDP 刚刚突破 8 万亿元的江苏来说，2017 年的经济发展无论是经济总量，还是发展的质量，都可圈可点。

从 26 城的经济总量来看，排在前五位的是上海、苏州、杭州、南京、无锡，都是“万亿俱乐部”成员,其中三个城市来自江苏。而到 2017 年年底,全国“万亿俱乐部”城市总共 14 个，长三角就占了三分之一。分析指出，江、浙、皖三省总体来看，江苏表现最好，最差也在 26 城中排到了 16 名，整体实力雄厚且发展均衡。

从 26 城经济总量看，城市间的差距也不小，位于第一名的上海的经济总量超过 3 万亿元，而最后一名安徽池州只有 654 亿元，相差近 50 倍。排在前 6 位的城市，2017 年经济增量都超过千亿元，与很多排在后面的城市经济总量相当。

排行中还统计了各城市人均 GDP 的数据，其中前五位人均 GDP 都超过 2 万美元，排名第一的苏州人均 GDP2.4 万美元，随后依次是无锡、南京、常州、杭州，江苏就占了前四个席位。

2017 年长三角原有的上海、南通、泰州、扬州、南京、镇江、常州、无锡、苏州、嘉兴、湖州、杭州、绍兴、宁波、舟山、台州 16 城经济总量基本都跨上了 4000 亿元的台阶，逼近发达国家水平；人均 GDP 第一的苏州达到了惊人的 2.4 万美元，直逼发达国家的水平。而超过 2 万美元大关的另外四城：无锡、南京、常州都处于江苏苏南地区，浙江只有杭州超过，江苏的城市全部突破 1.5 万美元。2017 年全国实现国内生产总值 827122 亿元，人均约 8800 多美元。长三角原有的 16 市 2017 年的经济总量 137901.68 亿元，总量占全国的比重约 16.67%；人均 GDP 约 1.85 万美元，超过了世界不少发达地区。

虽然江西没有进入长三角城市群的版图，但是市场没有怠慢江西。截至 2018 年，据江西省浙江总商会统计，浙江人在赣经商办企业约 63.9 万人，浙商注册企业有 4 万多家，其中上规模的企业有 1 万多家，亿元以上企业有 1000 多家，年安排就业 206 万人次。浙商分布在 100 个县市区和 94 个工业园区，涉足一、二、三产业的 100 多个行业。据江西省商务厅统计，浙商在赣总投资约 8257.6 亿元，占在赣省外资金的 38.76%，位居榜首。每年上缴税收约占全省财政收入的 15%（上饶、鹰潭、抚州约占 50% 以上），年安排就业 206 万人。为回报江西人民对浙商的厚爱，商会多次组织慈善公益活动，累计捐款捐物达 6.95 亿元。

江西，在未来中。

第六节　泛海西

海峡西岸经济区，是指台湾海峡西岸，以福建为主体包括周边地区，南北与珠三角、长三角两个经济区衔接，东与台湾岛、西与江西的广大内陆腹地贯通，并进一步带动全国经济走向世界的特点和独特优势的地域经济综合体。

海峡西岸经济区的设想由来已久，1995 年，福建提出“建设海峡西岸繁荣带”，主要指福州到漳州的闽东南沿海地区，后来虽然延伸到闽东，进而又伸展到南平、三明和龙岩，但还只是着眼于建设自身，没有上升到打造环海峡经济圈的高度。

此后，福建提出的闽南金三角是指省内闽南沿海的厦门、泉州和漳州三个地级市，三市的经济生产量占福建省的四成，是中国大陆在经济改革开放后经济较发达的地区之一。

2004 年 1 月初，在福建省十届人大二次会议上首次完整、公开地提出了海峡西岸经济区战略。2006 年全国“两会”期间，支持“海峡西岸”经济发展的字眼出现在《政府工作报告》和“十一五”规划纲要中，计划通过 10—15 年的努力，海峡西岸形成规模产业群、港口群、城市群，成为中国经济发展的发达区域，成为服务祖国统一大业的前沿平台。

随着国际经济形势的变化、海峡两岸“大三通”的实施，闽台区域合作开始向纵深发展。

2009 年 5 月 14 日，《国务院关于支持福建省加快建设海峡西岸经济区的若干意见》发布。

2011 年 3 月，国务院正式批复国家发改委上报的《海峡西岸经济区发展规划》(以下简称《规划》)，首次明确了“海峡西岸经济区”的具体地域范围，具体包括江西赣州市、上饶市、鹰潭市、抚州市和福建省全境以及浙江省和广东省的部分市，陆域面积约 27 万平方公里。

《规划》明确，立足于各地发展基础和资源环境承载能力，将海峡西岸经济区划分为三大功能区，即东部沿海临港产业发展区，中部、西部集中发展区，生态保护和生态产业发展区。确定了“一带、五轴、九区”的网状空间开发格局。“一带”即加快建设沿海发展带，“五轴”即福州—宁德—南平—鹰潭—上饶发展轴、厦门—漳州—龙岩—赣州发展轴、泉州—莆田—三明—抚州发展轴、温州—丽水—衢州—上饶发展轴和汕头—潮州—揭阳—梅州—龙岩—赣州发展轴；“九区”即厦门湾发展区、闽江口发展区、湄洲湾发展区、泉州湾发展区、环三都澳发展区、温州沿海发展区、粤东沿海发展区、闽粤赣互动发展区、闽浙赣互动发展区。

《规划》提出了加强两岸交流合作，推进平潭综合实验区建设，努力构筑两岸交流合作的前沿平台；加快基础设施建设，提高发展保障能力，服务两岸直接“三通”；加快推进产业集聚和优化升级，提高自主创新能力，构建现代产业体系等八个方面的重点工作。

冲破横亘在海峡两岸的迷雾，蓝海变得清晰可见，不再是畏途，不再是未知，更多的地区希望能够拥抱这个蓝海，成为本地经济发展的可知的红海。

“海西”的建立，打破了过去许多区域合作主导与被主导的模式，呈现出的是互为依靠、互为发展的态势。

在决定一个经济区域发展的关键因素中，是否拥有广大的经济腹地作为依托是十分重要的，腹地的大小直接影响着市场容量和资源，影响着物流成本和销售成本。从“珠三角”到“泛珠三角”，从“闽东南三角区”到“海峡西岸经济区”（简称“海西经济区”），这种延伸过程是中国新的经济发展空间格局发生变化的结果，也是中国经济在21世纪初的成长方式、结构转型与制度演化的必然发展。

福建全省面积12.14万平方公里，其中，山地、丘陵面积占80%，多山的自然条件决定了福建本省经济发展的直接腹地有限，基础设施延伸与建设空间腾挪的余地不大，跨省区域合作拓展发展腹地，是推进“海西”经济区建设的题中应有之义。“海西”中的浙南、粤东两地面积共约4.88万平方公里，内部发展程度不一，许多地区本身就处于产业调整之中，因此作为承接福建产业转移的腹地空间相当有限。

江西为“海西”提供了纵深发展的腹地。

闽、赣、台三地经济同质因素少，互补性强，江西土地多，劳动力成本低，交通发达，资源相对丰富；福建对外开放比较早，百姓创业精神强，民间资本实力雄厚；台湾既有资金技术研究等方面的优势，同时还有一大批非常杰出的企业家。

江西省作为与福建接壤的内陆省份，两省山水相连，从闽北驱车沿福银高速公路就可进入江西境内。闽赣山水相连，人缘相亲，历史上就有密切的经贸往来。除福建外，江西在海西中的面积最大。从赣东北到赣东南，海西的纵深腹地涵盖了上饶、鹰潭、抚州、赣州等四个设区市的广大区域。

江西四个设区市纳入海峡西岸经济区，为江西更好地参与海峡西岸经济区的建设，进一步推动赣台区域经济合作提供了难得的机遇。“海西”是推动我国东南部地区经济一体化的重要环节，在继续加强对接“长三角”“珠三角”的同时，与福建的合作应成为江西发展战略中的一个重要着眼点。

海西，为江西的发展战略注入新的内涵。江西既是沿海发达地区产业梯度转移的承接基地，又是优质农副产品供应加工基地、劳务输出基地和旅游休闲的“后花园”，同时，江西已将“对接长珠闽、融入全球化”的战略调整为“对接长珠闽,连接港澳台,融入全球化”。在江西注册登记的福建企业有1000多家，总投资额突破百亿元，投资领域涉及20多个行业。而江西亦有约70万人在闽就业，居福建外来劳动力之首位。

近年来，随着沿海地区经济的高速增长和产业快速升级，台商在沿海的投资出现了“本土化”趋向，两岸的产业分工或产业竞争已不再局限于制造生产层次，已非单纯的垂直或水平分工，而是试产与批量生产的分工，并已逐渐扩展到产业科技层面。受这一趋势影响，台湾与大陆沿海区域在产业结构上呈现趋同之势，互补性正在逐渐减弱。

台湾科技产业基础较好,管理经验丰富,但市场小,资源有限,劳动力成本高，已不是一个有效率的生产基地，不过仍然是一个有效率的贸易基地；福建产业升级很快，逐步进入产业科技层面，产业发展基础好，但劳动力成本上升较快；江西资源丰富，劳动力充足，但是资金不足，技术水平相对较低，缺乏管理经验。因此，三方面的产业合作是大有用武之地的。

而赣闽台则可形成产业线。

在“海西”与“海东”之间的产业互补性上，江西东部的区位优势无疑更为明显。江西一方面可以继续加大对沿海地区产业转移的承接力度，同时可以主动参与闽台产业合作与分工，利用沿海地区产业结构不断升级后技术水平与劳动力成本同步上升的状况，主动承担先进制造业中劳动密集度较高的分工环节，充分发挥赣闽台之间海陆交通的便利，形成“组件制造”—“主机制造”—“研发设计”这一层次分明的产业分工模式，各自发挥优势，共同打开国际市场，共享先进制造产业利润。

“海西”为江西的发展提供了出海口。

打开地图，福建省海岸线长度居全国第二位，深水岸线资源极为丰富。2011年，江西抚州至吉安高速公路工程获得国家有关方面正式批复。江西抚吉高速公路起于抚州市临川区崇岗镇长岗街，连接已建成通车的福银高速公路，经崇仁、宜黄、乐安、永丰、吉水，终点为吉安市吉州区长塘镇，衔接已建成通车的樟吉高速公路,线路全长约178公里。该项目估算总投资约为91.85亿元，建成后将成为江西省联系海西经济区的一条横向大通道。

江西因历史上的“江南西道”而得名，今天的江西已不仅是“江西”，同时还是“海西”的一部分。当年将江西命名为“江西”时,人们想到的是内河运输，想到江西只是一个内陆省份，如今风从“海西”来，我们应当想到江西是一个离海很近的地方，为此应当将目光投向更为广阔的海洋。

在中国区域经济发展格局中，福建东临台湾，南北与中国最具有活力的两大经济区域——珠三角与长三角相接,是连接长三角、珠三角和台湾的海路桥梁；而江西作为长三角、珠三角和海西的共同经济腹地，既是三地产业梯度转移的承接平台，又是三地产业向中西部广大地区中转的陆路桥头堡。因此，加快推动海西建设，将极大地促进闽赣经济实现一体化，密切连接中西部、长珠三角和港澳台，进而推动两个三角洲与环海峡经济圈的融合，最终形成大中华经济圈格局。

这个区域无论是从完善中国区域经济布局，还是从参与全球经济竞争的角度出发，其战略意义都十分重大。

我国整体经济发展的前沿阵地，东部沿海经济带长三角、珠三角两大城市群快速腾飞，在区域中发挥着强大的经济支柱作用，而处于两大城市群之间的福建以及浙南、粤东部分地区则由于受到辐射作用较小，发展也相对缓慢。

2017年7月11日，国家发改委官网上发布了《国家发展改革委规划司有关负责同志就〈国家新型城镇化报告2016〉接受记者采访》的文章。文章中透露，

2017年是新型城镇化建设向纵深推进、综合政策效应加快显现的重要一年。国务院批复同意的《加快推进新型城镇化建设行动方案》，明确了2017年工作重点领域的第一项就是编制实施城市群规划，全面完成全国城市群规划编制工作，其中，海峡西岸城市群规划将与粤港澳大湾区、关中平原、兰州—西宁、呼包鄂榆等5个跨省区城市群规划完成。

海峡西岸城市群东与台湾地区一水相隔，北承长江三角洲，南接珠江三角洲，是我国沿海经济带的重要组成部分，在全国区域经济发展布局中处于重要位置。福建省在海峡西岸经济区中居主体地位，与台湾地区地缘相近、血缘相亲、文缘相承、商缘相连、法缘相循，具有对台交往的独特优势。

构想中的"海峡城市群"核心圈由台湾地区的台北、高雄、台中三大都市圈区与福建省的福州、宁德、莆田、泉州、厦门、漳州6个都市区构成。此外，还涵括潮汕都市区、温州都市区和龙岩、三明、南平等城市，并在此基础上，对接珠江三角洲，辐射长株潭、环鄱阳湖、武汉、合肥等都市圈，形成两岸城镇密集区。

但从海峡西岸城市群成员可以看到，区内的20个城市中没有一个耀眼的城市，不像京津冀有北京，长三角有上海、南京、苏州、杭州，粤港澳有香港、广州、深圳。厦门、汕头虽然是老牌的经济特区，但经济规模过小。泉州、福州、温州的经济实力还构不成大的辐射力。上饶、鹰潭、梅州、揭阳、潮州等这些远离中心城市的地区，仅靠自身很难发展起来；福州、厦门仅靠自身，也很难追逐南京、武汉、杭州、青岛、苏州这些城市。

这就是海峡西岸城市群的尴尬现状，但建立海峡西岸城市群20个城市可以通过高速铁路、城际铁路、普通铁路等组成的区域铁路网，以及航空网络将地区内所有城市串联起来，形成一个各具特色、优势互补、布局合理、协调发展的城乡空间体系，这种组团式发展方式，利于所有成员。

但事实上，海峡西岸城市群的建设效果并不明显。从 2011 年到 2016 年，海峡西岸城市群 20 个城市中有 7 个城市人口在流失，其中包括汕头这个核心城市。5 个核心城市只有福州跑赢了全国。

这些城市未形成大中小等级分布、比例合理、配套衔接的城镇体系。绝大多数城市人口规模明显偏小，城市的集中度明显偏低，城市间差异较大，城市群的积聚效应得不到发挥。该地区山区较多，交通网络打通并非一朝一夕之事，很难形成网络化城市，且城市的定位分工不够明确突出。虽然各城市都制定了自己的发展战略，有发展目标和发展重点，但还未实现有序分工，功能互补。而且由于跨越四个省，在资源调度和产业分配上，困难极大。各自为政的发展模式并未得到根本解决。核心城市福州、泉州、厦门，发展受海峡两岸局势影响较大。在两岸经济交通过程中这几个城市虽获利不少，但受到的影响更大，城市发展缓慢。

据一家名为克而瑞的研究机构报告分析，横跨四省的海峡西岸城市群，最大难题是融合。

作为横跨省份最多的一个城市群，海西无疑面临着难以调和的“割裂”感，浙江、广东的城市更加侧重与长三角、珠三角的联系，江西的城市中上饶、鹰潭和抚州同样也在环鄱阳湖城市群的规划中，海峡西岸城市群的主力显然只剩福建沿海城市，以厦门、福州和泉州三市为主，目前的海峡西岸城市群的概念也更多还只能在这三市推广。如何加强跨省交流、增强自身的竞争力和吸引力，同时作为台湾与大陆交流的桥梁，在促进文化融合、促进统一等方面发挥重要作用，是海峡西岸城市群面临的挑战和机遇。

人均 GDP 水平方面，福建省和浙江省的城市人均 GDP 水平相对较高，江西省和广东省城市的人均 GDP 水平则较低，主要由于江西和广东的入选城市本属于经济实力相对较低的水平，海西经济圈主要还是以福建省为主力带动发展。

虽然厦门 GDP 总量不如泉州和福州，但从人均来看，厦门在 2017 年的人均 GDP 达到 109740 元，虽与北上广深等一线城市和经济基础雄厚的南京、杭州尚有较大差距，但在海峡西岸城市群中已经独占鳌头，是海峡西岸城市群中唯一人均 GDP 超过 10 万元的城市。作为海峡西岸城市群中人均 GDP 以及政治地位最高的城市，厦门新一轮的规划主要是打造成国家中心城市。

福州作为福建省会城市，经济总体量不及泉州，人均 GDP 水平次于厦门，但近年来福州迎来了生态文明示范区、21 世纪“海上丝绸之路”核心区、自由贸易试验区、福州新区、自主创新示范区等战略机遇，“五区叠加”打开了跨越发展的“机会窗口”。2018 年由国家发改委发布的《中国开发区审核公告》中，福州有八个开发区被划为国家级开发区，总核准面积达到 7276 公顷。

城市之间人口流动最主要依靠铁路交通，尤其城市群内地缘关系相对较近，高铁、动车是最便捷的城际交通工具，从海峡西岸城市群各城市的高铁、动车通车车次以及 300 公里内通车车次情况来看，通车车次最多的竟然不是五个核心城市，而是江西上饶、鹰潭两市，上饶每日通过车次超过 2000 次，300 公里以内的通车车次则有近 900 次，在城市群中以较大的优势位列第一。上饶、鹰潭排名靠前，主要由于江西省地处东南腹地，起着承接沿海和中部城市沟通交流的作用。

“泛”时代，人们似乎很难理解省际间互通的障碍，但在海峡西岸城市群之间，这一问题却真正地阻碍着该区域的发展。

从目前海峡西岸城市群的整体情况来看，五个核心城市在各自所处的区域中起着经济支柱的作用，其他相对弱势的城市则在各方面都落后，且差距较大，未能形成类似长三角一样较多三线、四线强市聚集、共同发展的局面。海峡西岸城市群目前尚缺乏整体协调发展的条件和动力，由于横跨四省，政策层面已经面临较大的协调难度，比如公积金、医疗保险账户互通、户口等问题对省际人员流动存在较大的阻碍作用。目前五个核心城市除福州、厦门和泉州距离相对较近以外，汕头、温州距离这三个核心城市都较远，汕头到厦门、泉州都需要 4 小时左右的车程或转车，在协同发展上难度进一步增大。政策支持方面，国务院批复的《海峡西岸城市群发展规划》要求充分发挥福建省比较优势，优化整合内部空间格局，联动周边省区，但具体的跨省互通政策迟迟未落地。海峡西岸城市群在交通方面加强了路网规划，总体呈现“一环、两网”的规划，但“一环”指福建省形成省内城际环线，“两网”分别指莆宁和厦漳泉大都市区城际网，对于省际的交通促进作用不大。

海峡西岸城市群割裂的核心原因在于，浙江、广东和江西三省的城市仍旧对于本省的长三角、珠三角和环鄱阳湖城市群认可度更高，打破这一固有概念，首先需要从交通方面开始完善，满足城际生产要素流动的需求；但更重要的是从政策层面打通城市群融合的渠道，让城市群内人才、资本和技术流动可以突破省域间的行政壁垒，只有横跨四省的海峡西岸城市群才能做到真正融合。

进一步分析江西进入海峡西岸城市群的四个城市。

上饶市，位于江西省东北部。东连浙江，南挺福建，北接安徽，处于长三角经济区、海西经济区、鄱阳湖生态经济区三区交汇处。

鹰潭市和抚州市，位于江西省东部，是国务院确定的海峡西岸经济区 20 个城市的成员，也是江西省第一个纳入国家战略区域性发展规划的鄱阳湖生态经济区以及原中央苏区重要城市。

赣州市，位于江西省南部，是江西省的南大门，是江西省面积最大、人口最多的地级市。

2018 年召开的江西省委十四届六次全会提出“一圈引领、两轴驱动、三区协同”区域发展新格局，为各设区市注入了实现跨越发展的强心剂。

作为海峡西岸城市群的赣州，在整个规划设想中，按照江西省委的构想，突出“借港出海”，以“南下”“东进”为江西大开放的主导方向，更加紧密地接轨和服务长珠闽等沿海发达地区，主动接受溢出式辐射；以沪昆、京九高铁经济带为驱动轴，构建承东启西、纵贯南北的内陆双向开放大通道；赣南等原中央苏区振兴发展区，要深度融入粤港澳大湾区和海西经济区。深入落实省政府《关于支持赣州建设省域副中心城市的若干意见》，加快构建与省域副中心相匹配的城市体量、经济实力和辐射带动力，使赣州真正成为江西南部的重要增长板块，成为名副其实的四省通衢的区域性中心城市。

2018 年 8 月 6 日，抚州市委召开四届五次全会提出：深度融入江西内陆开放中，不断加大开放力度；加快海西综合物流园建设，推进向莆铁路铁海联运货运班列、中欧货运集装箱班列常态化运行。抚州是原中央苏区重要组成部分、海峡西岸城市群重要成员，沪昆高铁、向莆铁路穿境而过，是江西对接海西、融入“一带一路”的重要节点城市。加快昌抚合作示范区建设，加强赣闽产业合作示范区基础设施配套建设和产业招商，加快推进抚州海西综合物流园铁路专用线项目，继续争取设立海关机构、国检监管试验区和综合保税区，努力实现向莆铁路货运班列和中欧货运集装箱班列常态化运行，加快推动抚州机场、吉抚武温铁路、昌福高铁、昌莆高速等重大项目。此外，抚州将抓住江西创建国家航空产业基地的机遇，积极对接好资溪、乐安、南城、南丰 4 县通航机场建设工作，加快推进物流、培训、商务机基地等项目建设。

江西在与海峡西岸城市群的整合与发展中，南部的赣州市 2020 年 GDP 总产值都超越了九江，仅次于南昌。在交通方面，省会南昌也是京九线和沪昆线纵横两大动脉的交汇点。2020 年江西省 GDP 总产值 25691.5 亿元，“十三五”期间 GDP 翻了 1.5 倍。

江西在海峡西岸城市群的发展中，是加快，是努力，是积极，是融合……

第七节　新中部大南昌

2019年5月20—22日，习近平总书记到江西省考察调研期间，主持召开推动中部地区崛起工作座谈会，特别鼓励江西省要在推动中部地区崛起上勇于争先，描绘好新时代江西改革发展新画卷。座谈会上，习近平总书记从江西讲到中部，从中部讲到全国，从全国讲到世界，将这一地区放在更大背景下通盘考虑,并提出了八点极具针对性和可操作性的意见,一是推动制造业高质量发展，二是提高关键领域自主创新能力，三是优化营商环境，四是积极承接新兴产业布局和转移，五是扩大高水平开放，六是坚持绿色发展，七是做好民生领域重点工作，八是完善政策措施和工作机制。

推动中部地区崛起，是落实区域协调发展的重要一环，是构建全国统一大市场、推动形成东中西区域良性互动协调发展的客观需要。

在我国地理位置中，中部地区承东启西、连南接北，交通网络发达，生产要素密集，但由于产业多属于传统制造业，产业结构单一，导致地区经济增长、结构转型面临的压力较大。

随着国家扶持政策的不断倾斜，中部地区迎来了快速发展期。国家统计局改革开放40年经济社会发展成就报告显示，2006年以来，中部崛起战略推进了中部地区经济的快速发展，中部地区经济实力显著增强，工业拉动作用明显。数据显示，到2018年，中部地区实现生产总值19.27万亿元，占全国比重提高到21.4%，工业、投资、消费、进出口等增速均居全国四大板块前列，综合实力不断增强。

具体来看，自中部崛起战略实施以来，中部地区经济迅速发展，按不变价格计算，2017年地区生产总值相对于2006年增长了2.1倍，年均增速为10.8%。其中，工业增加值年均增长12.5%，比地区生产总值增速高1.7个百分点，对经济增长发挥了重要的拉动作用。

此外，重要粮食生产基地地位稳固，中部地区粮食产量占全国粮食总产量的比重持续多年稳定在30%左右。全国能源原材料供应重点地区的地位更加巩固。现代装备制造及高技术产业基地地位逐渐形成，新一代信息技术、新能源汽车、先进轨道交通、航空航天等重点新兴产业发展壮大。现代基础设施网络体系建设同时也取得重大进展。

国家统计局公布的数据显示，我国四大区域产业比较来看，2017年，东、中、西、东北四区域第一产业增加值比重分别为4.9%、9.5%、11.5%和11.9%，第三产业增加值比重分别为53.1%、45.0%、46.7%和50.8%，中部地区第三产业增加值明显低于其他区域。正因如此，中部地区要加快推进新旧动能转换，巩固“三去一降一补”成果，加快腾笼换鸟、凤凰涅槃。要聚焦主导产业，加快培育新兴产业，改造提升传统产业，发展现代服务业，抢抓数字经济发展机遇。要完善科技成果转移转化机制，走出一条创新链、产业链、人才链、政策链、资金链深度融合的路子。

推动中部地区崛起工作座谈会释放出明确的信号，中部地区将迎来新一轮政策红利。

中部崛起，江西如何崛起？江西怎么争先？

中部六省中，湖北、湖南以及河南增速快，安徽也因为与长三角联动快速发展。江西和山西相对崛起速度较慢。

南昌在中部省会中，近两年GDP总量和增速都不如武汉、长沙、郑州和合肥，武汉、长沙、郑州GDP都超过了万亿元，合肥2018年也有7000多亿元，南昌只有5000多亿元。

江西崛起，首先要南昌都市圈打造出加速度，南昌都市圈辐射广大的江西城市，共同推进鄱阳湖生态经济区建设；南昌工业带动城市群，再带动农业，强省会以及强省会周边，这对于一个农业大省来说，具有重大的战略意义。

7月31日《大南昌都市圈发展规划（2019—2025年）》正式发布。洋洋洒洒5万字的规划，紧扣习近平总书记提出的八点意见，规划了未来六年并展望了到2035年大南昌都市圈的发展愿景。

大南昌都市圈包括南昌市、九江市和抚州市临川区、东乡区，宜春市的丰城市、樟树市、高安市和靖安县、奉新县，上饶市的鄱阳县、余干县、万年县，含国家级新区赣江新区。2018年，这一区域的国土面积达到4.5万平方公里，年末总人口1790万人，地区生产总值（GDP）10506亿元。

大南昌都市圈具有独特的发展基础，但同时也有不可回避的发展难点。

大南昌都市圈位于国家城镇化战略格局长江横轴与京九发展轴交会处，在全国区域发展格局中具有承东启西、沟通南北的重要战略地位。近年来都市圈对外运输通道建设明显提速，初步形成以高速铁路、普通铁路、高速公路等为主骨架的通道格局，有效连接长三角、粤港澳大湾区等主要城镇化地区和省内各设区市。综合交通枢纽建设逐步推进，统筹多种运输方式一体衔接的现代枢纽站场相继投入使用，服务保障能力明显增强。南昌昌北国际机场基本形成覆盖国内主要城市，连接东南亚、东欧等地区的航空网络。九江港是长江干线内河13个亿吨大港之一,实现万吨货轮通达。依托京九、沪昆“十”字形运输通道，以高速公路为骨干的都市圈综合交通网布局不断完善，基本实现县城中心区30分钟内上高速公路。

大南昌都市圈是全国重要的商品粮和农副产品生产基地，先进制造业、战略性新兴产业和现代服务业增势强劲，产业发展新动能加快形成。汽车制造、电子信息等一批产业达到千亿元级规模，航空制造、汽车及零部件、中医药、虚拟现实等产业在全国已形成竞争优势，涌现了一批著名企业和品牌，工业增加值占全省比重超过 40%，拥有全省全部 4 个主营业务收入过千亿元的国家级开发区，中成药生产规模居全国城市前列。

大南昌都市圈聚集了全省五分之三的科研机构和三分之二的普通高校，会聚全省 70% 以上的科研工作者，拥有 20 多个国家级和 200 多个省级重点实验室、工程（技术）研究中心、企业技术中心及超过全省一半的创新创业平台。红谷滩全省金融商务区汇聚全省 80% 以上的省级金融机构，成立全国首家省级互联网金融产业园、江西基金产业园，是全省科技创业资金的重要来源地。赣江新区是中部地区科技、人才和教育资源密集区，拥有国家级绿色金融改革创新试验区、全国“双创”示范基地和国家级人力资源产业园等桂冠。抚州市获批国家知识产权试点城市。共青城市私募基金产业聚力发展态势良好。

大南昌都市圈大中小城市和小城镇齐全，形成层次有序、联系密切的城镇体系。2018 年，城镇常住人口超过 1000 万人，常住人口城镇化率 58%，正处于工业化城镇化加速推进阶段。南昌市、九江市分别为城区人口超过 300 万人和 100 万人的Ⅰ型、Ⅱ型大城市，抚州市是城区人口超过 50 万人的中等城市，丰城市、樟树市、高安市、瑞昌市等为城区人口超过 20 万人的Ⅰ型小城市，庐山市、靖安县、共青城市、奉新县、鄱阳县、余干县、万年县、都昌县等属于城区人口少于 20 万人的Ⅱ型小城市，一批小城镇迅速崛起，特色小镇发展亮点纷呈。城镇基础设施显著改善，公共服务明显加强。

大南昌都市圈北临长江，西依幕阜山和九岭山，东含鄱阳湖和庐山，是推进国家生态文明试验区（江西）建设的核心地带，绿色生态优势显著。鄱阳湖系我国最大淡水湖，赣江、修河、抚河等主要河流断面水质长年保持在Ⅲ类以上。拥有一批世界地质公园、国家级自然保护区和国家湿地公园、森林公园等，国家森林城市在设区市全覆盖，生态环境质量居全国前列。

大南昌都市圈历史文化浓郁，人文底蕴丰厚，物质和非物质文化遗产众多。南昌是国家历史文化名城，滕王阁是江南三大名楼之一。九江商业、山水、宗教、书院等多元文化厚重且个性鲜明。庐山是国内 3 个世界文化景观遗产之一。抚州是“才子之乡，文化之邦”。汤显祖戏剧节、高安采茶戏、樟树筑卫城、万年稻作文化等文化品牌已具国内外影响力。

但是，大南昌都市圈虽然叫“大南昌”，却有许多“偏小”、“不足”、“不畅”和“边缘化”的问题。

首先，经济总量偏小，南昌市对全省的引领带动作用不足。产业结构以传统产业为主，新动能培育仍处于起步阶段。科技创新能力较弱，企业研发投入强度低，高水平创新平台、科研机构和高新技术企业较少，2018 年国家级企业技术中心只有 12 家。

其次，区域内部融合互补不足。在大南昌都市圈内部各行政区之间，产业同质化过度竞争、区域市场分割问题仍然较重，规划对接和空间管制、公共服务、重大项目布局、基础设施联通等统筹协调尚处于初级阶段。区域城乡融合和产业融合水平不高，产业高端化、集聚化亟待加强。

交通通道网络衔接不畅。大南昌都市圈对外通道功能有待提升，南北向缺乏快速通达通道，东西向通道局部路段能力紧张，西北、东南、东北向通道联通能力不足。综合交通枢纽一体衔接水平不高，现代化综合客运枢纽建设缓慢，重点货运枢纽缺少铁路、高等级公路衔接。交通网布局有待完善、功能层次不清晰。以南昌为核心，连接主要城市、组团间的城际通道功能不强。南昌、九江、抚州中心城区与周边城镇的交通联系有待强化，大中城市周边县市交通发展短板明显。

周边城市群“虹吸效应”显著。周边省会城市都市圈经济社会发展水平明显高于大南昌都市圈，容易在资源、要素、人才、市场等方面形成对大南昌都市圈发展的“虹吸效应”。长三角一体化、粤港澳大湾区建设上升为国家战略，国家支持海西经济区和福建21世纪“海上丝绸之路”核心区、福建自贸区等建设，支持武汉建设国家中心城市，都可能导致大南昌都市圈进入国家战略的边缘地位。

大南昌都市圈，所谓“大”在未来的发展中将提升南昌大城市功能品质和发展能级，鼓励南昌市发挥Ⅰ型大城市引领示范作用、九江市培育Ⅱ大城市示范带动功能，发挥规模效应，增强对高端要素、高端人才、高端产业、高端服务集聚力，提升大城市核心竞争力和辐射带动力。率先提升规划和建设质量，完善可持续发展和城市转型机制，推动城市高质量跨越式发展，加快提升创新能级和人口、经济密度。支持南昌市争创国家中心城市，推动南昌市、九江市中心城区率先打造中部城市群宜居宜业宜游优质生活圈，丰富区域性旅游目的地功能和全域旅游产品谱系、业态体系。

独木难立，孤舟难行。仅有南昌的“大”对于一个都市圈来说是远远不够的，在南昌的周边只有不断夯实中等城市支撑功能，鼓励中等城市探索富有区域和城市类型特色的集约型紧凑式发展模式。培育抚州市中心城区在都市圈的次级中心城市功能。鼓励丰城市城区和南昌县县城稳步推进向中等城市转型。鼓励小城市稳健增强人口和产业吸引力，推进向中等城市转型。引导中等城市利用区位交通优势，提升产业支撑力和公共服务品质，推进服务业转型升级和特色化，培育其区域经济中心和都市圈经济社会生态发展节点功能，化解中等城市发展短板，提升对小城市和乡村发展带动力。鼓励开展生态修复城市修补试点，推进中等城市精致建设、精致管理和品质发展，丰富城市文化内涵和特色。加快昌抚一体化、昌丰（城）一体化、昌昌（南昌县城和南昌市中心城区）一体化，培育在城镇体系中承上启下功能，打造城乡融合发展战略平台和承接大城市功能疏解载体。

而众多星罗棋布的小城市，将培育为都市圈重要节点功能，提升配套服务和公共服务软实力，打造推动农业转移人口就地就近城镇化重要平台。推动符合条件的县撤县设市。支持小城市增强与南昌市、九江市、抚州市快速交通、能源、水利等基础设施联通能力，培育衔接城乡、承接大中城市功能疏解和产业转移功能，引导其与大中城市中心城区产业差异化错位发展。以开发区、产业园区为重点，推动小城市工业规模化、特色化和集聚集群集约化，夯实先进制造业基础和县域经济特色优势。推进城镇污染垃圾治理、能源供应、宜居社区建设，增强县城综合承载力。

中部六省城市群聚集，大南昌要大起来，必须先强起来。在规划中，浓墨重彩、较大篇幅地详解了未来大南昌的产业发展布局和重点。

以开发区和新城新区为重点发展平台，积极发挥都市圈核—极—轴辐射带动作用，形成“一中心两板块五片区多支点”的产业空间格局。

一中心，就是南昌市和赣江新区。培育壮大智能装备、电子信息、航空装备、有色金属、虚拟现实、LED 照明、中医药、现代轻纺、绿色食品、汽车、新能源、新材料等优势特色产业，推进高端临空产业集聚，提升发展金融保险、商务会展、总部经济、科技创新、文化创意、工业设计和都市旅游等现代服务业，打造高端服务业核心集聚区。积极推动人工智能、物联网、大数据等现代信息技术与实体经济深度融合，推进产业体系智能化、数字化、绿色化和服务化。

两板块，一是九江市，二是抚州市。九江市，将发挥经开区龙头引领作用，建设跨省区域性重要先进制造业基地、现代临港产业基地，重点打造石油化工、现代纺织、电子电器、新材料、新能源等五大千亿元产业集群，培育发展以智能科技为核心的新技术新产业新业态新模式，加快建设八里湖、赛城湖现代服务业集聚区；抚州市将强化抚州高新区骨干带动功能，建设南昌先进制造业协作区，重点发展生物医药、汽车及零配件、新能源新材料、现代信息四大主导产业和文化旅游、中医药、大健康、互联网经济等新兴产业，推动建设国际化全域生态文化旅游和康养产业发展高地，打造特色农业产业化集群、区域性物流中心和农业总部经济中心。

此外，还有五个产业片区。

昌九产业片区。主要包括南昌市北部和九江市，重点发展光电信息、智能装备、新材料、新能源、医药、现代轻纺、石油化工等先进制造业，构建九江港和南昌港组合模式，加快建设长江经济带区域航运中心。

昌抚产业片区。主要包括南昌市东部和抚州市临川区、东乡区，重点发展电子信息、生物医药、汽车及零部件、绿色食品、文化旅游等，加快昌抚合作示范区建设。

昌奉靖产业片区。主要包括南昌市西部和奉新县、靖安县，重点发展新能源及新材料、纺织服装、机电制造、生态文化旅游、循环经济等，培育有机农产品和绿色食品产业链，沿昌铜经济带打造全省幸福产业聚集区。

昌丰樟高产业片区。主要包括南昌市西南部及丰城市、樟树市、高安市，重点发展新型装备、再生资源、光电、家具、中医药、建筑陶瓷、绿色食品产业等。

昌鄱余万产业片区。主要包括南昌市东北部及鄱阳县、余干县、万年县，重点发展机械制造、电子信息、纺织新材料、绿色食品等。

多支点。发挥开发区改革开放排头兵和转型升级主阵地作用，推进开发区产业集聚集群集约发展，培育富有创新竞争力和辐射带动力的优势特色产业集群和领航企业，打造推进产业绿色高端化转型的“领头雁”。合理确定首位产业和主攻产业，营造产业关联、互为生态的发展格局。优化园区功能、强化产业链条、扶持重大项目、支持科技成果转化和产业化，推进“腾笼换鸟”，加快现代产业体系建设。

一企一业，一片一群。只有建设成功高端化专业化分工协作的现代产业体系，才能够将分散的市场力量，整合为发展力和吸引力，大南昌着力推动产业发展质量变革、效率变革和动力变革，科学完善产业定位和区域城乡经济合作模式，打造都市圈产业协同创新共同体，促进产业集聚集群集约发展和产业发展平台共建共享，共建高端产业集聚、特色优势互补、配套协作紧密、创新创业活跃的现代产业体系，培育产业国际竞争新优势。

以联手打造优势产业集群体现现代产业体系的集中度和凝聚力，推进工业强省、旅游强省、现代农业强省战略在都市圈率先落地，深入实施新兴产业倍增、传统产业优化升级、新经济新动能培育工程，着力创建制造业高质量发展国家级示范都市圈，实施铸链、补链、强链行动，推进“2+6+N”产业高质量跨越式发展，提升产业发展能级。

发挥九江传统产业优化升级省级综合试点作用，开展重点传统产业优化升级省级分行业试点，鼓励非试点市、县因地制宜创新推进传统产业优化升级。推进科技、文化创意与产业深度融合，全面提升传统产业基础能力和创新力。协同推进传统产业延伸产业链、打造供应链、提升价值链、培育创新链，鼓励创新型、领军型企业发展壮大，加快有色、石化、建材、纺织、食品等传统产业向先进制造业转型，巩固传统产业优势。强化互联网、大数据、工业设计、人工智能等推广应用，推进传统优势产业高端化、品牌化、数字化、链条化，全面升级产品技术、工艺装备、能效环保等，激发传统产业集群生机活力。

依托优势创新链培育新兴产业链，围绕高端化、集约化、特色化、规模化方向，聚焦突破核心关键技术，集中力量引进“大项目好项目”，推进新产品、新服务应用示范，促进新兴产业规模和龙头企业快速扩张，打造电子信息、装备制造、汽车、航空、中医药、移动物联网、LED等新兴产业集群，形成一批世界领先的细分行业。

大力推进“互联网 + 先进制造业”，培育发展数字经济。积极创建国家级LED、VR 制造业创新中心，谋划布局 5G 产业园、人工智能产业园等新兴产业发展平台，打造中部地区战略性新兴产业高地。

协同发展现代服务业，着力推进服务业供给侧结构性改革，增强中高端服务供给能力，协同推动生产性服务业向专业化、差异化和高端化拓展，生活性服务业向精细化、品质化、便利化提升；融入时代感、人文感、地域感，体现人性化、多样化、特色化。引导服务业增强要素集聚、市场培育、需求创造和布局优化能力，培育一批影响和辐射带动力强的现代服务业集聚区，构建错位发展、优势互补、协作配套的现代服务业体系。运用互联网、大数据、云计算等新技术推动发展服务业新业态新模式，推进服务业与三次产业融合发展，打造全国现代服务业高质量发展试验区、中部地区服务业引领产业转型升级先行区。

培育文化旅游融合发展新优势，创建国家级全域旅游示范区。设立旅游共享平台和旅游“一卡通”，推进名山名湖名城旅游资源整合开发，发展以庐山、庐山西海、赣江、鄱阳湖、滕王阁、汤显祖故里、八一起义、八大山人为代表的高端文化旅游，丰富旅游品牌内涵和服务体验，构建特色魅力旅游圈。

区域联手推进旅游资源开发和市场营销。鼓励南昌、九江、抚州发挥引领示范作用，共推红色、绿色、古色旅游产品和业态创新，创新低空飞行、生态观光、森林康养、山岳体验等业态。推进跨省合作、区域联动打造精品旅游线路，依托九江—鄱阳湖—南昌—抚州旅游线路，对接长江国际黄金旅游带，建立互为旅游目的地的客源联动机制，联建无障碍旅游区。推进“旅游 +”提质增效行动，促进旅游与康养、文体、农业、休闲林业等融合发展和旅游商品开发。

结合加强历史文化名城、文化街区保护，着力培育南昌综合性创意都市和环鄱阳湖、沿沪昆高速、沿京九铁路文化创意产业带，推广抚州发展文化事业带动文化产业发展经验，加快将海昏侯国遗址公园打造为在全国富有影响的文化景区。支持发展文化产业发展平台，建设江西国家数字出版基地，打造以南昌高新区为主体的数字出版核心区。以南昌为中心组织环鄱阳湖遗产群，依托昌景黄、杭黄高铁通道，联动环徽州遗产群、环太湖遗产群，共同构建浙皖赣世界级文旅休闲区。

实施休闲农业乡村旅游精品工程和文化、科技提升行动。深度挖掘农业农村生态涵养、休闲观光、旅游度假、文化体验、教育科普、健康养老等功能，促进乡村旅游和农业、体育赛事、教育培训、健康养老、农产品加工、农村传统工艺品产销业等融合发展。推进农业与特色文化深度融合，建设农耕文化创新体验区，带动农特产品向旅游商品、文化礼品转化。

加快农业现代化步伐，积极发展都市农业，加强面向都市圈大中城市的鲜活农产品供应基地建设，适度提高南昌、九江等大城市蔬菜、水产品、畜产品自给率。鼓励培育现代农业新业态新模式，推进商农互联、产销衔接，健全农业产销稳定衔接机制。引导丰城国家农业科技园等发挥辐射带动作用。鼓励创建国家农业高新技术产业示范区。加快推进临川、万年等国家级现代农业示范区建设。严守耕地红线，深入推进高标准农田建设，增强粮食和主要农产品综合生产能力，巩固粮食主产区地位，保障国家粮食安全。优化农业产业体系、生产体系、经营体系，加快培育根植于农业农村、彰显地域特色和乡村价值的产业体系，带动农业转型升级、乡村产业多元化综合化和农民增收。积极培育新型农业经营（服务）主体，推进质量兴农、绿色兴农、服务强农、品牌强农。打造全国知名的绿色有机农产品供应基地、鄱阳湖绿色有机农水产品品牌。促进小农户和现代农业发展有机衔接，培育种养加结合的循环经济。实施农村一、二、三产业融合提升工程，打造推进农村产业融合新载体新平台。

大南昌的产业发展视野已经不再是中部，更不是江西，而是世界领先的细分行业，世界知名的生态示范。

以南昌之力建设不成大南昌，以江西之力也建设不成大南昌，大南昌将与区域内的其他资源共建产业发展载体平台，增强产业承载和服务能力，夯实都市圈产业提质增效升级的关键支撑。下一步，将要面向产业公共服务需求和关键共性技术攻关，联合建设区域综合性公共服务平台。提升“互联网+”行动，打造工业互联网平台体系，推动企业上云和互联网、大数据、人工智能与实体经济深度融合。支持创建产业集群公共服务平台，探索“政府引导+市场主导+专业化运作”的服务新模式。依托新一代信息技术，建设统一规范、公开透明、服务高效的公共资源交易平台体系。鼓励面向中小企业公益性和增值性服务需求，建设小微企业服务站、线上服务超市等公共服务平台。

同时，促进开发区转型升级，推进开发区空间整合、功能集成、产业集聚、体制创新，坚持以“亩均论英雄”与培育创新能力并重，重点推进南昌高新区等打造超五千亿元级开发区，南昌经开区、南昌小蓝经开区、九江经开区等打造超两千亿元级开发区，培育一批超千亿元级开发区。坚持“一园一主导”“一园一特色”，鼓励园区资源共享、优势互补、联动发展。国家级开发区重点发展1个首位产业和2—3个主攻产业，省级开发区重点发展1个首位产业和1—2个主攻产业。科学规划功能分区，优先推进开发区核心区高端化集约化发展，统筹核心区与生活区、商务区、办公区等城市功能建设。支持开发区建设引领性强的生产性服务业综合平台或集聚区，打造工业与服务业融合发展旗舰。推进开发区体制机制和开发运营模式创新，建立综合与分类结合的考评体系。

有效承接区域产业转移，围绕产业发展重点和转型方向，主动承接东部沿海发达地区产业转移，推进周边县市积极承接“一核两极”产业转移，着力构建平台、创新方式、强化管理、优化环境，实现在承接中发展，在发展中提升。

打造高水平承接产业转移平台，谋求与发达地区技术成果共享互通，搭建技术转移数据平台和市场对接平台，支持建立省际科技成果转化基地和产业孵化园区。争取与东部沿海发达地区和国家中心城市产业合作，加快建设承接产业转移示范区。鼓励共青城—上海产业园、抚州—赣闽产业园、赣江新区中关村产业园和“飞地港”“陆地港”等发挥先行示范作用。

创新承接产业转移方式，探索产业转移合作模式，鼓励共建跨区域合作产业园、外贸出口生产加工基地和“飞地”型园区。以开发区为平台拓宽产业转移渠道，鼓励国家级开发区采取“园中园”、援建、托管、股份合作等模式，承接产业组团式、链条式、集群式转移。开发乡贤、校友、战友资源，立足开发区首位产业和主攻产业，积极引入国内外知名企业。

优化承接产业转移环境，推进都市圈承接产业转移政策一体化，实施严格的污染物排放标准和环境准入标准，严禁引进高耗能、高污染和低水平重复建设项目。健全产业转移推进和利益协调机制，推动都市圈行政许可互认，探索主体结构、开发建设、运营管理、利益分配等新模式，支持以资金、技术、品牌、管理等形式参与合作，支持合作方开展质检、通关、市场执法等标准对接和结果互认。争取与合作省市共同设立省际合作发展基金，发挥省际合作会商机制作用，推进跨区域合作重大项目、重大平台建设和政策落实。

融合，是我们这个时代的主旋律，只有放下自有的，才能够包容所有的，促进自身发展，成为一个强圈。

大南昌要做的还有如下一系列的动作：推动创新链和产业链深度融合，创新强圈，健全协同、包容型创新机制，推进创新链和产业链交叉渗透、融合提升。

推进科技协同创新提档升级，完善跨区域、跨主体科技协同创新、成果转移转化及产业化机制，推进科技基础设施、大型科研仪器和专利信息共享，深化区域创新研发、集成应用和成果转化协作。加强与中科院合作，推进中药大科学装置申报建设。深入实施科技成果转移转化示范重点工程、技术转移和创新服务体系推进工程。加快科技孵化器及赣江新区技术协同创新园建设。鼓励龙头企业牵头，重点围绕新兴产业关键环节，设立“政产学研用”紧密结合型科技协同创新体，组建跨区域技术转移中心和产业技术创新战略联盟，探索建立市场化协同创新管理和运行机制。

激活创新创业主体，实施领军企业成长工程、高成长性企业培育计划、科技型小微企业提升行动，推进重大关键技术研发、产业创新战略联盟构建、高层次创新平台建设、人才技术聚集等取得突破，提升企业创新投入、成果转移转化和产学研协同创新等主体作用。鼓励大中型企业通过生产协作、开放平台、共享资源、开放标准等方式，带动小微企业成长。鼓励科技型大企业、互联网平台企业发挥龙头作用，促进大企业内部创业和开放创新。支持有条件企业开展基础性、前沿性创新研究。

共建高效创新创业平台，完善“创业苗圃—众创空间—孵化器—加速器—产业园”全链条服务体系，打造线上线下资源共享的“一站式”、综合性科技服务平台，激发创业辅导、成果交易等公共服务提质增效潜能。发挥赣江新区国家“双创”示范基地引领带动作用，强化创新创业基地功能，支持发展创新驿站、创客街区等新型孵化载体，鼓励探索虚拟大学园、虚拟创新社区等新兴孵化模式。整合科技创新公共服务资源，建设专业服务能力强的多功能科技创新服务中心。支持创建省级服务支持人才创新创业示范基地，鼓励建设国家和省级企业技术中心、工程（技术）研究中心、重点（工程）实验室、国家地方联合创新平台和制造业创新中心。支持打造科技成果转移转化示范区。

打造有影响力的返乡下乡创业示范区，依托开发区和樟树、永修、抚州等国家新型城镇化综合试点，完善差别化扶持政策，鼓励建设一批返乡下乡创业孵化基地，支持农民工返乡创业、城市企业和人才下乡创业。推进基层服务平台整合和网络联动，加强互联网创业线上线下基础设施建设，完善农村创新创业服务体系，鼓励创办领办新型农业经营（服务）主体。健全农民工返乡创业和城市企业下乡创业联合激励机制。支持创建乡村创新创业协会,搭建“产学研”一体化平台，带动创新创业主体和人才升级。

到 2025 年，中国城镇化水平的目标比例将达到 70%。这意味着城市化浪潮即将结束，大南昌都市圈的规划不是为南昌而规划，也不是为江西而规划，而是为未来而规划。

大南昌近期的规划目标是 2025 年。届时的中国，用知名经济学家林毅夫的判断，中国 2025 年前后或成为高收入国家。同样的判断，也为赫尔辛基大学经济分析社认为，中国经济最迟会在 2025 年超越美国，成为世界第一大经济体!

全球知名会计师事务所普华永道名为《2050 年的世界》的报告称，中国在 2025 年就可能成为全球第一大经济体，到 2050 年全球经济前三强将是中国、美国和印度，届时中国的经济规模将相当于美国的 130%。

大南昌不是分羹者，而是这一预言的建设者。

这里的人们豪气地认为，到 2025 年，大南昌将成为江西省高质量跨越式发展引领区，把握供给侧结构性改革这条主线，加快制度创新和先行先试，着力构建推动高质量发展的政策体系、标准体系、绩效评价和政绩考核机制；充分发挥科技创新资源密集优势，加速科技创新和产业融合发展，加快建设现代化经济体系，加快推进新旧动能转换，努力实现更高质量、更有效率、更加公平、更可持续的发展，打造高质量跨越式发展典范区，增强对全省发展的引领力与辐射带动力。

大南昌将成为长江经济带绿色发展示范区，充分依托绿色生态这个江西最大财富、最大优势、最大品牌，全面推进绿色、低碳、循环发展，促进资源节约集约可持续利用。推进生态保护红线定标落地，加快划定环境质量底线、资源利用上线并严守“三线”。以全面建设国家生态文明试验区（江西）和长江经济带绿色发展示范区（九江）为契机，着力推进产业园区转型升级和消费、交通绿色转型，加快培育绿色金融、绿色科技和文化创意产业，加快山水林田湖草综合治理和生态宜居城乡建设，探索富有长江经济带特色的都市圈生态优先、绿色发展道路。

大南昌将成为全国内陆双向高水平开放试验区，率先推进都市圈改革开放走深走实，依靠扩大开放拓展发展空间、深化改革重点突破。坚持以大开放带动大改革大创新，积极构建开放型经济新体制。积极争取改革开放先行先试，扎实推进先行经验复制集成推广。充分利用毗邻长珠闽的区位优势，主动对接融入国家区域战略，构建“北上南下”“东进西出”开放格局，推进都市圈建成陆海内外联动、东西链接互济的战略枢纽。加快建设高水平开放平台，提高营商环境便利化、法治化、国际化水平。

大南昌将成为国际先进制造业基地，坚持制造强圈、质量强圈、品牌强圈、绿色立圈，优先发展先进制造业，推动优势特色产业技术、品牌、质量、服务与国际接轨。推进制造业数字化、网络化、智能化转型，促进先进制造业与现代服务业深度融合。加快推进优势特色产业向全球价值链中高端升级，聚焦主导产业铸链、补链、强链，提升产业链创新链深度融合的国际化水平，争创特色新兴产业国际创新策源地。引进培育具有领航作用和国际影响的龙头企业，打造富有国际影响的制造业创新中心和服务平台，培育世界级先进制造业集群。

大南昌将成为国际生态文化旅游目的地，协同提升庐山、庐山西海、鄱阳湖、滕王阁、汤显祖故里、八大山人梅湖景区等旅游品牌国际影响力，着力推进旅游及相关服务标准化、品牌化、国际化、体验化。坚持厚植人文，深入推进产业生态化、生态产业化和文化融合化。发展全域旅游，丰富“旅游+”业态，带动康养等关联产业集聚集群集约和网络化共生发展，打造生态、文化与旅游融合发展的国际旅游目的地。

到2022年，都市圈发展的制度框架和规划、政策体系基本形成，南昌市、赣江新区和九江市、抚州市及周边县城同城化取得积极进展，规划对接、政策衔接实现重大突破，成本分担、利益共享机制基本形成并加快落地。重大交通、信息等基础设施建设加快推进，产业发展、生态环保、公共服务和开放平台等领域一批重大项目加快建设。南昌市和赣江新区对资源、要素和产业的集聚能力明显增强，区域联动发展态势日趋显现。都市圈民生保障水平加快提升，居民获得感、幸福感、安全感不断增强。

到2025年，区域城乡融合、生态安全秀美、社会和谐稳定、文化繁荣兴盛、富有活力创新竞争力的都市圈基本建成，发展的内生动力显著增强，高质量跨越式发展态势稳定形成，成为江西推进中部地区崛起勇争先的旗舰。城市发展及运营能力显著提升，城市人口和经济密度加快提高。城镇化质量和居民生活品质达到中部地区先进水平，发展成果更多更公平惠及全体人民，居民获得感、幸福感、安全感更加充实更有保障更可持续。

集约紧凑、疏密有度的都市圈空间格局稳定形成。国土空间用途管制制度得到健全。生产空间集约高效、生活空间宜居适度、生态空间山清水秀成为主要特征。层次清晰、错位发展、分工协作、遵从山水文脉的空间体系稳定建构。南昌市中心城区和赣江新区的核心引领作用更加凸显，九江和抚州两市中心城区的战略增长极功能明显增强，各组团和节点城镇的支撑承接能力显著提升。

富有创新力和核心竞争力的现代产业体系基本建成。综合经济实力显著增强，产业发展质量、效益、竞争力和可持续发展能力显著提升，区域城乡之间产业梯度联动格局基本实现。建成1—2个世界级先进制造业集群，3—5个在全国有重要影响的先进制造业集群。集聚一批创新力和竞争力达到国际先进水平的领航企业，形成一批与领航企业网络共生的产业集群。

区域城乡协同的创新体系建设进入全国前列。创新创业生态的活力和本土根植性明显增强，鼓励协同合作的创新环境基本健全。建成长江经济带新的重要创新策源地、富有国际影响的科技创新和产业创新融合发展高地。在全国乃至国际有重要影响的产业链创新中心和总部经济中心迅速崛起，赣江新区等一批功能性平台和供应链核心企业成为增强创新驱动能力的引擎。

高水平对内对外开放新格局有效构建。内外交通“瓶颈”根本缓解，基本形成枢纽型、功能性、网络化基础设施网络，对接参与国家或区域战略的能力显著增强。南昌、九江、抚州三市间及其与周边县市间的连接通道更加畅通。

绿色发展方式和生活方式的主导作用有效彰显。基本形成绿色生态宜居的都市圈格局，成为天蓝、地绿、水净、景美的全国生态文明建设样板。生态环境质量明显改善,突出区域环境问题得到有效治理,生态环境风险得到有效控制，一体化多层次复合型区域生态网络基本健全。

更加有效的区域协调发展新体制新机制基本建立。资源要素流动的行政壁垒和体制机制障碍基本消除，实现便捷流动优化配置。产业融合协作和推进基础设施联通、生态环境联防联治、公共服务共建共享、开放创新等体制机制基本健全，区域合作互助和区际利益补偿机制基本健全。都市圈治理体系和治理能力现代化达到全国先进水平。

到 2035 年，经济发达、社会文明、空间集约、生态优良、融合互补的都市圈发展格局更加成熟，基本实现社会主义现代化，成为引领中部地区崛起、国内国际影响力较强的现代化都市圈。区域城乡协调有序的空间格局稳定形成，生产空间集约高效、生活空间宜居适度、生态空间山清水秀格局基本实现。现代化基础设施网络和内陆型开放合作新高地全面建成。发展品质、经济实力和创新能力达到国内先进水平，进入全国省会都市圈创新能力建设前列，在全国全球价值链和产业链分工体系中的地位大幅跃升。世界级产业集群地位更加巩固。都市圈成为富有生机活力的优质创业圈、富有国际竞争力的高效产业圈、宜居宜业宜游的魅力生活圈，引领“两轴驱动”“三区协同”能力大幅增强。

再过 5 年，再过 15 年……大南昌都市圈成为你我发展的强圈，共创幸福生活的强圈。新的中部会因为大南昌都市圈的发展而真正地使中部这国之脊梁挺拔。

第二章　攻坚克难

2018年是改革开放40年，也是高质量发展元年，40年的红利凝结为发展的基础，继续改革也进入了深水区。

生态环境并没有达到期待的良好；

关于民营经济退出市场的杂音不绝于耳；

外部矛盾复杂而不确定；

……

沉淀的问题纠结在一切，先易后难的改革必定进入了新的矛盾中，如何破解？攻克？

第一节　井冈山在全国率先脱贫

习近平同志在纪念中央革命根据地创建暨中华苏维埃共和国成立80周年座谈会上，首次将这段红色历史概括为苏区精神，在全国范围内引起反响。

抓住这一高度，11月29日，江西省振兴中央苏区座谈会在瑞金宾馆召开。这个会议传递出一个重要的政策信号——中央同意江西编制振兴中央苏区规划。

2012年4月21日，《人民日报》刊发了长篇通讯《希望，在红土地上升腾》，4月10日至16日，以国家发改委副主任杜鹰为组长的国家42个部委共计149人，组成联合调研组，就支持赣南等原中央苏区振兴发展问题，分赴赣南等地开展实地调研。本次调研被认为，是为粤、闽、赣三省联合制定的《中央苏区振兴规划纲要》以及《关于促进赣南苏区发展振兴的若干意见》获得国务院批复做准备。

2013 年 11 月 3 日，习近平视察湖南省湘西州花垣县十八洞村时，首次提出“精准扶贫”思路。精准，一是贫困人口确认身份要准，二是扶贫方法市场响应要准。一句话，要能够真脱贫、持续富裕。

2014 年 3 月 30 日，国务院正式批复“关于赣闽粤原中央苏区振兴发展规划”。

反贫困是一个全球问题。自中华人民共和国成立以来，中国共产党带领人民持续向贫困宣战。经过改革开放 40 年来的努力，成功走出了一条中国特色扶贫开发道路，使 7 亿多农村贫困人口成功脱贫，为全面建成小康社会打下了坚实基础。中国成为世界上减贫人口最多的国家，也是世界上率先完成联合国千年发展目标的国家。

截至 2014 年年底，中国仍有 7000 多万农村贫困人口。2015 年 11 月 27 日至 28 日，中共中央扶贫开发工作会议在北京召开。中共中央总书记、国家主席、中央军委主席习近平强调，消除贫困、改善民生、逐步实现共同富裕，是社会主义的本质要求，是中国共产党的重要使命。11 月 29 日，中共中央、国务院发布《关于打赢脱贫攻坚战的决定》。全面建成小康社会，是中国共产党对中国人民的庄严承诺。脱贫攻坚战的冲锋号已经吹响。立下愚公移山志，咬定目标、苦干实干，坚决打赢脱贫攻坚战，确保到 2020 年所有贫困地区和贫困人口一道迈入全面小康社会。

这是一个向贫困宣战的战表，是总攻令。

截至 2014 年年底，江西省农村贫困人口 276 万人，贫困发生率 7.7%。但总体来看，贫困问题依然比较突出，遗留贫困人口收入水平低、发展条件差、脱贫难度大。

根据中央确定的到 2020 年扶贫开发工作部署，结合江西实际，江西作出了相应的部署，确定了到2018年必须完成的几大目标："以国家核定江西省2014年年底的276万贫困人口为基数，到2018年，力争全省基本消除绝对贫困现象，贫困县脱贫摘帽取得突破性进展；2019—2020年，进一步巩固发展精准扶贫攻坚成果，稳定实现扶贫对象不愁吃、不愁穿，保障其义务教育、基本医疗和住房，贫困县全部退出，确保贫困地区和贫困群众共奔小康不掉队。

"到2018年年底，保持贫困地区和贫困人口人均可支配收入年均增幅高于全省平均增幅，具备劳动能力但缺乏发展条件的轻度贫困农户人均可支配收入达到当地平均水平的70%左右；具有部分劳动能力的中度贫困农户人均可支配收入达到当地平均水平的50%左右；进一步强化对完全丧失劳动能力处于重度贫困的农户的重点保障，提高标准，兜牢底线。

"到2018年，建档立卡贫困户危旧房改造任务全面完成，生存条件恶劣地区的贫困群众得到整体搬迁安置，贫困村基础设施较为完善，基本公共服务主要领域指标接近全省平均水平，农民群众安居乐业。

"到2018年，有劳动能力贫困户都有一项以上增收致富的主导产业，贫困家庭劳动力掌握一门以上就业创业技能，新生代劳动力具备转移就业基本职业素质，贫困家庭孩子都能接受公平的有质量的教育。贫困村服务体系基本建立，专业合作经营机制较为完善，基层党组织作用坚强有力。"

2016年2月1日至3日，习近平来到吉安、井冈山、南昌等地，深入乡村、企业、学校、社区、革命根据地纪念场馆调研考察。

沿着崎岖山路，习近平乘车来到井冈山市茅坪乡神山村。这是一个贫困村。习近平视察村党支部，了解村级组织建设和精准扶贫情况。他一边看规划、看簿册、看记录，一边详细询问。

在红军烈士后代左秀发家中，习近平对一家人立足本地资源、依靠竹木加工增收脱贫的做法给予肯定，祝他们生产的竹筒畅销。他指出，扶贫、脱贫的措施和工作一定要精准，要因户施策、因人施策，扶到点上、扶到根上，不能大而化之。在贫困户张成德家中，习近平一间一间屋子察看，坐下来同夫妇俩算收入支出账，问家里种了什么、养了什么，吃、穿、住、行还有什么困难和需求。

习近平同乡亲们握手，向乡亲们拜年。他对乡亲们说，我们党是全心全意为人民服务的党，将继续大力支持老区发展，让乡亲们日子越过越好。在扶贫的路上，不能落下一个贫困家庭，不能丢下一个贫困群众。

江西的脱贫，革命老区的脱贫，牵挂着全国人民的心。江西省坚持把脱贫攻坚作为头等大事和第一民生工程，大力推进产业扶贫、健康扶贫、搬迁移民扶贫等十大脱贫攻坚工程，数据显示，截至2016年，江西全省贫困人口从276万降至113万，贫困地区农民可支配收入增长速度高于全省平均水平2个百分点，达到9113元，收入增长率达11%左右，贫困群众生产生活条件明显提升。贫困发生率由12.6%降为3.3%。全省以25个贫困县、2900个“十三五”贫困村、200万人建档立卡贫困人口为精准扶持对象，实施产业扶贫、就业扶贫、村庄整治扶贫、危旧房改造扶贫、搬迁移民扶贫、基础设施建设扶贫、生态补偿扶贫、社会保障扶贫、教育扶贫、健康扶贫等十大扶贫工程，大力推进产业脱贫、安居脱贫和保障脱贫。

攻坚的路上没有停歇，也不能停歇。2017年1月23日，时任江西省省长刘奇深入挂点扶贫联系点——井冈山市的山乡村落，他摸摸被褥是否厚实暖和，打开橱柜看看饭菜质量如何……带着一份拳拳为民心，送上一片暖暖惠民情。困难群众吃得怎么样、住得怎么样，能不能过好新年、过好春节，刘奇始终牵挂在心。沿着盘山公路，翻越崇山峻岭，刘奇首先来到井冈山市黄坳乡中心敬老院，这里现有在院老人46人。刘奇认真察看敬老院设施条件，与老人们亲切交流、嘘寒问暖，祝他们晚年幸福、健康长寿。刘奇叮嘱工作人员要悉心照料好老人生活。来到下七乡安居工程爱心公寓，刘奇走进贫困户廖万森家中，了解异地扶贫搬迁安置情况。看到廖万森家收拾得干净整洁，刘奇十分高兴。他说，要有序实施异地扶贫搬迁安置，确保搬迁户愿意搬、能就业、有收入。听说搬迁安置后廖万森两个孙儿上学更加方便了，刘奇鼓励说，要让他们好好读书，学好本领、自强自立，通过教育改变命运。

在下七乡汉头村，刘奇来到低保户卢月招家中看望慰问。73岁的卢月招体弱多病，与小儿子住在一起。得益于当地大力推进的安居扶贫，她家旧房得到维修加固改造。刘奇入厨房、进卧室，详细察看她家生活情况和帮扶措施落实情况。刘奇指出，江西省农村因病因残致贫返贫现象比较突出，要统筹推进健康和医疗卫生等工作，防止因病因残致贫返贫。要大力开展结对帮扶，通过政府扶一把，社会力量帮一把，贫困户自己努力一把，大家齐心协力，共同打好精准脱贫攻坚战，小康路上决不让一个贫困群众掉队。

随后，刘奇走访看望了汉头村86岁的优抚对象黄森敏，详细了解他的生活情况和身体状况。“莫因贫困，精神退缩……”看到汉头村的家训，刘奇认真诵读，并与村民们亲切交流，鼓励大家继承和发扬家风家训的优良传统，靠自己的辛勤劳动，加快整治村庄环境，大力发展旅游、民宿等特色优势产业，带动困难群众长期稳定增收。

走访中，刘奇强调，希望大家奋力拼搏、攻坚克难，不断取得脱贫攻坚和全面小康新胜利，让改革发展成果惠及更多群众，让人民生活更加幸福美满。

扶贫路上不丢弃，小康路上不掉队。

2017年国务院扶贫办委托第三方对井冈山市退出专项评估共入户调查2076户，其中2016年脱贫户1195户，2014—2015年脱贫户581户。专项评估显示，井冈山市抽样错退率（人）0.41%，抽样漏评率（人）0.45%，抽样群众认可度99.08%，综合测算贫困发生率为1.6%。2月26日，经国务院扶贫开发领导小组回复的《关于反馈江西省井冈山市退出专项评估情况意见的函》，江西省扶贫移民办宣布，井冈山市贫困发生率降至1.6%。经江西省政府研究，批准井冈山市退出贫困县。

江西省井冈山市宣布脱贫“摘帽”，成为我国贫困退出机制建立后首个脱贫“摘帽”的贫困县。这一事件入选当年新华社评出的“全国十大新闻”榜首。

在赣南等原中央苏区振兴发展5周年之际，2017年6月26日至27日，刘奇省长再次来到井冈山市和泰和县。来到井冈山市大陇镇案山下村走访慰问范石才、曾红梅两户红卡贫困户时，刘奇要求吉安市以一针一线“绣花”功夫，构建长效机制，推进精准脱贫，继续在脱贫攻坚中走在前列。

井冈山市位于江西省西南部，地处赣、湘两省交界的罗霄山脉中段。井冈山是以毛泽东为代表的中国共产党人创建的中国第一个农村革命根据地，被誉为“中国革命的摇篮”“中华人民共和国的奠基石”。

井冈山退出贫困县不仅在江西脱贫历史上，在全国都具有深远的政治意义和实践意义。

在扶贫工作中，井冈山市把握产业、安居、保障、基础设施四大关键。对有劳动能力的贫困群众实施产业帮扶；对缺乏劳动能力的部分贫困群众，通过吸纳贫困户或以资金，或以土地入股等形式参与产业发展，让群众有稳定的资产性收益；对完全丧失劳动能力的贫困群众，通过政策的兜底保障，来实现贫困人口的“两不愁、三保障”。

贫困户一无资金、二无技术，发展产业难上难。吉安市猛攻“资金不足”关，实施担保贷款、贷款贴息、产业奖补、产业保险“四轮驱动”金融扶贫，撬动产业扶贫投入达40亿元。同时猛攻“产业帮带”关，推进“龙头企业+”“合作社+”“能人+”“党员干部+”等“+贫困户”模式，村村建起农民专业合作社。最后攻“收益难分”关，鼓励贫困户有地出地、有力出力，以土地、劳动力、奖补资金等方式入股合作社，并发放股权证，从法律上保障资源成资产、资金成股金、贫困户成股东。

贫困地区大多地处山区，交通不便，农产品销售难，这是脱贫攻坚中面临的共同难题。为破解这一难题，吉安市全力推进电商扶贫，外引内扶，通过政府引导、市场运作、贫困群众参与、社会支持、媒体助力等“五位一体”，建起县级电商扶贫中心 + 乡镇电商服务站 + 村级电商服务点“三级”电商结构，并创新电商创业、就业、网店和电商入股等电商扶贫方式，“贫困户成电商户”日趋普遍，贫困户产品不再愁销。

在井冈山，当地首创了“红蓝卡”分类识别机制，根据贫困程度将贫困户细分为“红卡户”（特困户）和“蓝卡户”（一般贫困户），把“有能力”的“扶起来”,“扶不了”的“带起来”,“带不了”的“保起来”,“不能住”的“建起来”。

站在政府代建的新房前，宁竹英细数精准扶贫以来享受到的扶持：“政府出钱代建了新房，以扶贫资金为我入股黄桃和金融合作社，每年分红 2000 多元；购买商业医疗保险，报销最高能达到 90%；两个孩子上学都有补助……”

在遵义，当地针对“一方水土养不起一方人”的深山区、石山区、石漠化严重地区贫困群众脱贫难问题，启动了有史以来规模最大的异地搬迁扶贫行动。

2016 年，付冲家从浪水村搬到乡镇移民安置点的一栋三层楼房里，一楼做了门面。“房子不漏了，交通也方便了，以后有了娃娃，上小学中学都在乡镇上，走路很快就到了。”细数搬出来后的种种好处，付冲对未来充满希望。

在井冈山市，当地政府鼓励贫困户以资金、土地等要素入股当地产业，固化贫困户与企业、集体的利益联结，使贫困户获得土地流转收益、分红股金和务工工资，拓宽其收入渠道，增加财产性收入。

井冈山市新城镇的猕猴桃产业园成立于 2015 年 3 月。在这里，农户不仅通过务工和土地流转获得收入，一些农户还与投资方联营，将土地托管给投资方生产，果品收益后参与利润分配，分配比例不低于20%。

农户将土地租给产业园可获得一亩一年40元的租金，但若将土地托管给投资方井冈山市厦一农业开发有限公司，将获得更多收入。产业园的收成会在7万—8万斤，有150万元左右的营业额，进入盛产期后，年产量100万斤，年收益1000万元。

当地政府提供的资料显示，果园每年带动周边农民务工500余人次，每人每天务工收入80元，带动周边贫困户十余人，人均增收2000余元。另外，果园还吸纳了全镇46户贫困户以产业扶贫资金入股，每户每年可获得占本金20%的股金收益。

产业扶贫资金是井冈山市政府对建档立卡贫困户在发展产业方面的优惠政策，按贫困程度不同，向红卡贫困户每年发放1万元，蓝卡户5000元。资料显示，截至2018年，三年来，共发放股金分红19.6万元。合作经营把农户，尤其是贫困户牢牢拴在产业链、价值链上，实现“资源变资产、资金变股金、农民变股东”，使农户能够长期增收致富。

相似的模式也出现在井冈山市茅坪乡黄桃产业园。农户同样可以通过务工、产业扶贫资金和土地入股获得相应收益。当地提供的资料显示，黄桃园内农民务工人均年收入可达1.6万元。投资方共支付土地租金900万元、土地计息1800万元。

产业园占地3000亩，采取“公司＋合作社＋基地＋农户”的合作经营模式，共吸纳农户202户，其中贫困户102户，2018年出产黄桃10万斤。

当地政府还与投资方约定，在由公司完成前期投入和种植后，后续让有劳动能力且又有种植意愿的贫困户参与，每户可负责管理一亩黄桃，由公司提供技术指导，黄桃成熟后由公司进行回购。

在果园务工的贫困户朱秋芳就是受益者。他说，基本每周乡里都有关于黄桃种植技术的培训，教授农户嫁接、施肥等技术。未来，他也自己种植一亩黄桃。

江西省赣州市寻乌县文峰乡长布村村民刘永霖把待卖的肉兔送到合作社进行回收。合作社负责人点数、过秤后，刘永霖这次卖的肉兔 32 只 214 斤多，每斤 9.8 元，收入 2000 多元。

在没有养肉兔之前，刘永霖一家还是村里的贫困户，自己年老多病，儿子残疾，家里的果树因黄龙病砍了，家里仅靠种菜的微薄收入维持生活。

2015 年 5 月，文峰乡长布村依托原有的天台山种（肉）兔繁育基地，成立富民养兔专业合作社，采取“合作社 + 基地 + 贫困户”模式规模化发展养兔产业，刘永霖就是第一批加入合作社成员。在合作社的帮助下，因陋就简，在老房子里利用竹木搭建养兔设施，发展养兔。

“政策那么好，去年五月份加入合作社养兔，到今年五月份纯收入 16000 元左右。”刘永霖说，养兔合作社随时都会过来指导，完全不担心技术，如果没有党和政府在后面帮扶，完全不能想象能脱贫，会有这样的日子。

从每个月种菜所得收入两三百元维持生活，到如今年纯收入 16000 元，刘永霖一家的日子越过越好。刘永霖还利用闲余时间种的 150 多株西瓜也已陆续上市，新种的 300 多株李子树长势良好，正打算扩大肉兔养殖规模，通过自己的双手，让日子更加红火起来。

“活了半辈子，从来没想到，我种的竹荪和土特产居然能卖到网上。”2016 年，40 岁的黄小华是江西省井冈山农村电商第一批“吃螃蟹”的人。从 2015 年 11 月底至今，黄小华共接单 1.6 万多件，销售收入 130 多万元。

黄小华的电商站点位于井冈山南麓的黄坳乡洪石村。不大的房间里收拾得干净利落，正中间一张电脑桌，墙上挂着显示屏，两边分别立有农产品展示柜、包裹存放柜和几条木凳。

黄小华自退伍回乡后就开始种植竹荪，过去主要是线下销售。他说，由于农产品信息不对称、销售渠道单一，客户资源非常有限。“价格都是经销商说了算，竹荪均价只能卖到 80 元 / 斤，有时候还被压得更低。”黄小华说，2015 年加入邮政电商平台后，通过邮政公司团队的运营推广，产品直接面向全国销售。“以前是大批量销售，现在是小批量订单，均价卖到了 120 多元 / 斤。”

中国邮政集团江西省分公司的数据显示，在井冈山，像黄小华这样的邮政电商站点有 18 个，乡镇覆盖率达 100%，直接对接贫困户 2446 人。

“触网”后，身为村支书的黄小华还把村里贫困户带动起来，不仅卖竹荪，还把当地的小河鱼、干辣椒、香菇木耳等特产对接到电商平台。

按照“村邮乐购 + 合作社 + 贫困户”的电商脱贫模式，洪石村共有 69 户贫困户，其中 46 户以政府提供的产业扶贫基金入股黄小华创建的“井然竹荪合作社”，他将农产品放到网上销售，使产品从过去批量外销转为小批量订单电商销售，并卖出了好价钱，利润较以往提高 42%，每年按 15%的比例进行分红。同时，黄小华还优先聘请贫困户对农产品进行包装，增加其劳务收入。如今，入股合作社的贫困户有三部分收益：一是土地租金；二是基地或电商服务站务工收入；三是产业分红。这些收益能让四十几户贫困户均年增收 1500 余元人民币。

洪石村小河组贫困户曾鹤梅儿子患有残疾，2015 年患心脏病手术花费较大，因病致贫。通过土地流转，曾鹤梅入股竹荪合作社，并出售自家冬笋、土鸡蛋等农产品，平时也在电商点打包，年增收 4500 元以上。

此外，黄小华还借助电商平台，组织贫困户将闲置房屋改建成乡村旅游民宿点，游客可线上购买线下体验，同时在民宿点品尝当地客家小吃。在每年举行的国际杜鹃花节期间，平均每天在民宿点吃住的游客就有 200 余人，给十余户贫困家庭带来直接收入近千元。

茅坪乡神山村贫困对象左香云，有一手做竹制品的好手艺，但地处偏僻，好东西没销路，可愁苦了他，2015 年通过电商扶贫服务网络，开始把各种精致竹制品放上网上销售，很快打开了局面，销售额激增。

2017 年，“电商 + 扶贫”“金融 + 扶贫”等新型产业扶贫模式风生水起，井冈山市鼓励和支持中国邮政、阿里巴巴、京东等企业，在井冈山市建设城区、乡、村三级服务中心（站），建有市级运营中心 3 个、村级服务站 91 个，网上开设“井冈山馆”2 个，O2O 体验店 3 个，打通了贫困地区农业小生产与电商大市场的“最后一公里”。形成“前店后村”的电商产业发展模式，建成了电商服务站点 18 个，覆盖所有乡镇，辐射 35 个贫困村，全部乡镇都建设了“村邮乐购·农村 e 邮”电商扶贫站点，确保优质农产品走得出大山，“前店后村”的电商产业模式带动 2446 名贫困群众增收致富。

自 2015 年以来，到 2017 年年底，井冈山市新增注册电商企业 20 家，新开网上店铺逾 500 家；2016 年电子商务交易额 3.65 亿元，比上年增长 69%；贫困户网络销售总收入 525.8 万元，比上年增长 60.9%；两年来，累计带动就业、创业总人数 10126 人，其中建档立卡贫困户 4892 人。

2015 年，44 岁的肖春玲还清楚地记得结婚时的情景：土坯房，一张桌子两张床，电灯时有时无。推开门，牛粪味扑鼻，绵延的大山看不到头。她笑着说，乡下人那时候什么都不懂，结婚都是父母的安排。

如今，她出门就能上班，下班便能逛超市，傍晚可在家门口跳广场舞。如果不是遂川县政府在 2006 年对碧洲镇丰林村的那次整体移民搬迁，她可能现在还在山沟沟里，与家人挤在土坯房，面朝红土背朝山。

从现在村民的居住地到搬迁前的土坯房，起初是水泥路，还算好走，20 分钟后，全是碎石与沙砾混合的山路，不到两米宽，紧贴着山坡，蜿蜒曲折。路的周边没有护栏，中途不时能看到山体滑坡后留下的土堆。

接下来的与其说路，不如说是村民百十年来踏出的生命小道，没有几处是平坦的，最陡的地方达到 60°，一不小心就会踉跄。

丰林村有 15 个村小组，全是土坯房，均有不同程度的开裂。条件最差的当数深山里的自木塘小组，当地早有童谣："嫁郎不嫁自木郎，光棍不要自木娘。人过下坡马弯腰，人集赶圩捡月亮。"

肖春玲所在的高坑组，条件也好不到哪里去。行路难、饮水难、用电难、上学难、看病难，还有结婚难——40 岁以上的光棍就有 6 人。

如今的高坑组仅剩几处土坯房，其中一处就是肖春玲家，门前的几块田已流转为林地。搬迁以前，这些地就是肖春玲一家口粮的来源。

山里盛产毛竹，为了谋生计，肖春玲和丈夫当年会砍竹子背出去卖，但 5 元一根都没有企业问津。"路途远，我们下了山还想在企业住一晚，他们一算账觉得不划算。"肖春玲说，家里每年养两头猪，一头拿去镇上买，一头留到过年宰了腌着慢慢吃，一般要到第二年六月份才舍得吃完。"一年收入只有几千块钱，吃不起。"

像丰林村这样的条件，在遂川贫困村中还属于中等。一方水土养不活一方人，不搬迁就没法脱贫。从 2003 年开始，遂川制定了贫困户移民搬迁进园区、圩镇和中心村的办法，让村民们挪出大山。

最初听到搬迁，丰林村很多人是不同意的。肖春玲说，祖祖辈辈在山上生活，虽然穷，但也算有几亩地。"担心搬出去后没有土地，没有饭吃。"

随后，县里派干部进村，带着干粮和棉被，住在村民家里做工作，承诺为每户提供 98 平方米土地，每平方米只收 150 元。肖春玲终于答应，和村民们一道陆续搬出，安置地就在山脚下的碧洲镇。从丰林村原路返回，开车加上翻山要 3 小时。

如今的安置点，干净整齐的街道、庐陵风格的房屋大多是三层，青瓦白墙，沿街而建，楼顶飞檐翘角甚是美观。安置区依照原有的溪流划分为"一河两岸"，河周边已打造成文化公园，林荫绿道、凉亭木椅，还有一个占地数百平方米的休闲广场。天未暗，就有村民来此跳舞。公园东边，一座三层的幼儿园已建好。园里可招 20 个班，最多可容纳 600 人，教室装上了铝合金玻璃窗。西边 500 米是五层的商贸中心，逢圩赶集时，菜场和超市挤满了人。

肖春玲的新家就在公园对面。一栋三层小楼，总共 300 多平方米，住着夫妇俩和上初中的小儿子，大儿子在赣州读大学。跟着她走进去，屋内宽敞明亮，台阶铺上了大理石。傍晚有时间，她都会和家人在公园里散步，过起城里人的生活。

肖春玲觉得，能过上现在的好日子，除了搬迁，还要感谢镇里为她安排了工作，不用出去打工，留在家里便能赚钱带孩子。

这些年，遂川县累计投入 10 多亿元，搬迁 521 个村小组、自然村移民 9555 户 43159 人，并统一为移民征用建房用地。“移民搬迁后，每位村民可得到粮食补助和 4000 元安置费，这样既加快了全县退耕还林进程，又使移民户原有土地得到有效流转，增加了经济收入。”为增强移民户的“造血”功能，政府还把有一定创业经商能力的农户集中安置到乡镇所在地，既可享受优质社会服务，又能带动村民就业。如今，移民人均收入由搬迁前的 760 元提高到 3560 元，真正实现搬得出，留得住。

肖春玲在一家制衣厂就业，就在她家隔壁，不到 100 米。老板也是丰林村搬迁移民，厂房是当年利用新楼房改造而成。在当地政府扶持下，制衣厂发展得很快，前几年产值几千万元，员工近百人。尽管这两年企业没那么景气，年产值仍有几百万元，员工也保留了 40 多位，大部分都是丰林村的移民户。如今，光她自己月收入就达 3000 元，解决两个孩子上学费用绰绰有余。丈夫在外面打工，存下的钱准备给儿子娶媳妇用。

尽管搬迁移民还存在就业不稳定、村民远离土地等问题，但却实实在在改变了肖春玲他们的贫困面貌。没有搬迁，现在的生活连想都不敢想，未来的日子应该更好。

阮一凡是新干县荷浦乡张坊云堆村的一位残疾人，以前待在家里只能做些简单的农活，一年下来挣不了几个钱。张坊云堆莲子专业合作社成立后，他被安排到基地做管理，在每年 9 个月左右的时间里，只需负责给基地钟点工记工时和守基地存储莲子的仓库，每月就能领到工资 2600 元，一年下来光这块就能为他赚到近 2 万元收入，让他彻底跟贫困脱了钩。

一朵平时再普通不过的荷花竟然会引领他们走出一条不同寻常的脱贫致富之路。

荷浦乡张坊村委会有云堆、桥头、阮家、周家、肖家 5 个自然村，一条袁河蜿蜒穿过。每到春夏汛期，这几个村庄靠近袁河的 2000 余亩低洼水田就患内涝，只能种植一季中稻，且包种不保收，经济效益十分低下。望着大片的低洼田，土生土长的荷浦乡张坊村党支部书记刘辉江将希望盯在了传统种植的荷花上。他来到赣州宁都县石上镇，从那里引进了太空 36 号莲种试种。为了提高农民种植积极性，2014 年 4 月，他组织成立了张坊云堆莲子专业合作社，将 300 亩左右的低洼田流转到合作社种植太空 36 号莲种，每年以保底价每亩 400 元动员 150 余户农户以土地入股，产生的经济效益按面积分红。荷花基地由合作社统一管理，平时以每人一天 70 元的工资聘请本村群众到基地负责做工。2014 年，合作社在保证农户每亩 400 元的保底价后，少量的亏损由合作社承担下来。2015 年，刘辉江等人克服重重困难，继续流转 300 亩低洼田，涉及农户 210 余户，年底群众不仅得到了保底价，还另外每亩分红 200 元。

这无疑给群众吃下了“定心丸”，也激发了当地农民种植莲子的积极性。2016 年，荷花基地种植面积进一步扩大到 1500 余亩，涉及农户 300 余户。这些农户中，不少是贫困户。

脱贫，是一场战斗，更是承诺，是责任。

作为江西省决战脱贫攻坚的主战场之一，位于湘鄂赣三省九县交界处的九江市修水县从2013年起，开展了推进整体移民搬迁、加快城乡发展一体化试点工作，截至2018年已在15个行政村开展试点，共计4521户18202人受益。2017年，修水县全年投入扶贫资金9.73亿元，整合财政涉农扶贫资金6.68亿元。全县47个贫困村退出，5147户20784人脱贫。这一国家级贫困县和省定特困片区县，在国家精准扶贫政策的支持下，已找到符合自己的脱贫之路！

修水的脱贫之路是一条促进传统优势产业提升的发展之路。“新工业十年行动”等项目的推进与“重大项目落实年”等活动的开展，共同提高了该县在市场竞争当中的参与度和竞争力。

在传统工业发展上，近年来，修水县推动全县工业经济提质增效，着力从领导力度、产业布局、园区投入、资金扶持、考核奖励等方面制定新举措，推进食品医药、机械电子、矿产品精深加工三大主导产业和五大产品生产基地不断壮大。全县规模以上工业主营业务收入由2012年的180.83亿元上升到2016年的364.3亿元，五年翻了两番；规模以上工业增加值由43.7亿元增加到75.2亿元，利税总额由31.74亿元上升到62.14亿元，五年翻了近两番。同时，修水县产业聚集发展壮大、招商选资质效提升、帮扶企业取得实效、园区平台有力夯实，五年累计投入园区建设资金47亿元，建成面积由5.7平方公里拓展到10.67平方公里，共落户企业177户，实现主营业务收入285.4亿元。

在特产农业的发展上，修水县积极调动下属乡镇的活力。布甲乡位于修水县最北面，属边远乡镇，乡域经济基础较为薄弱，贫困程度较深。在修水县政府的支持下，该乡成为利用传统特色农产品实现脱贫的典型。2017年，布甲乡积极开展特色产业建设，借助产业政策、积极募集社会爱心资金，全乡建档立卡户发展乌鸡养殖9299羽、新扩茶叶219.5亩、新扩油茶194.3亩，争取产业政策司补资金43.25万元，带动贫困户户均增收2000余元。在发展过程中，“兼顾短、中、长期产业相结合”的发展方式，“确保所有村都有1—2个覆盖面较广、能稳定增加贫困户收入的特色产业”，已成了为当地百姓所认可的脱贫良方。

随着人们生活水平的提高，旅游已成为人们重要的休闲方式，而其引发的经济效益更是不可小觑。为此，修水县鼓励下属乡镇，因地制宜，深入挖掘旅游资源，促进这一新业态快速发展，让其成为实现脱贫的快速通道。

在全县的不断努力下，2017年3月25日，修水四都首届桃花特色旅游节向游客开放；9月12日，“修江王”第二届赏莲艺术节开幕；11月4日，首届中国修水金丝皇菊文化旅游节开幕，来自全国各地的文化名人和游客来到修水赏菊品茗……

除了利用自然资源发展绿色旅游，修水县还利用红色文化发展乡村旅游。修水县是湘赣边秋收起义的主要策源地和率先爆发地。为此，该县利用境内留下的红色遗址遗迹，以“秋收起义”为元素，打造上衫苏区首府为主要目的地的红色旅游线路。“到上衫当红军去”正在成为该县红色旅游一个独特的符号。2017年11月，秋收起义修水纪念馆成功入选江西十大红色旅游目的地，该馆是全国爱国主义教育基地，年接待游客200多万人次。

围绕“两不愁”要求，修水县调整完善产业、就业和兜底保障相关政策，确保所有贫困对象享受政策全覆盖；做到产业政策更优，将21类产业纳入奖补范围；就业政策更广，对贫困户实行“三免费一支持一补助”，即免费职业介绍、免费技能培训、免费创业培训，创业贷款支持；对吸纳贫困劳动力稳定就业的新型农业经营主体或园区企业给予用工补助；促进兜底政策更实，对建档立卡贫困对象中符合农村低保条件的全部纳入最低生活保障范围。

围绕“三保障”要求，修水县还调整完善教育、健康和住房安全相关政策：首先，修水县推动教育扶贫全覆盖，即在全县原有“五个全覆盖”扶持的基础上，进一步完善政策，实现贫困户的孩子学前教育、义务教育、高中学杂费全保障，确保就读中专、大专院校（含研究生）学费和基本伙食费有保障。其次，修水县主张“健康扶贫更惠民”的发展思路。该县强化城乡居民医保、大病保险、商业保险、大病救助、第二次报销等“五道保障线”，确保贫困患者可报费用年度个人自负不超过 2000 元，对生活完全不能自理的建档立卡贫困对象给予 2000 元 / 人 / 年的困难补助。最后，修水县还积极做到“住房安全有保障”，鼓励下属乡镇对没有实施易地搬迁的建档立卡旧房户或无房户，全部纳入危旧房改造补助范围。

2017 年，江西 50 万人脱贫，1000 个贫困村退出，继井冈山市、吉安县顺利脱贫摘帽后，另外还有 6 个贫困县达到摘帽条件。在产业扶贫方面，2017 年江西共投入产业扶贫资金 523.6 亿元，培育 4.8 万个农业新型经营主体，特色种养业带动贫困户 63.6 万户 210 万人，户均增收 3900 元。在就业扶贫方面，江西重点打造了就业扶贫园区、乡村就业扶贫车间等六类就地就近就业平台，共带动 32.57 万人实现就业。在教育扶贫和健康扶贫方面，全省建档立卡贫困人口中，共有 35.05 万享受到教育补助政策，52.60 万人享受到医疗救助，贫困患者住院自付医疗费用比例控制在了 6.79%，实现了教育扶贫和健康扶贫全覆盖。在中央对 2017 年省级党委和政府扶贫开发工作成效考核中，江西位居全国第一档次省份第二名。

但是，截至 2017 年年底，江西省未脱贫人口仍有 87.54 万人，贫困发生率 2.37%。其中，25 个贫困县未脱贫人口 52.36 万人，贫困发生率 4.08%。特别是 269 个深度贫困村，未脱贫人口 39183 人，约占全省未脱贫人口的 4.48%。深度贫困地区不仅贫困发生率高、贫困程度深、致贫原因复杂，而且基础条件薄弱、公共服务不足、发展严重滞后，是脱贫攻坚的难中之难、坚中之坚。必须更加自觉地坚持“精准滴灌”，促进各项政策向深度贫困地区聚焦、各种资源向深度贫困地区聚集、各方力量向深度贫困地区聚合，全力以赴啃下这块脱贫攻坚的“硬骨头”。

精准脱贫是对如期全面建成小康社会、实现第一个百年奋斗目标具有决定性意义的攻坚战。江西省是著名的革命老区，脱贫攻坚任务比较重，打赢脱贫攻坚战意义重大。

随着脱贫攻坚不断深入，江西的脱贫工作呈现出一些新的特征。江西剩余的87.54万未脱贫人口中，因病、因残致贫比例为66%，低保户、五保户比例为65%，这些是贫中之贫、困中之困。做好这部分人的脱贫工作，必须坚持开发性扶贫和保障性扶贫并举、“输血”和“造血”并重。一方面，继续把开发性扶贫作为脱贫的基本途径，不断改善贫困地区的生产生活条件。另一方面，更加注重发挥保障性扶贫的兜底作用，强化社会保障政策与扶贫开发政策的有效衔接，切实保障好孤寡老人、未成年人、重度残疾人和重病患者等特殊困难群体的基本生活。全省脱贫工作正在由注重脱贫进度向更加注重脱贫可持续性转变。为适应这种转变，必须在确保如期完成脱贫任务的同时，把提高脱贫质量摆上更加突出的位置，统筹处理好“后三年”与“三年后”的工作，加快建立健全稳定脱贫的长效机制，为巩固脱贫成果提供有效支撑和持久保障，确保贫困群众遇病不返贫、遇灾不返贫、遇困不返贫。

精准脱贫需要精准识别，完善扶贫开发大数据平台，打通贫困人口社会保障等基本信息与建档立卡信息、贫困统计监测数据的连接，建立健全贫困人口动态管理机制，确保“不漏一户、不落一人”，做到一村一策、一户一策、一人一策。根据贫困地区的实际，制定科学的考核标准和检查方案，一个一个过，达标一个退出一个，确保每一个贫困地区、每一户贫困家庭脱贫出列经得起历史检验，决不在脱贫摘帽上搞“批发”、存“水分”。

269个深度贫困村是坚中之坚，扎实开展交通、电网、饮水安全、水利工程、互联网、文化服务设施等建设攻坚，确保新增资金、项目、政策“三个倾斜”，新增金融资金和服务优先满足，新增建设用地指标、土地增减挂钩指标交易收益优先保障。聚焦特殊困难群体，严格对照现行标准下“两不愁、三保障”（不愁吃、不愁穿，保障义务教育、基本医疗、住房安全）底线标准，加大保障性扶贫力度，确保全面小康路上一个不少、一个不落。聚焦贫困群众因病致贫返贫问题，筑牢健康扶贫基本医保、大病保险、补充保险、医疗救助四道保障线。针对贫困群众因残致贫返贫问题，加大助残创业就业扶持力度，完善困难残疾人生活补贴和重度残疾人护理补贴制度，强化多层次多元化托养服务。高度重视贫困群众因灾致贫返贫问题，全面建立落实乡镇临时救助备用金制度，提高临时求助时效。健全教育扶贫政策，开通入学、就业绿色通道，切断贫困代际传递。

高起点发展扶贫产业，推进优质稻米、蔬菜、果业、茶叶、中药材、油茶、草地畜牧、水产、休闲农业与乡村旅游等九大产业发展工程，与加快构建“一村一品”产业扶贫新格局结合起来，推行“选准一项主导产业、打造一个龙头、设立一笔扶持资金、建立一套利益联结机制、培育一套服务体系”的“五个一”模式，强化产业扶贫带贫益贫组织合作和利益联结机制，统筹推进产业扶贫精准到户到人。发挥产业大户、创业能手、致富带头人的“头雁”效应，推广村干部、能人带头领办和党员、村民、贫困群众参与的“一领办三参与”产业扶贫合作模式，真正让扶贫产业惠及困难群众。着力推动贫困地区农村资源变资产、资金变股金、农民变股民改革，通过盘活集体资源、入股或参股、量化资产收益等途径，促进集体经济薄弱村发展壮大。

高水平实现统筹推进，统筹当前与长远，对脱贫摘帽的贫困地区和贫困家庭，相关政策继续保持一段时间，不稳定脱贫决不退出。统筹扶贫与扶志、扶智，推行以工代赈、以奖代补、劳务补贴等扶持方式，引导贫困群众参与扶贫开发。统筹脱贫与解困，建立相对贫困群体的常态化帮扶机制，解决好“夹心层”的困难，防止这部分人成为新增贫困人口。把打赢脱贫攻坚战作为实施乡村振兴战略的优先任务，实现脱贫攻坚与乡村振兴相统一、相促进。统筹农村脱贫与城市脱贫，实施好在全国率先开展的城镇贫困群众脱贫解困工作，确保城乡贫困群众同步实现全面小康。

拿下脱贫攻坚战的“娄山关”“腊子口”，必须凝聚扶贫力量。强化省负总责、市县抓落实、乡镇推进和实施的工作机制，压紧压实各级党委和政府的主体责任。组织各级部门和单位开展定点帮扶，并把定点帮扶纳入本部门本单位的工作重点，主要负责同志承担第一责任人职责。推进民营企业“千企帮千村”精准扶贫行动，推动企业资金、技术、管理、人才向贫困地区流动，实现互利共赢。引导支持社会组织、社会工作、志愿服务力量参与脱贫攻坚，构建大扶贫格局。

从致富能手、大学生村官、转业军人中选配基层党组织领导班子，增强基层党组织在脱贫攻坚中的战斗堡垒作用。精选严管用好第一书记和驻村工作组，进一步发挥好第一书记及驻村工作组的作用。大力实施一村一名大学生工程，加快实现每个行政村都有一名农民大学生的目标。启动农村青年创业致富领头雁培育计划，建设一支“不走的工作队”。打通优秀基层干部转编晋升通道，让基层扶贫干部有劲头、有奔头、能出头。

2018 年年底，江西实现 42 万贫困人口脱贫、1000 个贫困村退出、10 个贫困县达到“摘帽”条件；2017 年申请退出的瑞金、万安、永新、上饶、横峰、广昌 6 个贫困县（市）成功脱贫摘帽；在全国率先开展城镇贫困群众脱贫解困工作，老区人民小康梦一步步正在变成现实。

第二节　工业家底

17世纪，威廉·配第、库兹涅茨和克拉克等经济学家都指出随着国民经济的发展，第一产业产值和就业人口比重逐步下降，而第二、第三产业则会相应增加；诺贝尔经济学奖获得者刘易斯指出工业部门会逐渐吸收农业部门过剩劳动力，工农业发展会逐步趋衡。可见，新常态下产业结构的调整和升级对经济增长、就业情况和环境污染等都有一定的关系，尤其对促进经济增长和人民收入有更为直接的影响，而且经济增长反过来又会推动产业结构的优化。

美国经济学家钱纳里利用第二次世界大战后发展中国家，特别是其中的九个准工业化国家（地区）20世纪60—80年代的历史资料，建立了多国模型，提出了标准产业结构。即根据人均国内生产总值，将不发达经济到成熟工业经济整个变化过程划分为三个时期六个阶段，从任何一个发展阶段向更高一个阶段的跃进都是通过产业结构转化来推动的。

初期产业，是指经济发展初期对经济发展起主要作用的制造业部门，例如食品、皮革、纺织等部门。

第一阶段是不发达经济阶段。产业结构以农业为主，没有或极少有现代工业，生产力水平很低。

第二阶段是工业化初期阶段。产业结构由以农业为主的传统结构逐步向以现代化工业为主的工业化结构转变，工业中则以食品、烟草、采掘、建材等初级产品的生产为主。这一时期的产业主要是以劳动密集型产业为主。

中期产业，是指经济发展中期对经济发展起主要作用的制造业部门，例如，非金属矿产品、橡胶制品、木材加工、石油、化工、煤炭制造等部门。

第三阶段是工业化中期阶段。制造业内部由轻型工业的迅速增长转向重型工业的迅速增长，非农业劳动力开始占主体，第三产业开始迅速发展，也就是所谓的重化工业阶段。重化工业的大规模发展是支持区域经济高速增长的关键因素，这一阶段产业大部分属于资本密集型产业。

第四阶段是工业化后期阶段。在第一产业、第二产业协调发展的同时，第三产业开始由平稳增长转入持续高速增长，并成为区域经济增长的主要力量。这一时期发展最快的领域是第三产业，特别是新兴服务业，如金融、信息、广告、公用事业、咨询服务等。

后期产业，指在经济发展后期起主要作用的制造业部门，例如服装和日用品、印刷出版、粗钢、纸制品、金属制品和机械制造等部门。

第五阶段是后工业化社会。制造业内部结构由资本密集型产业为主导向以技术密集型产业为主导转换，同时生活方式现代化，高档耐用消费品被推广普及。技术密集型产业的迅速发展是这一时期的主要特征。

第六阶段是现代化社会。第三产业开始分化，知识密集型产业开始从服务业中分离出来，并占主导地位；人们消费的欲望呈现出多样性和多边性，追求个性。

清楚认识工业发展阶段，对制定发展政策是基础性的工作。

江西省社科规划项目研究成果《新常态下江西省产业结构调整分析》一文，以江西省 2006—2016 年的三次产业数据为分析对象，首先对江西省产业现状进行了分析，表明其产业结构为“二、三、一”及就业结构为“三、二、一”，得出了江西省目前处于工业化中期阶段的结论。

我国的经济发展速度已经从两位数的增长进入个位数的次高增长阶段，经济发展表现出从高速增长转为中高速增长、经济结构不断优化升级、增长动力从要素驱动和投资驱动转为创新驱动等特点。江西省提出了“十三五”时期的总目标为“提前翻番、同步小康”：“提前翻番”，即与2010年相比“十三五”期间GDP和城乡居民收入提前翻一番；“同步小康”，即到2020年江西与全国同步如期全面建成小康社会。

2006—2016年江西三次产业都表现出了增长态势：第一产业增长相对较慢，其产值由2006年的786.14亿元增加到2016年的1904.5亿元，增长了1.4倍；第二产业增长居中，由2006年的2419.74亿元增加到2016年的9032.1亿元，增长了2.7倍；第三产业增长最快，由2006年的1614.65亿元增加到2016年的7427.8亿元，增长了3.6倍。目前，三次产业总量呈现显著的增长关系，第二、三产业增长趋势较为明显，第一产业增长趋势较为平缓。从产业比重来看，江西省第一产业比重逐步下降，从2006年的16.3%下降到2016年的10.4%；第二产业比重从2006年的50.2%增长后下降为2016年的49.2%；第三产业比重从2006年的33.5%增长到2016年的40.4%。可见，江西省各产业占GDP的比重由高到低依次为“二、三、一”，第二产业是江西省经济增长的支柱产业。

从三次产业的增长率来看，2006—2016年江西省第一产业的增长率是三次产业中最低的，维持在3.5%—5.0%；第二产业增长率在三次产业中表现最好，但表现出较为明显的下降趋势，2016年增长率是最低值仅为8.5%；第三产业增长率表现出波动变化的趋势，但基本维持在8.8%—11.4%。可见，2006—2016年三次产业增长率表现为“二、三、一”的形式，但已逐步反映出“三、二、一”的趋势。

从三次产业的就业情况来看，2006—2015年江西省第一产业就业比重在30%—40%，表现出逐步下降的趋势；第二产业就业比重在27%—33%，表现出逐步增加的趋势；第三产业就业比重在34%—38%，表现出逐步增加的趋势。可见，三次产业就业比重表现为“三、二、一”结构，但是产业就业比重差距不大。

江西省产业比重结构表现出“二、三、一”的特点，而就业比重表现为“三、二、一”的特点，两者结构梯度明显不匹配，存在第一产业储备过多劳动力、第二产业吸收劳动力有限和第三产业具有吸纳劳动力潜力等问题。根据经济发展不同阶段的产业划分方法，江西省三产关系表现为工业化中期的“第一产业小于20%，第二产业大于第三产业”特点，说明江西省目前处于“工业化社会中期的初级阶段”，第二产业是经济发展的主导产业，较多的劳动力仍处在第一产业未释放出来，要实现江西省新常态下“十三五”规划的目标未来应当加快城镇化建设并转移农村劳动力的步伐。

按照国家经济发展阶段来看，区域经济发展可以划分为前工业化阶段、工业化初期、工业化中期、工业化后期和后工业化阶段五个阶段。判断经济处于何种发展阶段主要可以从总量、结构和生活质量三个方面来体现，进一步细化的数据则为年人均 GDP、三次产业产值比、制造业增加值占总商品增加值比重、非食品支出比重和人口城市化率五个方面。根据 2016 年《江西省统计年鉴》得到各个指标值的 2015 年数值为：年人均 GDP 为 36724 元，折合 5896 美元，从该指标来看江西省处于工业化中后期；三次产业产值比 10.6：50.8：38.6，从该指标来看江西省处于工业化中期；工业增加值占总商品增加值比重为 50.0%，从该指标来看江西省处于工业化中期；非食品支出比重为 67.68%，从该指标来看江西省处于后工业化时期；人口城市化率为 51.62%，从该指标来看江西省处于工业化初期。总的来说，江西省经济发展稍显不平衡，各指标所体现出来的区域经济发展情况基本一致但非食品支出表现出一定的提前性。综合各指标的数值及权重，可以大致得出江西省的经济发展情况基本上是属于工业化中期阶段。

第二产业是江西省国民经济发展的支柱产业，对 GDP 的贡献占据了半壁江山。2006—2015 年江西省第二产业中工业占 GDP 比重呈现出先上升后下降的趋势，建筑业占 GDP 比重总体表现出下降的趋势，但一直在 9% 左右徘徊。从工业内部结构看，较轻工业相比江西省更注重重工业的发展：2015 年重工业增加值高出轻工业1806.5亿元，是轻工业的1.7倍；轻工业增加值由2006年的394.5亿元增加到2015年的2731.2亿元，年均增长23.98%；重工业增加值由2006年的794.8亿元增加到2015年的4537.7亿元，年均增长21.36%；建筑业增加值由2006年的512.9亿元增加到2015年的1500.6亿元，年均增长27.61%。

虽然江西省重工业比重满足了发达国家的60%—65%国际经验，但是从江西省所处经济发展阶段的工业化中期阶段来看，江西省应当加快提升产业的技术升级和推动产业转型。因此，今后江西省第二产业结构调整应注重调节轻重工业的比例及其发展，着重发展有色金属产业、精细化工及新型建材业、纺织服装业及中成药和生物制药业等盈利多、关联度强、贡献大、增长快和效率高的支柱产业，并逐步提升各产业的技术含量和创新能力。但第二产业存在着工业内部结构不合理和技术含量不高等问题，及从目前所处的工业化中期阶段来看，未来应当加快提升产业的技术升级和推动产业转型，着重发展有色金属产业、精细化工及新型建材业、纺织服装业及中成药和生物制药业等盈利多、关联度强、贡献大、增长快和效率高的支柱产业。

据江西科技学院人文社会科学研究项目“江西省生产性服务业发展与制造业价值链升级的关系研究”，江西省制造业总值逐年增长，2007年仅有5385.72亿元，占江西省规模以上工业总产值的比重为86.95%，到2015年制造业总产值增长至29548.61亿元，占江西省规模以上工业总产值的比重为96%，增长速度非常快，制造业在江西省工业中的地位增强。从制造业增加值来看，2007年江西省制造业的增加值为1768.38亿元，到2015年增长至3074.30亿元，也有一定的增长。从制造业产值增加率来看，2007年增加率为32.83%，到2015年增加率仅有10.41%，说明江西省制造业产值增加率在达到一个比较高的水平之后又下降了，这从另一方面说明了近几年江西省制造业的附加值趋于下降，存在盈利能力不足的现象。

分制造行业来看，汽车制造业和电子设备业等增长较快，2016 年计算机、通信和其他电子设备制造业增加值为 476.6 亿元，增长率为 26.0%；汽车制造业增加值为 308.5 亿元，增长率为 17.0%；电气机械和器材制造业增加值为 566.1 亿元，增长率为 13.2%；农副食品加工业增加值为 444.4 亿元，增长 10.1%。

“装备制造业”是复合产业概念，根据国家标准《国民经济行业分类》，将金属制品业，通用设备制造业，专用设备制造业，汽车制造业，铁路、船舶、航空航天和其他运输设备制造业，电气机械和器材制造业，计算机、通信和其他电子设备制造业，仪器仪表制造业等行业大类统称为“装备制造业”。“装备制造业”与“高技术制造业”、“高端装备制造业”等概念之间存在一定的区别和联系。根据《国家高技术产业（制造业）分类（2013）》标准，将航空航天器及设备制造业、电子及通信设备制造业、计算机及办公设备制造业、医疗仪器设备及仪器仪表制造业、信息化学品制造业等行业大类统称为“高技术制造业”。根据《战略性新兴产业分类（2012）》标准，将航空装备产业、卫星及应用产业、轨道交通装备产业、海洋工程装备产业、智能制造装备产业等行业大类统称为“高端装备制造业”。

长江经济带在我国装备制造业发展格局中占据着重要地位，《国务院关于依托黄金水道推动长江经济带发展的指导意见》明确要求建成国际先进的长江中游轨道交通装备、工程机械制造基地和长江口造船基地，将长江经济带高端装备制造、汽车制造等装备制造业培育建成世界级制造业集群，发展高端装备制造业是推动长江经济带工业迈向中高端的重要引擎。科学研判长江经济带装备制造业发展水平，对制定、实施长江经济带装备制造业政策具有重要的实践意义。

长江经济带装备制造业空间分布特征与产业相邻相似状况显示：浙江、上海、江苏创新能力较强，湖南、上海环境保护能力较强，上海、湖北技术贡献较强，浙江、重庆技术装备能力较强；上游地区主要依托资源环境贡献，下游地区具有明显技术创新优势，中游地区优势具备；上海、江苏、浙江、安徽、湖北处于装备制造业发展水平第一梯队，以推动工业化与信息化深度融合为重点，主攻智能制造装备和智能产品并实现产业化生产；江西、湖南、重庆、四川装备制造业处于第二梯队，在自身各因子发展较为均衡的基础上，寻找资源或技术上的竞争比较优势，引导传统优势装备制造业向价值链高端爬升；贵州、云南装备制造业发展水平处于第三梯队，发挥自身资源优势，科学规划现有装备制造业工业园区，打造完整的绿色装备制造生产和供应链条，并强化绿色监督力度。可见，长江经济带上、中、下游地区的装备制造业的发展动力各不相同但各有所长，上游地区的装备制造业发展水平较高，上中游地区装备制造业发展水平的地区差距较大，省际溢出效应明显。促进长江经济带建成先进装备制造业中心，须坚持以供给侧结构性改革为主线，发挥装备制造业的技术经济关联性，优化资源配置与空间布局，引导传统优势装备制造业向中高端方向发展。

工业化是一个国家和地区发展的必由之路，是现代化不可逾越的历史阶段。进入高质量发展新阶段，工业仍是经济发展的主力军。工业稳则经济稳、财政稳、就业稳、社会稳。工业始终是“三产”繁荣的活力源。工业的兴盛带来人员流、物流、信息流、技术流、资金流的加速集聚，促进服务业的繁荣。绿色工业始终是生态环境的守护者。环保的刚性约束倒逼工业转型升级、促进绿色工业发展，只要跨过了绿色环保关，迎来的将是凤凰涅槃、一片坦途。

中华人民共和国成立以来，江西省构建起了较为完备的工业体系，江西制造曾经创造了令老区人民无比自豪的历史荣耀。中华人民共和国第一架飞机、第一辆军用摩托车、第一枚海防导弹在江西诞生，昌河汽车、凤凰照相机、赣新彩电、洪都摩托、鸭鸭羽绒服、草珊瑚牙膏等精品曾经一货难求、誉满全国，江西制造创造了令老区人民无比自豪的历史荣耀。后来由于没有跟上时代发展步伐，这些品牌和企业都衰落甚至消失了，十分令人惋惜。

改革开放以来，特别是近年来，江西大力实施工业强省战略，加速向工业化后期转变。2017 年，全省规模以上工业增加值超过 8000 亿元，增速连续 5 年居全国前列；2018 年上半年全省战略性新兴产业、高新技术产业占规模以上工业比重分别达 16.9%、33%，质量效益不断提升，工业崛起的态势正在形成。

21 世纪，彻底改变中国发展面貌的是工业化和城市化。江西发展的道路也有赖于此。

工业化是近代世界经济发展史上最振奋人心的话题。英国用了 100 年的时间实现了工业化，德国、美国用了 50 年的时间实现了工业化，日本用了 30 年，“亚洲四小龙”用了 20 年，而我国的广东省，用了 15 年时间就实现了工业化。可以这样说，现阶段江西的工业化仍处于相对较低的层次。江西工业占全国工业的比重，1990 年是 1.77%，2000 年是 1%，10 多年来江西不升反降，工业化问题是江西最沉重的话题，有人说，江西还要到 2053 年才能实现工业化。进入 21 世纪后，江西的工业飞速发展，到 2017 年工业产值 35585 亿元，增速 0.2%，占全国比重升至 3.06%，到 2020 年，江西已基本实现工业化。

第三节　新旧转换，功能转换

2015 年 10 月，李克强总理在《求是》杂志发表文章《催生新的动能　实现发展升级》，针对当时的中国经济进行了分析判断，指明中国经济正处于新旧动能转换的艰难进程中。

2016 年政府工作报告中，再一次将新旧动能转换作为重点议题，强调要加快中国新旧发展动能连续转换，并对现在中国经济的发展做出了初步判断：经济增速换挡、结构调整“阵痛”、经济下行压力增大等。

“新旧动能”这个新名词在互联网出现的频率逐步提升，更频繁出现在政府相关文件中，内容也逐渐丰富和完善，由于技术进步，一种新的产业形态或模式将成为促进经济社会发展的新动力。同时，旧动能对应的传统产业和传统经济模式，既包括高耗能、高污染产业，也包括对外贸易，实行产业转型升级和提升发展效率和质量，也一样可以转换为“新动能”。最终，使经济发展中消费和服务业逐渐取代投资、出口成为拉动经济增长的主要动力，尽管传统产业仍然是经济发展的重要支撑，但“新旧动能”也会在未来成为决定经济发展高度的重要因素。

在一系列政策作用下，江西经济转型升级步伐进一步加快，新产业、新业态、新商业模式不断涌现。到2016年半年中考，江西GDP增长9.1%，增速继续位列全国第五、中部第一，经济发展新旧动能转换初见成效。

2016年以来，江西深入落实“三去一降一补”五大任务，推出“降成本、优环境”80条政策措施，省、市、县三级全年可减轻企业负担700亿元以上。为让优惠政策落实到位，江西开展“万名干部入万企”行动，深入100个园区、1000家企业开展入企帮扶。干部蹲点帮扶不仅有助于企业降成本，更提振了企业的发展信心。

得益于一系列举措，2016年上半年江西经济总体稳中有进：GDP增长9.1%，增速继续位列中部第一；规模以上工业增加值增长9%，工业品产销率99.2%，固定资产投资增长14.1%……，不仅高于全国平均水平，而且处于全国第一方阵，其中“三新”经济成为亮点的积聚，显示出江西新旧动能正加快转化的步伐。

统计数据显示，2016年上半年江西省电子商务交易额突破2000亿元，增速高达45%，涉农电商交易额超150亿元，增幅达70%。江西省电商经营主体达 7.1 万余家，直接就业人员 34.4 万余人，个体网店 6.3 万余个。

与此同时，新产业、新商业模式发展迅速。江西奥其斯科技股份有限公司是一家 LED 生产企业，公司建成投产仅两年就成功挂牌新三板。在 2015 年主营业务收入 4.4 亿元的基础上，2016 年前 5 个月公司的主营业务收入已达 4.8 亿元，全年可达 16 亿元。

靠技术创新实现动能转换，奥其斯公司的探索是江西高新技术产业发展的一个缩影。2016 年上半年，江西高新技术产业增加值增长 10.4%，太阳能电池、电子元件、运动型多用途乘用车等高技术产品产量分别增长 20.4%、21.7% 和 140%。代表新商业模式的城市商业综合体销售额增长 15% 以上。

社会创新创业的活力持续积聚。2016 年上半年江西专利申请量、授权量分别增长 74.9% 和 23.8%，万人发明专利拥有量 1.37 件，同比增长 33%；科技孵化器达 22 家，众创空间达 33 家，众包业务金额和众筹资金增长 20% 以上。

受宏观经济下行压力影响，作为江西经济主要驱动力的投资增长在 2016 年上半年有所放缓，其中民间投资增速较第一季度回落超过 5 个百分点。

融资难、融资贵一直是制约广大中小企业、民营企业发展的短板。针对这一老大难问题，江西出台多项金融政策，引导金融机构开展股权质押、应收账款质押、知识产权质押等金融产品创新。此外，江西还启动 20 个重点产业升级项目和 10 个重大科技研发专项建设，整合组建 1000 亿元的政府产业引导基金，加快发展通用航空产业、生物医药产业和 VR 产业等新兴产业。

新旧动能转换，为江西经济带来了新的发展机遇。

2018 年 7 月 30 日，江西省委召开十四届六次全会强调，把推进高质量、跨越式发展作为新时代江西的首要战略。

我们看到，江西省运用新技术、新业态、新模式，大力实施新兴产业倍增、传统产业优化升级、新经济新动能培育“三大工程”，吹响了加快新旧动能转换号角，扎实有力地推动经济高质量、跨越式发展。

现在我们用江西省上饶市这个地方来进行进一步解读。

晶科能源与中国电建集团签署越南油汀光伏电站二期 240 兆瓦项目组件供货合同。该项目将成为整个东南亚地区装机规模最大的光伏电站，对带动越南乃至东南亚新能源市场发展具有重要意义。这是上饶市积极对接国家支持战略性新兴产业发展政策，聚焦科技创新推动新能源产业发展的一个缩影。预计 2020 年晶科组件出货量将占全球总量的 20%，千亿元光伏产业实现领跑。

紧紧围绕打造世界光伏城、中国光学城、江西汽车城的目标，上饶市大力发展“两光一车”产业，取得突破性进展。2014 年，全市“两光一车”主营业务收入 376 亿元，2017 年达 711 亿元，接近实现翻番。

全市光学企业超过240家,平均每年增加20家左右,正渐渐形成光学产业群。

上饶市坚持把汽车产业作为上饶工业的“希望工程”来抓，发展势头良好。从规模来看，到 2018 年，总投资超过 800 亿元，总产能达 121 万辆；从配套来看，除了六个整车项目，还引进了一个发动机和 60 多家汽车配套企业；从种类来看，基本形成了一个以新能源汽车为主，包括轿车、客车、SUV、大巴、物流车等系列产品在内的汽车产业群。2020 年六大整车项目全部建成后，将形成 121 万辆的产能，新能源汽车比重超 90%，千亿元汽车产业强势崛起。

新旧转换，不是否定传统产业的过程，而是新兴产业崛起、传统产业升级，共同发展。

在上饶市德隆纺织有限公司车间，上百台高端纺织设备正运转不停。放眼望去，20 多米长的生产线，仅有一名工人在熟练操作。该公司采用全自动生产工艺流程，引进了“机器换人”生产线和恒湿恒温环境控制系统，节省了近七成劳动力成本，产品质量达到了国际领先水平，90% 的产品远销欧美及东南亚国家和地区。

只有落后的企业，没有落后的产业。上饶通过节能降耗改造，实现清洁化生产，让有色金属、纺织等传统产业焕发新生机，让传统产业也能“老树开新花”；他们积极引导企业增加研发投入、主动寻求合作，以创新平台作为培育智能化高科技的孵化器，相继成立江西鸥迪铜业有限公司院士工作站、江西和泽生物科技有限公司院士工作站、江西兴安种业有限公司院士工作站等，加快企业自主创新；加大有色金属、建材等传统企业技术改造力度，提升工艺装备水平，促进提质增效。

同时，对于那些确实改造不了的化工企业，该淘汰的坚决淘汰，该关停的立即关停，决不给它们再次污染环境的机会。下定决心做好了烟花爆竹、小煤矿等企业的退出工作，着力化解过剩产能，为新兴产业发展腾出空间。

2018 年 7 月 30 日的江西省委全会，是在改革开放 40 周年重要历史时点、高质量发展处于蓄势跨越的关键时刻召开的一次重要会议。

江西省委书记、省长刘奇在报告中指出：“站在全国和世界大格局中审视江西，我们既对我省发展日新月异、经济社会稳中向好充满信心，也为外部竞争咄咄逼人、自身发展面临深层次矛盾而倍感压力。”

刘奇从世界的大格局中，从世情、国情、省情审视江西，即如何以更加开放的胸襟、更加宽阔的视野，不以江西为世界，而以世界谋江西，登高望远，主动作为？如何把握发展大局大势，加强对重大问题的研究，找症结、找短板，更加清醒务实地探求江西高质量、跨越式发展途径？如何以新担当新作为，在这片曾经为中国革命做出重大贡献和巨大牺牲的红土圣地上书写新的历史荣光，让 4600 万老区人民过上更加富裕幸福的生活？刘奇指出，要回答好时代之问、责任之问、初心和使命之问。

这种深化和完善的结论，概括起来，就是“创新引领、改革攻坚、开放提升、绿色崛起、担当实干、兴赣富民”24 字工作方针。

一个时代有一个时代的主题，一代人有一代人的使命，江西省委十四届六次全体（扩大）会议，被称为江西的新坐标！新起点！

一张改革开放40年来江西经济的增长图让人感慨万千。从1978年至2017年，江西的经济总量从87亿元，增长至20818.5亿元，增长了238.3倍。

面对汹涌的商品经济大潮和市场经济法则，重文尚实、敦厚质朴的江西人内心经历了怎样的苦闷与呐喊，翻越了多少思想解放的沟壑。

作为传统农业大省，“鱼米之乡”的江西在工业文明推进的山呼海啸中，经历了怎样的彷徨和迷离，跨越了多少转型发展的沟坎。

这是改革开放新的历史坐标。

2018年上半年，江西省生产总值增长9.0%。至此，江西经济连续14个季度稳定在8.8%—9.2%的中高速增长区间，持续保持在全国“第一方阵”，发展质量同步提升。

梳理这条增长线，可以发现一条清晰的逻辑线：江西发展中高速增长、量质齐升的这14个季度，正是以习近平总书记对江西工作重要要求为引领和指导的14个季度。

回首而望，2014年的江西处在一个紧要的关头。全球大宗商品价格低迷，江西面临着经济增长下行压力增大的考验。

急难之际、关键之时，2015年3月和2016年2月，在相隔不到一年的时间，习近平总书记两次对江西工作做出指导，提出了“新的希望、三个着力、四个坚持”的重要要求。由此，江西发展开启了新一轮量质齐升的进位赶超。

家底愈加殷实。江西经济总量在全国的排名，从2014年第20位，上升到2017年的第16位。财政收入、城乡居民收入进一步提升。

生态愈加秀美。全省空气优良率86.2%，国家考核断面水质达标率92%，河长制等一批生态制度改革走在全国前列。

动力愈加强劲。国家战略叠加，政策优势越发显现；高铁洼地填平，区位条件越发优越；科研基础夯实，创新力量得到提升。

民生愈加幸福。井冈山市、吉安县在全国率先脱贫摘帽，在全国率先启动城镇贫困群众脱贫解困工作，城乡环境综合整治改变城乡面貌。

……

站在全面建成小康社会的历史关口，江西跑出了发展的加速度。经济增速全国第一方阵，绿色生态全国第一方阵，脱贫攻坚全国第一方阵，江西发展迎来了历史上最好的时期。

这是新时代的坐标。

以高质量发展为牵引，江西产业发展其势已勃。江西与阿里巴巴集团等签署全方位战略合作协议，“云”上江西更为瑰丽。适航审定中心来了，“江西快线”颁证了，区域航空中心地位进一步提升，江西“航空梦”又进一步。世界中医药大会来了，这场业内的“华山论剑”，上承建昌、樟树之辉煌，下启中医药强省之先声。以绿色发展为牵引，江西坚定打造美丽中国“江西样板”。对内苦练内功，抓住长江经济带建设这个龙头，以“一盘棋”理念，推进全域治理、全域保护、全域建设，巩固提升全省生态环境。对外展示形象，以主宾省身份出席生态文明贵阳国际论坛 2018 年年会，向世界展示“生态江西、绿色赣鄱”的无穷魅力。

接过历史的“接力棒”，走进时代的“大考场”。就在江西省委十四届六次全体（扩大）会议后的一周，2018 年 8 月 7 日，江西省第十三届人民代表大会常务委员会第五次会议决定任命易炼红为江西省人民政府副省长、代理省长职务。

易炼红是土生土长的湖南人。早年，他曾在娄底市涟源市桂花乡做知青，1978 年，恢复高考后易炼红考入湖南师范学院政治系学习，毕业后任湖南省邵阳基础大学教师。1984 年，易炼红考取陕西师范大学政治教育系政治经济学专业研究生，1987年获经济学硕士学位。当年毕业后，即进入湖南省委党校，这一工作就是17年。在湖南省委党校工作的17年间，他曾任经济学教研室教师、科技教研室副主任、校长助理、副校长等职，是一位颇具个性的学者型官员。此间，也曾挂职任湖南省株洲化工厂企业管理办公室主任助理、沅陵县副县长。

2004年5月，易炼红离开湖南省委党校，开始主政一方，调任岳阳市委书记。

据报道，易炼红一到岳阳，就干了一件大事。原来，岳阳楼新景区的建设，从1985年首次提出到易上任时，已有近20年之久，因多方因素一直搁置下来。扩建岳阳楼新景区，牵涉到拆迁的单位上百家，拆迁的居民1300多户。主政岳阳后，易炼红果断决定：加快建设岳阳楼新景区。结果，仅用百天时间，20多万平方米建筑的拆迁工作就顺利完成。而且据《中华儿女》杂志报道，整个拆迁过程没发生一起纠纷。

后来，岳阳楼新景区成为岳阳一道亮丽的风景线，岳阳的旅游业成为岳阳的支柱产业。在易炼红主政岳阳期间，岳阳的经济总量稳居湖南省第二，财政收入跃居全省第二。

2013年5月到2017年7月，易炼红担任湖南省委常委、长沙市委书记。上任时，易炼红曾以诗表态："一官到此几经春，不愧苍天不负民。神道有灵应识我，去时还似来时清。"此诗作者明代胡守安，原诗最后一句本为"去时还似来时贫"，易炼红将其改成了"清"字，他说，这是清白、清醒、清廉的一种自勉。

据2016年公布的数据，10年间长沙GDP增长了460%，从第24位提升至第14位，增速领跑全国。

2017年7月，在湖南生长、学习、工作的易炼红离开家乡主政沈阳，这也是他30余年职业生涯中首次离开湖南。

人未至而声已闻。当年7月19日，《长沙晚报》数字报和公众号发布了易炼红深情话别长沙的一篇文章：《长沙，是我永远眷念的故乡》。在文中，他引用了艾青的诗句“为什么我的眼里常含泪水，因为我对这片土地爱得深沉”，还引用了英国诗人雪莱的诗句：“过去属于死神，未来属于自己。”

据《南方都市报》报道，从1989年至2018年，29年来易炼红笔耕不辍。仅在知网上，就查询到其218篇文章。易炼红几乎每年均会撰文，主题主要为农业、经济、城市治理等方面。

不仅如此，易炼红还出版专著8部（其中独著3部）、译著1部、教材12部；主持完成国家社科基金和省级社会科学规划、基金资助课题共11项，其中，学术专著《实现传统农业向现代农业的跨越》《健全市场经济条件下的农业保护体系》《通向高效农业之路》《现代市场农业论》是其研究成果的集中体现。

最近几年，易炼红先后在三个省工作。从家乡湖湘大地到北方的辽沈大地，再到江西这片红色圣地，易炼红三次履新，都发表了深情告白。

2013年5月9日，易炼红履新湖南省委常委、长沙市委书记，他以诗表态：“一官到此几经春，不愧苍天不负民。神道有灵应识我，去时还似来时清。”

2017年7月20日，易炼红履新辽宁省省委常委、沈阳市委书记不久，在全市领导大会上表态：“我深深懂得，组织任命意味着什么，沈阳人民在期盼什么，接过沈阳改革发展的‘接力棒’需要担当什么。”

2018年8月6日，易炼红表态说：将始终把忠诚注入灵魂，坚守为政之道；将始终把责任扛在肩上，提升发展之势；将始终把人民铭记心中，增进民生之利；我将始终把清廉融入血脉，筑牢立身之本。

江西是中国共产党人砥砺初心、扛起使命、闯出新路的地方。易炼红履新江西为能亲身参与新时代江西改革发展的火热实践，为增进老区人民福祉贡献一份绵薄之力，感到无上的荣光。同时，易炼红的职责重大，需以忠诚和力量接好“接力棒”，答好发展的“时代卷”，殷切回报4600万江西人民的重托和期待。

发展之势，在乎始终肩扛责任，在江西发展的“快速路”上担当实干，加快建设现代化经济体系，推动江西高质量、跨越式发展。紧紧盯住制约发展的“结”、群众闹心的“难”，着力推动一批重大改革事项取得突破性进展；充分发挥“沿海腹地、内陆前沿”的区位优势，进一步打开开放的“门”，走好兴赣的“路”。紧紧扭住创新这个“牛鼻子”，加快形成更多依靠创新支撑和引领的战略势差，全面打造“四最”营商环境，让江西成为创新创业的高地、发展升级的“乐土”。紧紧抓住绿色生态这个江西的最大财富、最大优势、最大品牌，持之以恒推进国家生态文明试验区建设，将绿水青山演绎“金山银山”。

民生之利，在乎把人民铭记心中。群众在想什么、就谋什么，群众需要什么、就干什么。多问民生之需，主动问政于民、问需于民、问计于民，关注群众烦心事、感受群众真苦恼、帮助群众解难题，真诚融入群众、真心依靠群众、真情服务群众；多施富民之策，坚持想问题、做决策、干事业，一切以实现人民对美好生活的向往为目标，切实做到民生举措优先部署、民生投入优先保障、民生事业优先发展；多办惠民之事，大力推进民生工程，加快补齐民生短板，合力打赢“三大攻坚战”，让老区人民的获得感、幸福感、安全感更加充实、更有保障、更可持续。

两天之后，8 月 8—10 日，易炼红就深入赣州市的赣县区、瑞金市、于都县和赣州经开区等地调研，强调要纵深推进产业转型升级，改造提升传统产业，培育壮大新兴产业，促进新旧动能接续转换，开展集群式项目满园扩园行动，不断提升经济发展的质量和效益。

8 月 14—15 日，易炼红深入南昌市的企业、园区调研，走访了南昌高新区航空城、中微半导体设备公司、美晨通信公司、国家硅基 LED 工程技术研究中心、联创电子等企业。在南昌海立电器，易炼红指出，产业强则经济强。要担当作为、真抓实干，建立各级政府主要领导挂帅重大产业项目的机制，为企业提供最优质的服务，推动产业不断做优做强做大。在国家硅基 LED 工程技术研究中心，易炼红考察了电子信息产业发展情况，要求加强自主创新，打响自主品牌，打造全链条、集群化、成规模的优势产业。他强调，南昌市要在创新上下更大功夫，推进体制创新、科技创新、治理创新，构建有利于高质量、跨越式发展的体制机制，建立以企业为主体、市场为导向、产学研深度融合的技术创新体系，打造运行有序、高效、安全的社会格局。要在集聚上下更大功夫，加快要素集聚、产业集聚、人才集聚，跳出南昌、跳出江西，面向海内外吸引各类要素特别是高端要素集聚，狠抓项目建设，落实“人才新政”，培育壮大优势产业，全力提高省会城市首位度。

8 月 21 日，易炼红深入九江市的九江经开区、湖口县和彭泽县调研，先后考察了九江经开区的巨石集团、明阳电路、瑞智（九江）精密机电等企业和湖口县的海山科技创新试验区、国华九江发电公司。他指出，园区和企业要转变观念，创新发展的方式、路径和机制，不断延伸产业链，促进集群化发展，打造支柱产业，推动产业迈向高端化、智能化、绿色化，加快产业转型升级，着力构筑长江沿线现代产业带。

2017 年，江西产业结构发生了历史性转折性变化，一产比重首次降至 10% 以下，服务业比重首次超过工业比重。面对产业发展新形势，一部分人对工业的认识出现了偏差，有的人认为，江西已经进入服务业主导的发展阶段，工业不重要了；有的人认为，金融“脱实向虚”，制造业的吸引力下降，搞制造业没有前途了；还有的，把产业发展与环境保护对立起来，甚至认为工业一定造成污染，环保阻碍工业发展；等等。这些认识都是错误和片面的，在高质量发展新阶段，工业始终是江西经济发展的主力军，工业始终是“三产”繁荣的活力源，绿色工业始终是生态环境的守护者。江西将始终坚持新型工业化道路不动摇，坚持工业强省战略不松劲。

2018 年 8 月 28—29 日，江西省召开了全省工业强省推进大会，省委书记刘奇和易炼红在会议上对这些观点进行了严厉驳斥，拨乱反正地指出：江西将始终坚持新型工业化道路不动摇，坚持工业强省战略不松劲。

易炼红称省委十四届六次全会是吹响向高质量、跨越式发展进军的“集结号”。针对新旧动能转换，以更大力度、更实举措在科技创新上求突破，加快产业升级、动能转换。把创新摆在核心位置，深入实施科技强省、工业强省战略，推动产学研用深度融合，建设创新载体和平台，打造创新产业集群，引进用好创新人才，加强金融等现代服务业对科技创新的支撑，以科技创新引领产业创新，加快形成以创新为支撑的现代化经济体系。

2018 年 8 月 28—29 日，江西省工业强省推进大会在赣州举行。省委书记刘奇强调，全省坚持扩大总量与优化质量并举、转型升级与动能转换并重、提升平台与优化环境并行，坚定不移推进工业强省战略，矢志不渝重振江西制造辉煌，奋力推动工业高质量、跨越式发展，在共绘新时代江西物华天宝、人杰地灵新画卷中展现工业强省的壮阔景象。

工业化是一个国家和地区发展的必由之路，是经济发展的主力军，是现代化不可逾越的历史阶段。进入高质量发展新阶段，工业稳则经济稳、财政稳、就业稳、社会稳。工业始终是“三产”繁荣的活力源。工业的兴盛带来人员流、物流、信息流、技术流、资金流的加速集聚，促进服务业的繁荣。绿色工业始终是生态环境的守护者。环保的刚性约束“倒逼”工业转型升级、促进绿色工业发展，刘奇坚定地指出，只要跨过了绿色环保关，迎来的将是凤凰涅槃、一片坦途。

中华人民共和国成立以来，江西构建起了较为完备的工业体系，江西制造曾经创造了令老区人民无比自豪的历史荣耀。当前，新一轮科技革命和产业变革重构全球创新版图和经济结构。谁抓住了机遇，谁就将率先起跑、领跑，从而实现跨越式发展。江西始终坚持新型工业化道路不动摇，坚持工业强省战略不松劲，保持战略定力，抢抓发展机遇，发挥特色优势，因势而谋、因势而进，以新时代新担当新作为，努力重振江西制造辉煌。树立“亩产论英雄”导向，按投入强度和单位产出水平，对“低产田”和“高产田”进行差别化的政策支持或限制。

会议决定：落实省委全会精神，工业必须当先锋、担重任。要在对标一流中找准差距、树立新标杆。培育一流企业，发展壮大一批龙头企业、“专精特新”企业和“独角兽”“瞪羚”企业，锻造工业强省的“主力军”；集聚一流产业，以首位产业为引领延伸上下游产业链，挺起工业强省的“硬脊梁”；建设一流园区，以智慧型、绿色型、服务型为目标提标提档，以做优做精做特为方向实施集群式项目满园扩园计划，筑牢工业强省的“主阵地”；营造一流环境，以人人有责、个个负责的担当努力打造“四最”营商环境，强化工业强省的“软支撑”。要在狠抓项目中扩大总量、再上新水平。牢固树立“项目为王”的理念，建立考核体系，引入一批大项目、好项目，重点做好“推陈出新”、“新中求进”和“无中生有”三篇文章，加快新旧动能转换，推动项目建设提速、提质、提效。要在苦练内功中强化支撑、激发新活力。做到在政策创新上要有新招数，在金融扶持上要有新作为，在要素集成上要有新成效，不断激发全省工业迎难而上、砥砺奋进的动力和活力。

全省工业强省推进大会一结束，8 月 29 日，易炼红就来到抚州市崇仁县，进车间、看生产、问经营，详细了解企业当前面临的困难和问题，察看降成本优环境工作成效。“第一，你们坚定下一步发展的信念；第二，加快建设你们的新项目，加快进度。”在江西变电设备、荣仁电力器材、明正变电设备等企业，易炼红勉励企业坚定决心信念，用足用好降成本优环境政策，分享政策红利：“你们不是一个企业在战斗，你们有党委政府跟你们一起，你们当下要做的就是把自己的事情办好，怎么把自己的核心竞争力增强，把自己的核心技术真正做到最进步,然后把规模做上去。”“我们这个时代是一个转型发展、创新发展的时代,为我们企业家施展才华，实现抱负，提供了广阔的舞台和最佳的时机，中国的企业要有企业家精神，企业家精神的核心，就是创新，敢于创新！”

9月3日，易炼红深入鄱阳湖湖区调研。他说，要坚持绿色理念，标本兼治抓整治，从“产业生态化”上下功夫，大力推进资源节约型、环境友好型和智慧化、绿色化、服务化的“两型三化”园区提标提档行动，打造升级版的产业园。

9月6日，易炼红来到上饶市调研。来到华为云计算中心，易炼红详细了解数字经济发展情况，要求将人才链、创新链、产业链和资金链融合一体，推进全产业链数字经济发展。来到汉腾汽车和腾勒动力公司，易炼红进车间、看生产，希望企业加大技术、工艺、产品和管理等方面创新力度，持续增强核心竞争力。在晶科能源，得知公司成立了业界最大的研发中心，易炼红表示，这是企业立于不败之地的根本，希望企业坚持创新，做大规模，提升产品市场占有率。要全力以赴跑出高质量、跨越式发展“加速度”，牢固树立“项目为王”理念，强化创新、调优结构、提高品质，促进“两光一车”、大数据、大健康等新兴产业加快“倍增”,构建多点支撑的产业格局。要一马当先下活开放合作“先手棋”，充分发挥区位和交通优势，以优化环境为抓手、加快形成有利于开放发展的体制机制，以平台建设为抓手、进一步夯实开放合作的载体支撑，以招商引资为抓手、吸引更多优质企业落户。

9月7日，易炼红到鹰潭市调研。在江铜集团贵溪冶炼厂，详细了解企业发展历程和生产经营等情况，对企业对标国际一流、建设智慧工厂、狠抓节能降耗等做法表示肯定。他希望企业创新体制机制,延伸产业链条,发展产业集群,推进精深加工，力争再造一个“江铜”。随后，易炼红考察了鹰潭移动物联网产业园、泰尔物联网研究中心，听取智联小镇规划建设情况介绍，他要求坚持智慧、融合和绿色的定位，加速培育壮大物联网产业。座谈时，他强调，鹰潭市要在智慧新城建设上再加速，强化核心技术支撑，打造完整物联网产业体系，推进智慧便民，争取早日列入国家新型智慧城市试点。要在产业转型升级上再发力，加快铜产业智能化改造升级，打造富有道文化特色的历史文化传承创新区，着力发展新制造经济，培育壮大新服务经济，提升农业现代化水平，持续优化产业结构。要在推进改革开放上再深化，纵深推进“放管服”改革，深化国资国企改革，推动全方位、宽领域开放，以改革开放的新成效推动各项事业的新发展。

9 月 8 日，易炼红在宜春市调研。他强调要在特色产业集群建设上实现新突破，着力在延链、补链、壮链上下功夫，推进集群式项目满园扩园行动和“两型三化”园区管理提标提档行动，解决好产业“碎片化”问题，大力发展现代服务业和现代农业，打造千亿元级产业集群和百亿元企业集团。要求宜春市要在城乡融合发展上实现新突破，进一步做强中心城区，做到功能完备、品质一流、宜居宜业、精致精美，放宽眼界，支持丰樟高等地对接融入大南昌都市圈，对标先进，坚定不移推进县域经济发展迈上新台阶，加快推动乡村振兴，让农业强起来、农村美起来、农民富起来。

9 月 11 日，在千年“瓷都”景德镇，易炼红考察了陶瓷智造工坊和国瓷馆等，要求景德镇坚定不移推进陶瓷产业转型升级，强化创新，做大规模，提升质量效益，再展千年“瓷都”陶瓷产业雄风。在考察昌飞公司吕蒙总装园、景德镇航空小镇时，易炼红详细了解有关工作进展情况，希望采取更加有力措施，引进新的项目，完善全产业链条，提升档次和规模，推动航空等新兴产业发展。

9 月 30 日，在吉安市，易炼红先后考察了立讯射频科技、木林森光电等企业，进车间、看生产、问创新，鼓励企业不断增强研发能力，努力掌握核心技术，围绕主业集聚原材料、零配件等生产企业，加快形成产业集群，以高品质产品积极拓展市场，提升产业竞争力。他要求吉安市深入实施创新驱动发展战略，强化企业技术创新主体地位，全力创造一流营商环境，进一步做强电子信息首位产业，做优做强先进制造、绿色食品、新型材料和生物医药大健康等四大主导产业，奋力打造产业集群，实现产业强。

……

2018 年 10 月 23 日，在江西省十三届人大二次会议上，易炼红当选为江西省省长。

83 天里，易炼红已经到过 11 个设区市和 30 多个县。此时，他一改为政不在多言的习惯，发表了 12 分钟的履职演讲，回应在江西这片红色土地上，如何接好政府的“接力棒”，答好发展的“卷”。易炼红的工作目标是使江西高质量跨越式发展的火炬燃烧得更加耀眼，使红土圣地的崛起之路更加坚实、更加宽广、更加精彩。

易炼红 12 分钟的发言饱含对于推动江西高质量、跨越式发展的谋划和期待，他 @ 江西老表：

坚持向改革开放要动力，紧紧盯住制约发展的“结”、群众闹心的“难”，推动一批重大改革事项取得突破性进展；进一步打开开放的“门”，走好兴赣的“路”。

坚持向创新创业要活力，紧紧扭住创新这个“牛鼻子”，加快形成更多战略势差；全面打造政策最优、成本最低、服务最好、办事最快的“四最”营商环境。

坚持向特色优势要竞争力，紧紧抓住绿色生态这个江西的最大财富、最大优势、最大品牌，持之以恒推进国家生态文明试验区建设，将绿水青山演绎成“金山银山”。

易炼红深情地说：“我深知，这一张张选票的背后，是各位代表对我的信任和支持，是全省 4600 万人民群众对我的期待和重托。在这庄严的时刻，我想起景德镇浮梁古县衙里的一副对联：‘为政不在多言，须息息从省身克己而出；当官务持大体，思事事为民生国计所关。’我一定始终视国事如家事、以民心为本心，深深扎根赣鄱大地，竭诚服务全省人民，认真干好每一天，踏实做好每件事，决不辜负红土圣地，决不辜负老区人民。”

在江西这片 16.69 万平方公里的土地上，每一处都留下了革命先辈的光辉足迹，每一地都浸染着无数烈士的英雄鲜血……在我来江西工作的 83 天里，在我已经到过的 11 个设区市和 30 多个县（市、区），都能听到荡气回肠的革命故事，都能感受这一个个故事就是一座座不朽的丰碑，令人无比震撼、无比景仰、无比感恩。能够在这片红土圣地上工作，能够为老区人民谋利造福，这是我一生的荣幸和无上的荣光。我一定不忘初心、牢记使命，坚定不移沿着习近平总书记指引的方向，在以刘奇同志为班长的省委坚强领导下，大力弘扬跨越时空的井冈山精神和苏区精神，用担当诠释初心，以实干践行使命，与全省干部群众一道拼搏奋斗，共绘新时代江西物华天宝、人杰地灵的新画卷。

……

易炼红说：以宽广的视野把握大势，以前瞻的思维谋篇布局，以务实的举措履职尽责，不断培育和创造江西高质量、跨越式发展的新特色新优势新成果。始终秉持“功成不必在我、建功必须有我”的理念，别无他求，唯有干事，以“朝受命、夕饮冰”的事业心，以“昼无为、夜难寐”的责任感，竭尽所能干好自己这一任、跑好自己这一棒。牢牢把握江西面临的主要矛盾，扭住第一要务，突出问题导向，以改革开放为强大动力，努力推动江西发展“提速超车”“换道超车”，一步一个脚印把富裕美丽幸福现代化江西的美好蓝图变成实景图。

我一定牢记宗旨、一心为民。自觉贯彻以人民为中心的发展思想，坚持把增进民生福祉作为一切工作的出发点和落脚点，不断增强公共服务的供给功能和质量，努力在幼有所育、学有所教、劳有所得、病有所医、老有所养、住有所居、弱有所扶、困有所帮上持续取得新进展，让全省人民有越来越多的获得感、越来越大的幸福感、越来越强的安全感。始终牢记习近平总书记“小康路上一个都不能少”的殷殷嘱托，咬定目标，精准施策，统筹推进，如期高质量打赢脱贫攻坚战，确保老区人民共享全面建成小康社会成果。坚定践行党的群众路线，尊重群众、相信群众、依靠群众，经常深入基层、深入一线，用脚步丈量民情，用真心倾听民意，同全省人民想在一起、干在一起，凝聚起创造新时代美好生活的磅礴力量。

我一定恪守法治、依法行政。始终坚持尊法、学法、守法、用法，严格依照法定权限和程序履行职责，把依法行政贯穿一切工作的各方面和全过程，提高运用法治思维和法治方式解决问题的能力和水平。不断增强用权必受监督的意识，充分尊重和支持省人大及其常委会依法行使职权，自觉接受法律监督和工作监督，自觉接受政协民主监督、社会公众监督和新闻舆论监督。全面履行主体责任，坚定贯彻民主集中制原则，始终维护省委领导，切实增进班子团结，大力推进忠诚型、创新型、担当型、服务型、过硬型政府建设，不断提升全省政府系统干部的理解力、执行力和创造力，努力打造人民更加满意的政府。

最后，易炼红引用了爱尔兰剧作家、诺贝尔文学奖获得者萧伯纳的名言表达他的誓言："人生不是一支短暂的蜡烛，而是一支由我们暂时拿着的火炬，我们一定要把它燃烧得十分光明耀眼，然后交给下一代。"易炼红表示：今天，接过历史的“接力棒”，走进时代的“大考场”，唯有绝无二心、感恩奋进，方能不负重托。

这是誓言，更是更高的标准和更闪亮的行动。

通过走访，一幅改革开放 40 年江西的发展图景跃然眼前。

通过走访，一幅改革发展的路线图更加清晰。

易炼红深刻体味到：发展不足仍然是江西的主要矛盾，欠发达仍然是江西的基本省情，相对落后仍然是江西的现实基础。江西相对落后的主要差距在工业，要想实现跨越式发展，潜力和根本出路也在工业，最紧迫的就是要加快推进新型工业化，提升工业经济发展水平，实现工业强省。要牢固树立和切实贯彻五大发展理念，坚定不移推进新型工业化，千方百计促进全省工业发展向质量效益型转变，走出一条具有江西特色的工业强省之路。刘奇书记曾强调，要在扩大有效投资上发力，抓好重大项目，拓宽投资渠道，优化投资布局，进一步做大工业经济总量。要在调整优化结构上发力，壮大战略性新兴产业，改造提升传统优势产业，推进"两化"融合发展，进一步提高工业发展效益。要在培育企业主体上发力，壮大龙头骨干企业，加快中小型企业发展，加快推进"大众创业，万众创新"，进一步增强企业竞争力。要在强化创新驱动上发力，提升企业自主创新能力，加快推进科技成果产业化，抓好企业制度和管理创新，进一步推进工业内生发展。要在完善园区平台上发力，提升公共设施功能，完善产业集聚配套，深化体制机制改革，进一步提升产业集聚度。要通过工业总量的扩大、结构的优化、质量的提升，为江西经济社会发展提供更加强劲有力的支撑。

2018 年，江西省工信厅加快互联网与制造业深度融合，促进动能接续转换，推动产业优化升级，着力重塑江西制造辉煌。1—11 月，江西工业经济运行总体平稳，稳中提质，规模以上工业增加值同比增长 8.8%，高出全国平均水平 2.6 个百分点，位列全国第 7 位、中部第 2 位；1—10 月，规模以上工业实现主营业务收入、利润总额分别增长 12.5%、21.1%，分别较上年全年提高 1.4 个、3.1 个百分点，高出全国平均水平 3.2 个、7.5 个百分点；1—11 月，战略性新兴产业增加值同比增长 11.5%，占规模以上工业比重 16.9%，同比提高 1.8 个百分点；高新技术产业增长 11.9%，占规模以上工业比重 33.4%，同比提高 2.2 个百分点。

按照江西省委、省政府提出的工业高质量发展三大工程、六大路径和五大行动，推进制造强省建设。培育认定稀土功能材料、有机硅、LED 和虚拟现实 4 个省级制造业创新中心，申报稀土功能材料建成国家级制造业创新中心；推进智能制造工程，制定并发布电子、汽车、冶金、有色等12个行业智能化改造技术路线图，九江巨石等4家企业入围工信部2018年智能制造标准化与新模式应用拟立项项目名单，汉腾汽车等3家企业入选部智能制造试点示范，晶科能源等2家企业入选工信部人工智能与实体经济深度融合创新项目。

江西省已培育40个省级智能制造试点示范项目，培育认定省级绿色园区6个、绿色工厂36个，全面推动物联网、大数据、人工智能等新一代信息技术与实体经济、社会治理、民生服务等经济社会全领域深度融合，加快建设物联江西。江西实施工业互联网“1+30+N”行动，30家重点企业开展试点示范；实施“万企上云”，培育首批6家云平台服务商，培训企业2000多家。

此外，江西省分行业编制了产业链图、技术路线图、应用领域图和区域分布图，推进产业倍增发展。例如，在航空产业方面，全国首个省局共建民航适航审定中心等重大平台落户江西；“江西快线”获得135部载客类经营许可和运行许可，奠定了“一小时飞行圈”基础；C919飞机成功转场试飞瑶湖机场，瑶湖机场正式成为大飞机核心试飞基地，江西正式形成集研发、设计、制造、试飞、适航取证于一体的民机产业体系。在中医药产业方面，中国（南昌）中医药科创城建设实现一年定框架，搭建了公共研发中心、院士工作站等一批国家级高水平公共服务平台；江中集团与华润成功重组，青峰药业成功获批国家技术中心。在电子信息产业方面，编制《京九（江西）电子信息产业带发展规划》，着力打造京九（江西）五千亿元级产业集群，南昌、吉安可望分别过千亿元。光伏、锂电、新能源汽车产业均实现两位数增长。截至2018年年底，江西已有11个产业规模过千亿元。

2018年12月27日，江西省委召开十四届七次全体（扩大）会议，对外宣布江西将实施“2+6+N”产业跨越式发展五年行动计划，着力打造有色、电子信息2个万亿元级产业，装备、石化、建材、纺织、食品、汽车6个五千亿元级产业，航空、中医药、移动物联网、LED 等若干个千亿元级产业。江西要求国家级开发区每年至少引进一个投资超 50 亿元、省级开发区每年至少引进一个投资超 20 亿元的产业项目。

同时，江西提出坚持高端化路线，积极创建制造业高质量发展国家级示范区。深入实施工业企业技改三年行动计划和战略性新兴产业倍增计划，2019 年全年技改投资增长 30%、“三新”经济增加值增长 30% 以上；突出智能化方向，推进人工智能、大数据等现代信息技术和制造业深度融合，支持企业核心业务和重点设备上云，力争全年新增云上企业 2000 家。

5G 技术引领深刻变革，5G 时代孕育无限希望。对于江西这样的欠发达省份而言，5G 是换道超车、换车超车的重大机遇。2019 年 2 月 11 日是春节长假后上班的首日，省委书记刘奇在南昌专题调研该省 5G 试点应用情况。他提出，要让 5G 成为传统产业转型升级的“点金之手”，新经济新动能的“奋飞之翼”，推动新旧动能加快转换，为江西高质量跨越式发展提供强大的支撑引领。

当天上午，刘奇登上华为公司 5G 展示车，详细了解华为 5G 技术研发、应用情况，实地体验了 5G 技术支撑下的汽车无人驾驶操控，听取了基于“大带宽、低时延、广链接”5G 技术特点及华为公司在 VR 产业、移动物联、智慧城市等领域与江西开展合作情况介绍。

刘奇希望华为利用自身技术优势，抓住江西 VR 产业发展、“03 专项”试点示范等重大机遇，不断加大在赣发展力度，实现互利共赢。江西将致力于打造“四最”营商环境，向包括华为在内的 5G 技术企业提供高效优质的服务。

在南昌 VR 产业基地展示厅，刘奇观看了中兴、电信、移动、联通等通信运营企业 5G 基础设施建设、应用及下一步工作展示，现场观摩了智慧旅游、VR 远程教育、环境治理监控、智慧电厂、无人机安防等 5G 技术应用。

“一张白纸好画图，也要慎画图。”刘奇强调，全省各地各部门要以历史的视野与担当，牢牢抓住窗口期，利用好风口期，把5G作为重大基础设施全力推进，像抢高速公路、高铁一样抢5G建设。也要加强统筹规划，汇集资源、集中要素，在基站布点、数据对接、试点应用等方面统一标准、加强兼容。力戒各自为政，形成新的“信息孤岛”；要突出重点，加强5G技术对VR产业、物联产业等江西优质产业的支撑力度，以技术变革推动产业变革，打造“物联江西、智创未来”品牌，形成江西5G发展特色；要聚力民生，加强5G技术在环保、城市管理、社会治安、民生保障等领域的试点应用，不断提升社会治理水平，增强人民群众的获得感、幸福感、安全感。

5G牵动了新旧动能转换的筋。2019年5月15日，在世界电信和信息社会日前夕，省长易炼红在南昌市专题调研5G应用和产业发展情况。他强调，要紧跟新一轮科技革命和产业变革的时代潮流，立足江西的产业基础和优势，抢抓5G重大机遇，聚焦5G融合应用，催生新产业、新业态、新动能，重点培育发展5G智能终端产业，推动经济变道超车、换车超车，加快实现新旧动能转换。加快5G试点示范建设，做到提前规划、提前布局、提前推进，抢占5G发展制高点。要发挥5G应用示范引领效应，以市场、政策和优质高效的发展环境，引进、培育和发展壮大相关产业，尤其要培育发展5G智能终端产业，扩大5G终端应用领域，形成较为完整的智能终端产业链，助力江西高质量跨越式发展。

新产业、新业态蓬勃发展，2019年，江西省规模以上工业增加值不仅跑出了9.3%的高增速，新动能喷薄发力，高新技术产业、战略性新兴产业、装备制造业增加值分别增长13.0%、12.6%和14.8%，同比加快1.9个、1.6个和6.8个百分点。

高新技术产业、战略性新兴产业、装备制造业增加值分别占规模以上工业的35.4%、21.4%和26.2%，同比提高2.3个、4.6个和0.9个百分点。工业新产品较快增长，新能源汽车产量增长37.7%，光缆产量增长17.0%。绿色新能源利用增加，风力发电量增长 9.0%，垃圾焚烧发电量增长 10.5%。

新产业成长壮大的同时，新业态蓬勃发展。2019 年第一季度，限额以上单位通过公共网络实现的零售额增长 35.4%，高出社会消费品零售总额 24.3 个百分点，同比加快 6.9 个百分点。1—2 月，互联网和相关服务业、商务服务业、软件和信息技术服务业、专业技术服务业营业收入分别增长 26.8%、21.7%、17.2% 和 16.3%。

但是，尽管江西省产业结构持续优化，但主要依靠传统产业拉动的局面没有根本转变，新旧动能转换接续仍需进一步提升。有色、钢铁、建材、石化等基础原材料产业占工业总量超过 40%，航空、智能制造、新能源汽车、电子信息、生物医药等战略性新兴产业总体规模较小、占全省工业比重只有 20%，动能转换接续、产业转型升级压力依然较大，动能转化，高质量发展这个难题，江西还要攻。

江西省 GDP 从 1949 年的 9.09 亿元增加到 2018 年的 2.2 万亿元、森林覆盖率达到63.1%、贫困人口减至2018年年底的50.9万人……70年来，江西经济实力、人民生活、城乡环境实现历史性跨越。

江西人历来敢于打第一枪，敢于放飞梦想。很多年前，新中国第一架自制飞机从江西起飞；如今，C919 大飞机正在江西开展常态化试飞。近些年，江西集中力量做优做强做大航空、电子信息、装备制造、中医药、新能源、新材料等优势产业，着力改造提升传统产业，推动经济持续健康发展。党的十八大以来，江西省 GDP 年均增速 9.2%，高新技术产业、战略性新兴产业增加值占规模以上工业比重已经分别达到 35.6%、21.5%。

走进新时代，江西迈入高质量发展的通道。

在 2019 年 8 月 19 日的国务院新闻办公室新闻发布会上，江西省委书记刘奇表示："江西航空产业有基础、有条件，我们把航空产业作为主导产业大力发展，取得积极成效。"江西省航空产业近年连续以 20% 左右的增长速度在发展，2019 年产值预计可以达到千亿元。"可以说，江西逐步步入了高质量跨越式发展的轨道，呈现出量质双升的良好态势。"

省长易炼红说："面对新一轮科技革命和产业变革的重大机遇，江西人敢于创新创业创造的基因又被激活了。"

回想 7 月 6 日，在以"预见独角兽，科创新崛起"为主题的首届滕王阁创投峰会上，省长易炼红一篇热血演讲，金句频出：

"江西人历来敢于打第一枪，敢于放飞梦想。"

"江西人的血液里流淌着敢为人先、奋勇争先的基因。"

"这个时候请各位大咖来，既是请大家搭乘这辆快车，也是请大家助力这辆快车，推动江西高质量跨越式发展。"

"这里有适宜的土壤、有灿烂的阳光、有滋润的雨露，一定会催生大量的新产业、新企业，培育出一批独角兽企业。"

"江西是红土圣地，中国革命从这里起航，从胜利走向胜利。"

"今日之江西，因为多方面优势的升级和叠加，正在日益成为创投主体成就大业的理想之地。"

我们且看一下易炼红省长的发言：

当今世界，新一轮科技革命和产业变革加速演进，新技术、新产业、新业态、新模式层出不穷，更大范围、更宽领域、更高能级的"摩尔定律"正在显现。推动科技创新，加快成果转化，越来越离不开资本要素的支撑。同时，科技创新项目和企业，由于其强大的财富创造力，也已经成为资本竞相追逐的"香饽饽"。

今日之江西，因为多方面优势的升级和叠加，正在日益成为创投主体成就大业的理想之地。

江西具有旺盛的创新创造基因。

江西是中国革命的摇篮、人民军队的摇篮、人民共和国的摇篮和中国工人运动的策源地。江西人历来敢于打第一枪，敢于放飞梦想。历史上，赣商曾经称雄中华工商界数百年。迄今为止，广大赣商仍奋战在全国乃至全球各地，书写着新的辉煌。江西人的血液里流淌着敢为人先、奋勇争先的基因。各位创投大咖来到这里和创新创造、敢为人先的精神结合之后，一定会碰撞出更多的火花，一定会点石成金、创造奇迹。

江西是一块创新创造的沃土。

江西的区位优势日益凸显，是全国唯一一个同时毗邻长三角、珠三角、闽东南三角的省份，共建“一带一路”、长江经济带发展等国家战略在这里交汇叠加，粤港澳大湾区建设、长三角一体化发展、京津冀协同发展等国家战略向这里交相辐射。江西不仅区位优势在凸显，而且发展活力在迸发。近年来，江西的主要经济指标增幅稳居全国“第一方阵”，2018 年 GDP 增长 8.7%，全国排名第四，2019 年第一季度经济增长 8.6%，全国排名第三。江西拥有国家级高新区 9 个，数量居中部第 2 位、全国第 5 位。江西坚持以创新驱动引领转型升级，大力实施“2+6+N”产业高质量跨越式发展行动计划，聚焦于战略性新兴产业，即使是传统产业，也在进行改造升级。在这个过程中，江西致力于借助新一轮科技革命和产业变革，借助互联网、大数据、云计算、物联网、人工智能实现变道超车。这个时候请各位大咖来，既是请大家搭乘这辆快车，也是请大家助力这辆快车，推动江西高质量跨越式发展。

江西正在释放创新创造的红利。

近年来，我们以“五型”政府建设为抓手，积极打造政策最优、成本最低、服务最好、办事最快的“四最”营商环境，以此来吸引人才、吸引资源、吸引项目，让所有的创新创业者在江西能够爽心地发展、顺利地发展，收获相应的回报。以习近平同志为核心的党中央对革命老区格外厚爱，推出了一系列支持性政策，释放了巨大的政策红利。江西省也出台了降成本优环境152条、支持民营经济健康发展30条等一系列支持创新创业的政策措施，全力推进“放管服”改革。可以毫不夸张地说，江西的“放管服”改革取得了实实在在的成效，而且一些做法在全国有影响。比如，我们在全国率先推行延时错时预约服务，打造365天“不打烊”的政务服务。比如，我们的“赣服通”实现了“手机一开，说办就办”，很多高频服务事项通过“赣服通”可以掌上办理、移动办理。当然，我们离“四最”营商环境建设要求还有一定的差距，但是我们在坚定不移地朝着这个方向努力迈进，实现“四最”营商环境目标指日可待。我相信大家来江西投资创业，一定会感受到这里的环境在不断趋优，政策红利在不断释放。所以说，到江西投资创业，可谓天时地利人和。这里有适宜的土壤，有灿烂的阳光，有滋润的雨露，一定会催生大量的新产业、新企业，培育出一批独角兽企业。

激情，是江西努力发展的动力。

第四节　营商环境方法论

易炼红对招商引资极为重视，项目招商经验很丰富，在招商引资方面颇有心得。就在易炼红赴任江西省代省长之前，网络上就有网友总结了易炼红在担任岳阳市委书记、长沙市委书记和沈阳市委书记的“招商引资11条”，这个“11条”并未得到易炼红官方的认可，但笔者认为，这11条措施，非常具有学习和借鉴价值。下面我把它们详细罗列出来。

第一，招商引资，项目建设是“着力点”！

要紧紧围绕主导产业开展招商引资，进一步完善产业配套、拉长产业链条、构筑产业集群。要立足自身实际，注重发挥比较优势，树立鲜明产业形象，努力走出特色发展之路。要坚持统筹兼顾，坚持一手抓新引进项目、一手抓已有项目的改建扩建和转型升级。要集中力量破解“卡脖子”问题，推动项目建设全面提速提质提效。要提高门槛、把好关口，坚决避免引进落后产能。招商引资，项目建设是“着力点”；实现奋力赶超，项目建设是“突破口”；助推再展雄风，项目建设是“主引擎”，进而更加增强抓好项目建设的思想自觉，变“要我抓”为“我要抓”，以更加积极的姿态、更加主动的作为扛好肩上责任，鼓足干劲，乘势而上，推动项目建设高质量、大规模发展。抓好项目建设，必须把功夫用到点子上，切实做到有章有法、精明精准、善作善成。要科学谋划项目，坚持标准要高、包装要精、布局要优，不断增强项目建设的实效性。要注重用好用活国家各项政策措施，紧盯实力雄厚、成长性好的龙头企业，瞄准战略性新兴产业，坚持有的放矢、精准施策。要把开发区（园区）作为主阵地、主战场、主力军，进一步理顺体制机制，全方位激发内在活力。要不断提高办事效率，全力以赴提供要素保障，以动真碰硬、锲而不舍的精神全力破解“瓶颈”制约。要压实工作责任，层层传导压力，强化包保服务。要把督察考核工作贯穿项目建设全过程，坚持以项目建设论英雄、排座位、定奖惩。

第二，招商才能兴市，引资才能建市！

城市发展靠项目支撑，招商才能兴市，引资才能建市，上项目才能强市，不招商等于不作为，不引资等于不建设，无项目等于无发展。

项目建设是振兴发展的“生命线”，必须时刻抓紧抓牢。要按照高质量发展的要求，紧盯那些科技含量高、市场前景好、带动能力强的产业项目加强招商引资，着力在建设更多大项目好项目上取得新突破。要立足实际，坚持一手抓传统产业改造升级，一手抓战略性新兴产业培育引进，助推加快转型创新发展。要千方百计推动项目落地落实，打通项目建设“快速路”，全力以赴推动在谈项目加快落地、落地项目加快建设、在建项目加快投产。要加强项目调度，进一步激发各个方面的积极性、主动性和创造性，上下营造“比学赶超”的浓厚氛围。

第三，招商引资，牢固树立“项目为王”意识！

招商引资质量要再提高。要充分依托区位优势，选准主攻方向，进一步做强主导产业，最大限度把自身的优势和潜能发挥出来；强力推进项目建设，牢固树立“项目为王”意识，在招商引资上下苦功夫、花大气力，全力推动项目落地落实；充分激发园区活力，进一步捋顺关系、优化机制，真正让园区成为转型创新发展的主阵地、主战场、主力军。

招商引资发展环境要再提档。要优化营商环境，以直面短板的勇气认真查找、及时解决存在的突出问题，全力为企业和群众提供优质服务；优化城乡环境，切实加强基础设施建设，全面抓好环境治理，让城乡品质不断升级；优化民生环境，进一步提高公共服务的质量和水平，给广大群众带来更多的获得感。

第四，招商引资，要以项目论英雄！

项目建设是稳定经济增长的“生命线”、转型创新发展的“助推器”、树立形象的“投影仪”、考察识别干部的“试金石”，错过一个大项目，就可能丧失一个机遇，就可能影响一个时期，就可能耽误一个地方。切实抓好项目建设，笔者有四点具体要求。一是质量要“高”。坚持瞄准高端、突出特色、提升品质抓项目，不断扩大有效投资，切实在建设更多大项目、好项目上取得实质进展。二是方式要“活”。坚持创新方法、讲究策略，注重打好龙头企业、亲情人脉、科技资源这三张牌，进一步提高招商引资的精准性和实效性。三是速度要“快”。

坚持快节奏，形成加速度，着力解决好项目建设中遇到的突出问题，确保项目快速落地、快速建设、快速达产。四是服务要“优”。坚持多设路标、不设路障，着力在简化审批流程、提高办事效率、加强全程跟踪上下功夫，让我们这里成为创新创业者向往的热土。

招商引资，要年年上大项目，月月有新项目，天天抓存量项目，时时谋增量项目。要将责任压实到位，坚持“一把手”亲自研究部署、调度推动，加强全程督察考核，确保各项工作抓实落地。要健全机制到位，进一步完善定期调度、科学考评、容错纠错等工作机制，真正让广大干部聚精会神、心无旁骛投身项目建设。要形成合力到位，各个方面分工合作、通力协作，进一步形成同频共振、齐心协力抓项目的浓厚氛围。

第五，招商引资过程中必须把住项目门槛，提高投资强度！

在招商引资过程中必须把住项目门槛，提高投资强度。要坚定不移地走高质量发展之路，我们的任何一块土地都不能用来承接落后产能。

项目建设要“两条腿”走路，既要大力引进新项目，也要做好已有项目的改建扩建和转型升级。项目签约只是第一步，如果盯得不够紧、抓得不够实，就有可能前功尽弃，再好的愿景也是“竹篮打水一场空”，想要真正为城市发展留住项目、留住人心，靠的是人无我有、人有我优的政策和宜居宜业宜游的环境。我们的干部有敢于担当的勇气、善作善成的能力和求真务实的作风，相信只要大家始终怀有为家乡父老谋福祉的情怀，对城市发展高度负责的精神，坚持不懈、奋力拼搏，真正做到想为、敢为、勤为、善为，就一定能将项目建设不断推向更高质量、更大规模，为新一轮振兴发展注入强大动能。

第六，招商引资，必须按下项目建设的“快进键”。

抓发展说到底是抓项目，不抓项目建设，城市发展不了，转型实现不了，环境美化不了，民生改善不了。坚持以项目建设论英雄、排座位、定奖惩。要不负春光抓项目，以奋斗者的姿态，奋进者的勇气，在新时代振兴发展的广阔舞台上大展作为、大显身手。大干实干最终是口号还是行动，归根到底要靠项目来衡量、来评判、来检验。坚持大干实干，项目建设是“着力点”；实现奋力赶超，项目建设是“突破口”；助推再展雄风，项目建设是“主引擎”。项目建设不能看展板效果，而要看落地效果。一定要将“卡脖子”的问题一一解决，确保项目建设提速。逆水行舟不进则退、慢进也是退的竞争态势，我们决不能“冷水泡茶慢慢来”，必须按下项目建设的“快进键”，拧紧发条，开足马力，推动新建项目早日开工、续建项目加快进度、竣工项目尽快达产，确保项目建设抓一个成一个，真正展现非常之为、非常之功、非常之举。今天的项目就是明天的产业。引进项目，我们要始终站在布局产业的高度来审视和推进，决不搞“剜到筐里都是菜”。

第七，搞好“三引三回”：引老乡回家乡、引校友回城市、引战友回驻地！

开展“三引三回”活动，是我们招商引资、招才引智的创新举措，目的是进一步展示城市的人文情怀、开放姿态、厚重底气和坚定决心，进一步凝聚助推新一轮振兴发展的强大力量。“三引三回”活动得到了各个方面的广泛关注和积极响应，取得了初步成效。老乡、校友、战友身上表现出的赤子之情和城市情结令人感动、令人珍视，更加坚定了我们不断把“三引三回”引向深入的信心决心。

要坚持长期化、常态化、品牌化推进“三引三回”活动，集聚更多的人才、资金、项目助推经济转型创新发展。要搭建工作平台，建立完善数据库，推动对外招商平台、人才资源平台、项目建设平台有效对接。要健全工作机制，切实构建整体推进、协调联动、密切配合的工作格局。要做好全程服务，确保项目和人才引得来、留得住、发展好。要加强舆论宣传，不断扩大“三引三回”活动的对外影响。

第八，招商引资，要加快推进产业高端化、高新化，做大做强区域经济。

推进产业高端化、高新化，首先要突出产业升级。我们都谈到一业独大、一企独大的问题。过于依赖一业、一企，恐怕要迅速通过产业结构调整、产业结构升级逐步解决这个问题，大力培育新兴产业，要实实在在地调整产业结构。

我们推进产业的高端化、高新化需要我们坚持以创新驱动为主，走内生型发展的路子，由此，我们需要加快科技创新，构建以企业为主体、市场为导向、产学研相结合的创新体系。要加快海内外高端人才的引进和聚集，人才决定一切，人才决定产业发展的高度，决定未来的发展状态。拓展企业投融资平台，打造区域科技金融的服务中心。推动产业的转型升级，关键是抓好项目建设，树立一个以项目来论英雄，以项目来排座位的发展导向，没有项目一切都是空谈。项目的引进和建设上应该立足于更高的起点、更高的标准，要瞄准世界500强、国内100强，确保引进项目的品质、规模、质量和效益。

第九，招商引资，要进一步优化园区发展环境。

高新区的发展，环境问题是至关重要的一个问题，在某种意义上是高新区发展的生命线。如果说你环境不好，恐怕要吸纳资源、吸引项目、吸引人才都会是一句空话。所以我们要进一步地优化我们的政务环境、投资环境、法治环境、社会环境乃至人文环境，当前特别是要进一步优化审批程序，提高办事效率。企业总体上对你们的评价是肯定的，当然你们发展到今天，肯定环境方面不断地在抓、在整治，那么我们需要回头望一望，我们在发展环境方面还有没有投资商、客商、人民群众不满意的地方？还有没有影响我们发展、影响我们效率的地方？有没有不作为、乱作为的情况？有没有索拿卡要的情况？有没有不给好处不办事、给了好处乱办事的情况？这些都需要我们回头好好地去审视、去排查，所以要进一步优化发展环境。

第十，招商引资要全盘推进，形成招商合力！

为充分深化“世界500强企业”与我们深度合作，我们积极开展“走进500强企业”活动，大力开展招商引资。一是重视高端资源整合。省部领导大力支持，工信部领导亲自过问工作，推动高峰论坛各项工作落到实处。整个过程中，坚持上下联动、内外协调、紧密衔接，建立工信部、中国企联，省委、省政府和市委、市政府之间上下联动、有效沟通的交流渠道，保持信息互通、及时沟通。二是动员全员参与。市委市政府成立了市直70个部门单位组成的组委会专门开展“走进500强”活动。同时建立了定期调度机制，扎实推进走进500强企业的各项工作。三是组建专业招商小分队。抽调精兵强将，组建由市相关领导、市直机关班子成员、班子成员和招商专干组成的招商小分队16支，专门负责与500强企业的对接联系和上门拜访工作。四是摸清家底做足准备。由市直部门牵头，组织各园区在现有重点项目的基础上进行整理完善，并针对500强企业包装167个工业项目。

第十一，国家级园区每年必须有一个投资过50亿元的项目！

园区转型创新发展，等不得、慢不得，更耽误不得，必须树立只争朝夕的紧迫感，大干三年，自觉成为全面开放、改革创新的先行区，就业增加、财税增收的主力区，招商引资、招才引智的承载区。园区发展要实现大跨越，必须牵紧项目建设的“牛鼻子”、展示品质倍升的新风貌、激发班子队伍的创造力。要用项目建设提速提效来展示“招商速度”、“招商效率”和“招商形象”，哪里“肠梗阻”“堵了车”“卡了壳”，要第一时间发现、第一时间问责，国家级园区每年必须有一个投资过50亿元的项目，省级园区必须有一个投资过10亿元的项目，说到做到，兑现奖惩；要大力优化园区规划和城市设计，按照高端产业新城来规划设计国家级园区，把“五无五净”“门前三包”等管理标准和管理机制落实到园区；园区不养闲人，要把最优秀的人才放到一线打拼，在园区广阔的舞台上展示真本领；各级各部门下放到园区的权力，必须真放、实放，决不能搞截留、搞变通，切实把权力转化为活力、动力和实力。

2018年8月25日，上任江西省代省长不到一个月的易炼红在出席亚布力论坛2018夏季高峰会上表示，江西作为革命老区，国家针对江西制定了一系列支持推动革命老区发展的政策措施，各位企业家选择创业江西，将分享到这些含金量极高的政策措施带来的红利。

易炼红的“招商引资11条”要在江西落地见效。

易炼红称，江西2018年上半年GDP增长9.0%，增速位居全国第三位，江西现在的发展态势强劲，经济日趋活跃。江西正在持续深化改革，着力破解发展的“痛点”、难点，努力打造政策最优、成本最低、服务最好、办事最快的营商环境。

一言既出，很快，江西省委、省政府下发了《关于加强作风建设优化发展环境的意见》（以下简称《意见》），根据《意见》，江西省将以作风建设步步深入为抓手，以改善营商环境为重点，以群众满意、市场主体满意为检验标准，着力打造忠诚干净、担当实干、思路开阔、勇于创新的干部队伍，着力打造忠诚型创新型担当型服务型过硬型政府，着力打造政策最优、成本最低、服务最好、办事最快的“四最”发展环境。

针对“四最”，江西省还制定了几个硬杠杠用以衡量。

第一，企业开办时间压缩至5个工作日内。

深化“放管服”改革，进一步提高政府服务效能。《意见》提出，要加大精简下放审批事项力度，凡是没有法律法规依据、我省自行设立的审批事项一律取消，对确需保留的审批事项，大幅度减少审批前置条件，并依法依规实施。已明确取消或下放的审批事项，取消或下放审批事项单位不得以拆分、合并或重组等新的名义、条目变相审批。

《意见》提出，推行“证照分离”改革试点，扎实推进“照后减证”，削减后置审批事项，着力解决“准入不准营”问题，将企业开办时间压缩至 5 个工作日内。实行企业投资项目“多评合一”、并联审批，实现工程建设项目全流程审批时间压减一半以上。

第二，推进“减证便民”，凡能通过网络核验的证明一律取消。

深入推进审批服务便民化，加大“只进一扇门”“一次不跑”“最多跑一次”改革力度。《意见》明确提出六个“一律取消”：凡没有法律法规依据的证明一律取消；能通过个人现有证照来证明的一律取消；能采取申请人书面承诺方式解决的一律取消；能被其他材料涵盖或替代的一律取消；能通过网络核验的一律取消；开具单位无法调查核实的证明一律取消。

持续开展“减证便民”行动，全面清理烦扰企业和群众的奇葩证明、循环证明、重复证明等各类无谓证明。将不动产一般登记、抵押登记业务办理时间分别压缩至 15 个工作日、7 个工作日。

第三，降低企业成本，继续阶段性降低社会保险缴费费率。

持续深入开展降成本优环境专项行动，有效降低企业生产经营成本。《意见》提出，进一步减轻企业综合劳动力成本，继续阶段性降低企业社会保险缴费费率和住房公积金缴存比例；进一步降低企业物流成本，大力提升以多式联运为主的交通物流融合发展水平；进一步降低企业融资成本，强化“政银企”合作，推广财园信贷通、税贷通、科贷通、小微快贷等信贷产品，依法依规为企业融资提供担保服务；进一步规范涉企收费，完善涉企行政事业性收费、政府定价管理的涉企经营服务性收费目录清单和集中公示制度，坚决取缔没有法律法规依据的收费项目。

加强作风建设，整治“不作为”“乱作为”“吃拿卡要”等执法问题。

聚焦当前干部队伍中存在的“怕、慢、假、庸、散”作风突出问题，扎实开展多领域专项整治行动。大力整治政府部门滥用职权违法查封扣押冻结企业和企业家财产、拒不执行法院判决、借用企业资金、占用应当退还企业的税费和资金、拖欠企业工程款等政府侵占企业财产、侵犯企业家合法权益行为。大力整治违反法定程序、自由裁量权随意性大、不作为乱作为、滥用职权、以罚代管、吃拿卡要等执法问题。

加强日常监督检查，加大问责追责力度，对破坏发展环境的问题，既查违规违纪人员的直接责任，又查相关人员的领导责任，为优化发展环境提供强有力的纪律保障。

优化信用环境，健全诚信“红名单”失信“黑名单”制度。

《意见》提出，加快信用体系建设。要全面清理处置政务违约失信问题，加大政务违约失信行为惩戒力度，建立政务违约失信责任追究制度及责任倒查机制。

广泛应用信用记录和信用报告，建立健全信用奖惩触发反馈机制和联合奖惩机制，制定守信激励和失信惩戒措施清单及应用清单，健全诚信典型“红名单”和严重失信“黑名单”制度，充分运用“法媒银”平台，持续加大对失信企业和失信人员的惩处力度，构建“一处失信、处处受限”的失信惩戒长效机制。

2018 年 9 月 12 日下午，江西省召开全省深化“放管服”改革工作座谈会。易炼红强调，坚持以目标为引领、以效果论成败，坚持需求导向和问题导向，直面问题不回避，抓住短板求突破，以更大力度纵深推进“放管服”改革，打造最优的营商环境，最大限度地激发市场活力和社会创造力，为全省高质量、跨越式发展提供更加有力的支撑。

营商环境是一个地区综合竞争力的核心体现。近年来，江西省以加快政府职能转变、建设服务型政府为核心，以“放管服”改革、降成本优环境专项行动、重大基础设施建设为重要抓手，推动营商环境向好。

营商环境就是生产力，更是关键竞争力。

在抚州市高新区，总投资6亿元的江西铜博科技有限公司自2017年落户以来，在高新区“保姆式”跟踪服务下，从开工到投产仅用了14个月，相比企业预计时间，缩短了近一半。不仅如此，高新区还主动急企业所急，积极帮助企业降成本。

江西铜博科技有限公司总经理石晨说：“高新区主动协助我们就近解决了原材料的配套问题，为我们每年节约运输及能耗支出近500万元。”

与发达省份营商环境相比，江西省的差距更多体现在发展理念、服务意识、管理细节上。如何优化?

江西省委、省政府把“放管服”改革作为全面深化改革的“先手棋”、转变政府职能的“当头炮”——

“三单一网”在全国率先建成，省本级行政权力事项由3064项减少至1736项；

“一次不跑”改革深入推进，首批21个省直部门的173项政务服务事项实现“一次不跑”；

在10个市、县（区）和赣江新区推进了相对集中行政许可权改革试点，集中审批事项平均提速近40%；

进一步优化企业登记、印章制作、申领发票等环节的工作流程，实现企业注册开办5个工作日完成，比国家要求缩短3.5个工作日。其中，办理企业注册登记3个工作日内完成，刻制印章（含备案）1个工作日完成，申领发票1

个工作日完成。

……

具体政策的落实和操作上，更讲细节、讲实效。

在上饶经济技术开发区，“接电成本最低、时间最短、服务最佳”，被写进招商合同文本。为了充分满足企业用电需求，上饶县供电公司把供电服务中心搬到了经开区。“此前用电要跑很多部门，进客户中心报装申请，到运维部门出供电方案，到设计单位出设计方案，再到施工单位出施工方案……”上饶市德淋科技有限公司项目负责人说，“现在，只要向供电服务中心一次性提供企业公章、企业法人身份证和企业‘三证’，提出用电需求，即可回家等送电上门。”据测算，目前，园区平均接电时长缩短30个工作日、故障跳闸下降八成，企业用电成本直接下降了20%。服务的用心，带来了发展的活力。目前，该开发区企业用电量占所在地上饶县全县用电量的一半以上。

“店小二”“保姆式”服务，不仅在县市、园区成为常态，也为各级领导干部尤其是相关职能部门广泛接受。

近年来，江西省相继出台了三批共130条惠企政策，深入开展了省领导挂点联系园区、金融定向帮扶、科技精准帮扶和产业链对接帮扶活动，建立健全了常态化涉企问题解决机制。据不完全统计，两年来，江西省共为企业降低成本1600余亿元。

为进一步规范全省招商引资行为，加强政府诚信建设，江西省商务厅在全省范围内启动招商引资承诺兑现专项督察行动，督促各地依法依规兑现招商引资优惠政策，打造更开放、更公平、更透明的营商环境。

数字直观地体现了营商环境优化所带来的红利，2018年上半年，全省新登记企业8.6万户，日均（自然日）新增企业474户，同比增长19.4%；全省新登记个体工商户17.3万户，同比增长16.5%；截至6月底，全省实有企业66.8万户，同比增长 17%，个体工商户 167.2 万户，同比增长 5%。

江西省的“放管服”改革取得了可喜成效。易炼红提出，下一步要向纵深推进“放管服”改革，必须坚持眼光朝外、刀刃向内，做到民有所呼、我有所为。主动对标国际和国内一流营商环境，积极响应企业和群众需求，继续推进角色转换、职能转变、效率转化，用政府权力的“减法”、服务的“加法”、管理的“除法”，换取市场和社会活力的“乘法”。必须坚持精准发力、靶向施策，做到“堵点”尽快通、“痛点”不再有。重点围绕企业和群众最关注的工程建设项目审批、不动产登记、审批中介服务等领域，深化简政放权，强化监管能力，提升服务水平，真正做到放开放活、管住管好、利企便民。必须坚持统筹兼顾、协同推进，做到多层联动、多点开花。坚持上下联动、承接有序，坚持左右互动、协同有力，坚持放管服“三管齐下”、务实有为，秉承“事事马上办、人人钉钉子、个个敢担当”理念，做到“不为不办找理由，只为办好想办法”，确保各项政策举措落地落实，让办事依法依规、便捷高效成为江西的鲜明特质和对外形象。

概括起来就是，打造政策最优、成本最低、服务最好、办事最快的“四最”环境，建设忠诚型、创新型、担当型、服务型、过硬型的“五型”政府。

2018 年 10 月 13 日，江西省召开深化“放管服”改革调度推进会。在会上，易炼红称，“放管服”改革是场硬仗，关系到江西营商环境和发展的新优势。要着力推动办事渠道集约化，推动行政审批事项往行政服务中心集中、同类审批服务往一个窗口集中、网上审批入口往一个网站集中，全面推行“一窗受理、集成服务”，让企业和群众只进一扇门、办成所有事。着力推动审批高效化，实施流程再造，以标准化促进规范化便捷化，打破“信息孤岛”，加快实现“掌上办事”“一网通办”，切实转变工作作风，让企业和群众办事更加便捷、高效。着力推动服务精细化，进一步放宽市场准入，压缩项目投资审批时间，规范行政审批中介服务行为，持续深化“减证便民”，全力抓好企业服务、便民服务，让企业和群众办事不闹心、更省心。着力推动监管立体化，突出监管重点，强化监管措施，创新监管方式，明确监管主体、监管职能、监管责任，落实好“双随机一公开”工作机制，探索推进“互联网＋监管”模式，让企业和群众办事规范、行为有序。着力推动政策集成化，深化政府权力清单制度建设，全面编制标准化办事指南，加强政策宣传解读，让企业和群众看起来明明白白、办起来简简单单，让江西成为营商环境最优之地。

2018 年 11 月 5 日，易炼红来到江西省政务服务管理办公室走访调研，现场座谈，现场办公。在政府职能转变协调处、综合秘书处等处室，看望工作人员，了解“五型”政府建设和政务服务工作开展情况，要求坚持问题导向，深入基层一线，强化明察暗访，发现问题及时如实报告，触类旁通、举一反三，限期整改、跟踪督察，紧盯不放、一抓到底，普遍性问题用制度的办法解决，个性问题用过硬的措施解决，问题不解决不松手。

易炼红建议，要在简政放权上动真格，搞一次民意大调查，让企业和群众“点菜”，了解企业和群众的真实愿望，敢于放企业和群众最需要放的权、简企业和群众最需要简的政，使简政放权落实到企业和群众心坎上，真正做到利企便民。要在监管上求实效，依法依规、从严从实、公平公正地强化监管，创新监管的思维、理念和方式方法，运用好互联网、大数据等现代信息化手段，实施好“双随机一公开”执法检查，不断提高监管的有效性和精准度，坚决杜绝简政放权后不去监管、疏于监管以及选择性监管等问题。要在服务上见诚心，设身处地、换位思考、将心比心，大力推进“一网通办”，“信息孤岛”要百分之百打通，数据资源除涉及安全外要百分之百共享，网上办事要实现百分之百覆盖，做到“最多跑一次”甚至“一次不跑”，让企业和群众办事更加优质、高效、爽心。

在易炼红所说的营商环境的加减乘除方法论中，政府权力的“减法”是首要的。

2018年10月，江西省政府印发了《关于在全省政府系统大力开展忠诚型创新型担当型服务型过硬型政府建设加快推动江西高质量跨越式发展的实施方案》，提出以增强政府理解力、执行力、创造力和公信力为重点，着力引导和推动全省政府系统及其工作人员铸牢忠诚之魂、勇闯发展新路、担当时代使命、提升服务效能、锻造过硬本领，进一步转作风、优环境，努力打造忠诚型、创新型、担当型、服务型、过硬型“五型”政府，加快推进高质量、跨越式发展，为富裕美丽幸福现代化江西建设注入新动力，共绘新时代江西物华天宝、人杰地灵新画卷。

《实施方案》紧紧围绕打造“五型”政府，紧密结合加快高质量、跨越式发展的实际，提出了一系列新目标、新要求、新举措，有很多亮点。

亮点之一，明确了“五个坚持”的基本原则。即坚持对标对表、坚持问题导向、坚持“刀刃向内”、坚持常态长效、坚持以上率下。《实施方案》强调，要以高度的政治自觉时刻主动向以习近平同志为核心的党中央对表看齐，聚焦“怕、慢、假、庸、散”突出问题精准发力，发扬自我革命精神，在日常、平常、经常上下功夫、出实招，抓住“关键少数”、发挥“头雁效应”，上下联动推进“五型”政府建设。这些基本原则和要求，体现了非常鲜明的政治导向、问题导向，为全省政府系统开展“五型”政府建设提供了遵循。

亮点之二，明确了需要达到的目标和着力推进的重点任务。《实施方案》始终立足于政府职能，结合政府工作实际，紧扣推进江西高质量、跨越式发展，提出了“五个方面”的目标和“十五条”具体举措。

——建设“忠诚型政府”。提出要引导和推动全省政府系统大力传承红色基因，始终深怀忠诚之心、践行忠诚之举，把对党和人民事业绝对忠诚，铸入全省政府工作人员的血脉和灵魂，贯穿和体现在政府工作的全过程、各方面。

一要着力提高政治能力。坚决维护习近平总书记在党中央和全党的核心地位，坚决维护党中央定于一尊、一锤定音的权威和集中统一领导。严守政治纪律和政治规矩，善于从政治上观察、思考和研究处理问题，审视、谋划和推进政府工作把握政治因素、落实政治要求，坚持正确的政治方向、政治立场、政治态度、政治原则，始终做政治上的明白人、老实人。

二要坚定理想信念宗旨。坚持以习近平新时代中国特色社会主义思想武装头脑、指导实践、推动工作，把稳思想之“舵”、筑牢信仰之“基”、补足精神之“钙”，确保全省政府工作沿着正确方向不断前进。始终铭记和自觉践行习近平总书记对江西工作提出的“新的希望、三个着力、四个坚持”重要要求，坚持以人民为中心的发展思想，忠实秉持执政为民理念，努力建设人民满意政府，全心全意为老区人民服务，千方百计赢得人民群众的衷心拥护和坚定支持。

三要树立和践行正确政绩观。坚持多做让老百姓看得见、摸得着、得实惠的实事，多做为后人作铺垫、打基础、利长远的好事，以推进江西高质量、跨越式发展的实际作为，更好满足人民日益增长的美好生活需要，把习近平总书记“让老区人民过上更加富裕、幸福的生活”殷切嘱托落到实处。

——建设“创新型政府”。要坚持把创新创造作为做好政府工作和推进江西高质量、跨越式发展的第一动力，激励全省政府系统及其工作人员开动脑筋、勇于革新、探索实践，大力推动政府治理理念创新、服务模式创新、体制机制创新，全面释放创新创造活力和强劲动能。

——建设“担当型政府”。提出在全省政府系统大力倡导“事事马上办、人人钉钉子、个个敢担当”的精神，“不为不办找理由，只为办好想办法”，撸起袖子加油干，甩开膀子大胆干，扑下身子务实干，顶起该顶的那片天，以实干立身、凭实绩说话，努力交出高质量、跨越式发展的合格答卷。

——建设“服务型政府”。提出坚持把服务作为政府的天职，重塑政府和市场的关系，提升政府服务效能，使“思想开明、办事规范、快捷高效”成为全省政府系统及其工作人员的鲜明标签。

——建设“过硬型政府”。持续优化政治生态，营造良好从政环境，着力锻造信念过硬、政治过硬、责任过硬、能力过硬、作风过硬的干部队伍，确保政府工作高质量推进。

亮点之三，明确了推进“五型”政府建设的保障措施。

《实施方案》从切实加强组织领导、狠抓责任落实、强化监督检查、严格考核评估等四个方面，提出了明确要求，确保“五型”政府建设深入推进、取得实效。

2018 年 10 月 31 日，江西省促进非公有制经济民间投资现场推进会在九江市召开。易炼红强调，投资是经济增长的主动力，民间投资是全社会投资的主板块。我们要深入贯彻落实习近平总书记关于支持民营经济发展的重要论述，按照省委十四届六次全会的决策部署，坚定信心，保持定力，充分释放民间投资活力，为共绘新时代江西物华天宝、人杰地灵新画卷做出更大贡献。

易炼红说：促进民间投资是坚持“两个毫不动摇”重大方针的实际行动，是实现江西高质量、跨越式发展的必然要求，是更好满足人民美好生活需要的重要抓手。我们要以高度的政治责任感和发展紧迫感，持续促进民间投资增长。当前江西的区位交通优势日益突显、生态环境优势日益增进、人文资源优势日益强化、后发赶超优势日益厚植，民间投资机遇难得，务必乘势而进，在加快转型创新发展、推进乡村振兴、提升公共服务、加强生态环保上大力作为。

我国经济正在转型升级，加上外部环境复杂多变，民间投资面临一些困难和挑战，但是民营企业家并不是孤军奋战，各级党委和政府始终与民营企业家并肩战斗。各地各部门要坚决实行“非禁即入”，使更多重要领域向民间投资开放，深入推进降成本优环境专项行动，加快投资项目审批提质增效改革，严格兑现承诺，构建“亲”“清”新型政商关系，确保政策落地、减负加力、办事高效、服务温馨。

2018 年前三季度江西省民间投资增长 12.2%，较上半年提高 2.3 个百分点，一改上半年增速持续放缓的状况。比增速更喜人的是，工业、制造业民间投资分别增长 12.4%、14%，新动能投资更加活跃，铁路船舶航空制造民间投资增速达 71.5%，民间投资对全部投资增长的贡献率达 72.6%。前三季度，新登记私营企业增长 61%，燃气、供水等行业民间投资分别增长 67.9%、36.7%，民间资本进入电力行业取得突破，一批总投资 50 亿元以上的民间投资重大项目进展顺利。

在谋划民间投资新局面过程中，江西提出要营造政策最优、成本最低、服务最好、办事最快的“四最”政策环境，并确保“政策要落地、减费要加力”。

近年来，江西已出台 130 条“降成本、优环境”硬举措，万名干部下沉一线服务企业，累计为企业减负超过 2000 亿元。在此基础上，江西准备出台第四批 22 条降成本举措，持续减轻企业税费、融资、物流、生产要素等成本负担，推动企业“轻装上阵”。在开发区等重点发展区域开展企业投资项目承诺制改革，全面推行企业投资项目审批政府代办制，为民营企业项目审批提供全流程服务。

此外，江西还提出要进一步拓展投资领域，放宽市场准入，废除在工程招标、质量认证等方面对民营企业的歧视性政策和行为；积极引导更多民间资本在推进乡村振兴、提升公共服务、加强生态环保等方面有更大作为。

2018 年，江西省纵深推进供给侧结构性改革，牵住降成本优环境专项行动这个“牛鼻子”，进一步降低企业用电、用气、人工、物流等运营成本，2018 年为企业减轻负担 1200 亿元以上。深入推进价格、能源、信用、公共资源交易等重点领域改革，减少 26% 的政府定价事项，全面扩大电力直接交易范围，公共信用信息、公共资源交易等平台建设扎实推进。

作为经济决策部门的江西省发改委，此时也聚焦高质量跨越式发展首要战略，把忠诚、创新、担当、服务、过硬要求贯穿发展改革工作全过程，奋力在建设“五型”机关上取得实效，在转作风、优环境上走在前列，确保发展改革工作高质量推进。

发改委上下把绝对忠诚贯穿于发改工作的全过程、各方面。切实要求全委党员干部牢固树立“四个意识”，始终坚定“四个自信”，坚决维护党中央“定于一尊、一锤定音”的权威和集中统一领导。坚决贯彻党的路线方针政策，在制定重大战略、重大规划、重大政策过程中，坚持与中央对表对标，确保方向不偏。认真落实省委省政府各项决策部署，不打折扣，不做选择，不搞变通，逐项体现到具体工作计划、具体项目资金、具体政策措施中去，明确落实的时间进度、责任人员、具体要求。

同时，大力引导全委同志开动脑筋、勇于革新、探索实践，创新能力不断提升。着力打造创新产业集群，“一产一策”支持航空制造、电子信息、中医药、新能源、新材料等新兴产业发展，2018 年 1—8 月战略性新兴产业、高新技术产业增加值占规上工业比重分别为 16.8%、32.9%，比重同比分别提高 1.3 个、1.7 个百分点。强化创新能力建设，积极创建一批国家级创新平台，推进一批省级创新平台建设，推进省院共建中国科学院江西产业技术创新与育成中心。

大力倡导“事事马上办、人人钉钉子、个个敢担当”，敢于啃改革发展中的“硬骨头”，切实为企业群众办好事、办实事。对 1900 个省大中型项目、1315 个三级联动推进开工项目、60 个总投资 50 亿元以上重大项目上半年进展情况进行调度，并结合 2018 年上半年全省投资运行情况进行了通报。纵深推进供给侧结构性改革，牵住降成本优环境专项行动这个“牛鼻子”，进一步降低企业用电、用气、人工、物流等运营成本，2018 年为企业减轻负担 1200 亿元以上。深入推进价格、能源、信用、公共资源交易等重点领域改革，减少 26% 的政府定价事项，全面扩大电力直接交易范围，公共信用信息、公共资源交易等平台建设扎实推进。坚定不移去产能，坚决防范“地条钢”死灰复燃，到 2018 年 10

月已经关闭煤矿 55 处、退出产能 285 万吨，分别完成年度目标任务的 110%、110.9%。

江西省发改委把服务企业、基层和群众作为天职，着力提升服务效能，提高服务质量。以优化发展环境引领“放管服”改革，起草了关于投资项目审批提质增效改革的实施意见，提出了五个方面 18 条具体举措，推动联合测绘、联合踏勘、联合图审、联合验收，将企业投资项目审批时限缩短至 60 天以内，最短的可至 37 天；积极推进政务服务“一网通办”，推动公共信息资源共享开放，有效解决群众办事“堵点”问题。

江西省发改委紧盯“怕、慢、假、庸、散”作风问题，努力打造一支信念过硬、政治过硬、责任过硬、能力过硬、作风过硬的干部队伍，确保发展改革工作高质量推进。

2018 年，江西省发改委牵头制订了《优化发展环境三年行动方案》，从 20 个方面研究并提出了 80 条细化落实举措，确保事情有人抓、任务有节点、责任能落实。

方案狠抓了“四个关键点”，即一是狠抓投资审批制度改革，破除“痛点”。着力构建“1+N”政策体系，研究并制定了《关于推进投资项目审批提质增效改革的实施意见》，确保投资项目审批时间压减一半以上；着力精简审批事项和前置条件，省级核准权限取消、下放比例达 69%，并将备案权限全部直接下放到县级。将 58 项报建审批事项清理规范为 36 项。对项目核准的 32 项前置审批只保留规划选址、用地预审 2 项，并取消属于企业经营自主权的全部 18 项前置条件。建成运行全省投资项目在线审批监管平台，实行项目统一代码制度，企业投资项目备案管理系统实现全程即时在线办理。二是狠抓降成本优环境专项行动，攻克“难点”。“精准、深入”推进专项行动，截至 2018 年上半年，累计为企业减负超过 2200 亿元。持续完善政策措施，出台三批共 130 条政策措施，各地各部门针对性地出台450余条细化配套举措，即将出台第四批22条政策措施。纵深推进入企帮扶，连续三年开展省领导挂点开发区联系企业活动，4200名省、市、县领导挂点联系104个开发区和1.5万户规上企业。2018年，77个对口省直部门开展帮扶活动150余次，帮助1000余户联点企业兑现政策减负38亿元。深入实施银企对接、专家问诊、产业联盟三大精准帮扶活动，2018年以来，开展“百家银行进千企”政银企对接活动13场，对接企业和项目329个，签约金额496亿元；科技精准帮扶活动派出专家125位，帮扶企业108家，解决技术难题80个；新增组建工业互联网、军民融合2个高技术产业联盟，分产业开展专项对接活动15场。双管齐下化解难题，建立涉企问题线上线下协同办理和制度化、长效化解决机制，开发应用企业帮扶App平台，三年来共为企业解决各类诉求2.64万件。三是狠抓开发区改革创新发展，强化“支点”。抓政策引领，围绕省委省政府《关于促进开发区改革和创新发展的实施意见》，协调各地各部门细化出台配套政策40余项。抓产业升级，明确了100个开发区的首位产业和主攻产业，开发区首位产业集聚度平均超过45%，重点产业技术领域实现重点实验室和工程技术研究中心全覆盖。抓绿色发展，严把项目能评、环评、安评关，100个开发区实现污水集中处理率、重点排污单位在线监控设备安装率和联网率三个100%。抓体制创新，制定并出台开发区赋权清单，平均向国家级、省级开发区下放权限分别超过200项、100项。抓环境优化，国家级开发区全部设立企业综合服务中心，建立“一窗式”受理、“一网式”审批、“一档式”管理的审批运行机制。四是狠抓政务信息资源共享，疏通“堵点”。出台政务信息资源共享管理实施细则和具体工作方案，着力推动政务信息资源共享。扩充省电子政务云资源，部署1500台虚拟服务器，承载160多个政务信息系统。优化升级全省统一的数据共享交换平台，完成与国家平台对接。汇编形成《江西省政务信息资源目录》，共梳理信息项5.6万个，印发《江西省政务数据共享责任清单》。编制并出台数据共享交换平台对接标准，完成 22 个省级业务系统和 121 个地市业务系统与平台的对接，对接部门比例接近 50%。推动已对接部门将数据资源与共享平台交换，累计完成 167 亿条数据交换。对因数据没有共享、影响群众办事涉及的 18 个数据资源，加大协调对接力度，已推动 16 个数据资源接入交换平台，学历、学位证明 2 个数据资源接入正在向教育部申请。

群众办“政事”，可以像逛淘宝一样便捷；传统企业漫步“云端”，插上了向“智造”转型升级的翅膀。自 2018 年 6 月江西省与阿里巴巴集团相关方面签署战略合作协议以来，短短 4 个月时间，三方紧密配合、快速推进，在政务服务平台建设、工业升级等领域合作取得了实质性进展：由蚂蚁金服集团为江西省量身打造的政务服务移动端小程序“赣服通”上线，100 余项政务服务事项可实现“掌上办”；约 30 家赣企将与阿里云深度合作，打造互联网与制造业深度融合标杆示范企业。

点开“赣服通”小程序，涉及十余个行业的 100 余项高频服务事项即可实现“掌上办”。除了可办理出入境、户政、住房公积金等业务外，还可以办理电子驾驶证、身份证网上凭证、电子结婚证等电子证照。江西省政务办有关负责人说：我省充分利用阿里巴巴、蚂蚁金服集团已有资源和成熟的技术，在优化完善江西政务服务统一认证、统一支付、统一评价和统一证照系统等方面进行全面合作。同时，江西省积极创新举措，推动“赣服通”平台与部分实体政务大厅呼叫排队等系统对接，实现群众办事不用等。

不仅仅群众可以掌上办事，公职人员以后也能掌上办公。蚂蚁金服集团将利用移动办公技术（钉钉），为江西省量身打造全国领先的省级移动办公平台“赣政通”，服务该省各级政府部门。“江西经济又好又快发展，必须建立在未来的技术和信息化发展趋势上。在基于云计算、大数据的新制造等领域，江西与发达省份处于同一起跑线，完全可以抓住发展机遇。”阿里巴巴集团表示，阿里巴巴将利用在云计算、大数据、物联网等方面的经验与技术优势，推动江西工业互联网平台建设，实现企业信息化转型升级。

减法到底减了多少，减了什么？

2018 年 11 月 7 日上午，江西省举行降成本政策措施发布会，省降成本优环境专项行动领导小组办公室主任、省发改委党组书记、主任张和平回答记者提问。

本批次江西出台 22 条政策措施，“国家要求的、力度只能大不能小”“外省能做的、创造条件也要做”“企业急需的、想方设法去解决”，这 22 条，可以说条条都是“真金白银”，资金数量、幅度变化等能用数字的尽量用数字，能明确起止时间的尽量明确起止时间，以便于部门和基层操作落实。

张和平说，一分部署，九分落实。22 条政策措施出台后，关键在于狠抓贯彻落实。一是抓好政策细化落实。运用好省发改委总调度、省有关部门各负其责、市县政府大力推进的工作推进机制，既注重横向与省直部门的沟通协同，也注重纵向与市县政府的衔接联动，积极协调各方形成工作合力，畅通政策落地的“最后一公里”。二是抓好政策宣传解读。利用好《政策咨询联系表》、22 条政策措施图解等政策解读办法，通过报纸电台、政府网站、入企宣传等渠道，以专题专栏、政策图解、宣传展板等形式，积极推介宣传政策，进一步扩大政策知晓度，让企业充分知晓政策、运用政策和享受政策。三是抓好政策效果评估。适时对政策进行全面梳理、科学评估、完善优化，让企业获得实实在在的政策红利。同时，深入推进省领导挂点、干部入企、银企对接、专家问诊、产业联盟等五大帮扶活动，在用好已有工作机制、工作平台的基础上，保持帮扶方向不偏、力度不减。加大涉企诉求线上线下协同办理力度，改造升级省级企业帮扶 App 平台功能，不断提高涉企诉求的办理质量和效率。

此外，这个会上，江西省税务局、地方金融监督管理局、交通厅分别拿出了低税费负担、融资成本、物流成本的措施。

有一个数据能够说明减法的价值。为提升企业和人民群众获得感与满意度，江西省发改委推进转供电环节加价的清理规范工作。2018 年 9 月 19 日，江西省发改委印发了《关于进一步做好清理规范转供电环节加价工作的通知》，决定在 2018 年 12 月 20 日前，开展清理规范转供电环节加价专项检查行动。

一方面，省发改委会同电网企业召开了转供电主体告诫会，强调相关法律法规及政策措施要求，不折不扣落实国家和省内降低一般工商业电价政策措施，全面彻底清理转供电加价，让政策红利惠及每一个工商业用电户。另一方面，在发改委的推动下，各转供电主体签署了整改承诺书，确保 10 月底前一般工商业电价每千瓦时降低 8.05 分，11 月底前对转供电环节加价进行全面清理规范。据不完全统计，全省已执行降低电价政策的转供电主体 3483 个，占总数的 94.7%，年减轻中小微企业电费负担约 2.7 亿元。

据不完全统计，三个月，全省已执行降低电价政策的转供电主体 3483 个，占总数的 94.7%，年减轻中小微企业电费负担约 2.7 亿元。

服务的“加法”、管理的“除法”，换取市场和社会活力的“乘法”。

2018 年 12 月 26 日，江西省政府召开全省“三请三回”暨“三企”入赣动员部署会。易炼红强调要把“三请三回”“三企”入赣工作作为全省扩大高水平对外开放的有力抓手、重要载体和具体路径，抓紧抓实抓出成效，进一步提升招商引资、招才引智的质量和水平，助推江西高质量跨越式发展。

广大乡友籍贯是江西，广大校友学成于江西，广大战友奉献在江西。他们与江西有着割舍不断的情缘，是江西发展的宝贵资源。开展“请乡友回家乡、请校友回母校、请战友回驻地”活动，是高质量跨越式发展的迫切需要，是展示江西开放姿态的具体行动。易炼红指出，我们要扎实开展“三请三回”工作，切实摸清底数，建立档案和名录库，强化沟通对接，健全工作机制，精心编制产业资料，扩大活动声势，让更多英才来江西投资兴业。大力吸引更多国家“千人计划”海外高层次人才等领军人才、创新团队来江西创新创业。

易炼红说，要深入推动“三企”入赣，让更多企业在江西蓬勃发展。突出招商引资重点，聚焦重点产业、产业转移和龙头企业，大力实施“2+6+N”产业跨越式发展五年行动计划，加快推进全产业链招商，引进综合实力突出的“旗舰型”企业、竞争力强的行业“领头羊”、细分领域“隐形冠军”和高科技“独角兽”企业。创新招商引资方式，抓好专业化招商、以商招商等，不断提升重大活动招商成效，确保项目落地落实。讲究招商引资策略，着力做好项目策划、项目包装、项目发布和项目对接。开发区是招商引资的主战场、主阵地、主力军，要强化主体意识、责任意识，坚持问题导向、目标导向和效果导向，确保每个国家级园区每年必须引进一个投资过50亿元的产业项目，每个省级园区每年至少引进一个投资过20亿元的产业项目。

易炼红最后说，江西全力做好招商引资、招才引智工作，让各方力量在江西充分迸发。坚持以“五型”政府建设为载体，大力倡导“事事马上办、人人钉钉子、个个敢担当”，坚持“不为不办找理由，只为办好想办法”，加快推进降成本优环境专项行动，树立诚信政府、为民亲民政府的良好形象，努力打造“四最”营商环境，推动江西高质量高水平对外开放。

2018年10月20日，2018世界VR产业大会产业对接会在江西举行，此次VR大会招商成果显著，共达成157个协议和项目达成意向，总投资额631.5亿元。其中，合作框架协议3个，硬件项目76个，软件项目32个，应用类项目46个。其中，南昌市政府与杭州海康威视数字技术公司签订战略框架合作协议，南昌红谷滩新区与微软（中国）有限公司签订战略合作备忘录，南昌高新区与深圳科莱电子公司签订触控显示一体化项目，南昌市东湖区与北京启明星辰集团公司签订网络安全产业中心项目，赣州市信丰县与广州大凌实业公司签订德信光电子项目，九江市濂溪区与深圳德富莱智能科技公司签订智能VR视觉设备项目。

借力 VR 产业大会平台优势，将引导全球资源要素加速向中国汇聚、向江西集中，吸引优秀企业和项目在江西落地生根。

2019 年江西“两会”期间，易炼红密集地参加各个地方和界别的讨论，听取建议，传递理念，坚固信心。

1 月 28 日，易炼红参加了萍乡市代表团的讨论。他说，面对汹涌而来的新一轮科技革命和产业变革浪潮，萍乡市要增创交通优势，加快构建四通八达、高效便捷的现代化综合立体交通体系，持续优化区域内道路交通网络，提升区位竞争力。要增创政策优势，努力打造“四最”营商环境，特别是针对中小微企业出台降成本优环境政策措施，提升营商竞争力。要增创开放优势，发挥地缘相近、人缘相亲和人文相同的独特优势，积极推进赣湘开放合作发展，进一步强化与宜春、新余联动发展，提升合作竞争力。要增创配套能力优势，完善基础设施、人才资源、服务平台等方面配套，积极承接产业转移，推动传统产业改造升级，培育壮大新兴产业，提升产业竞争力。要增创功能品质优势，完善配套基础设施，优化提升公共服务，彰显人文特色和独特风韵，提升城市竞争力，在建设富裕美丽幸福现代化江西、共绘新时代江西物华天宝、人杰地灵新画卷中写下浓墨重彩的一笔。

1 月 30 日，全省“两会”召开时，省政府在南昌召开“坚定信念信心，助推制造业高质量发展”民营企业座谈会，听取省“两会”代表委员中的非公有制经济代表人士和特邀民营企业家代表的意见和建议，进一步助推全省制造业高质量跨越式发展。

15 位民营企业家实事求是地谈了取得的成绩和遇到的困难。易炼红强调，制造业是一个国家、一个地区发展的根基，是推动江西高质量跨越式发展的主战场、主阵地。民营企业是制造业的主力军，是实现制造业高质量跨越式发展的突击队。希望全省民营企业坚定信心，深耕主业，加快转型升级，持续做优做强，在推进全省高质量跨越式发展中勇挑重担、敢当先锋。广大民营企业首先要坚定信心，这种信心源自习近平总书记关于民营企业发展的重要讲话精神，源自党中央、国务院和省委、省政府支持民营经济发展的明确态度，源自当前民营企业发展面临的重大机遇，以及政策红利持续释放、江西产业发展基础不断夯实带来的有利条件。要增强必胜信心，放大格局，担当重任，始终把企业发展融入国家发展大局、融入中华民族伟大复兴进程。要深耕主业，积极践行新发展理念，下好理念创新“先手棋”，抢占技术创新制高点，牵住管理创新“牛鼻子”，坚持走高质量发展之路，增强“争创一流、彰显特色”意识，努力掌握关键核心技术，加快建立现代企业制度，打造行业领军企业或“单打冠军”。要加快转型升级、持续做优做强，与新一代信息技术深度融合，推动企业迈向智能化、高端化、服务化，着力向产业链上下游延伸，走集群化、集团化发展路子，不断提升能级、做大规模，持续发扬精益求精的“工匠精神”，努力做“百年老店”。要诚实守信、提升形象，大力弘扬“厚德实干，义利天下”的新时代赣商精神，坚持守法经营、诚信经营，做到不走歪路、不失良知、不推责任，积极履行社会责任。

易炼红要求，全省各地各有关部门要围绕打造“四最”营商环境，真正把民营企业和民营企业家视为自己人，始终与广大民营企业并肩作战，特别是要全力打通政策落地落实“最后一公里”，消除“中梗阻”，推动民营企业持续健康发展。

第五节　对民营企业厚爱三分

2018 年，风起于青萍之末。一系列的资本、实业层面的波荡。从 2018 年上半年的债务风险到下半年的股权质押风险，再到不断在民营企业身上爆出的资金链紧张、融资难等问题。一系列市场和政策的变化，在民营企业身上不断被投射。一股暗流在涌动。

刚刚上任的易炼红，敏锐地洞察到了这一切，2018 年 8 月 23 日，特别召开了民营企业座谈会，为民营企业站台。会上，江西省工商联汇报了全省非公经济发展情况，博能控股、赣锋锂业、泰豪科技、华勤通讯、博雅生物、中至数据、科陆电子、康富科技、巴夫洛、万佶物流等 10 家民营企业的负责人结合各自实际情况，谈发展、讲困难、提建议，直奔主题、不避问题。

易炼红认真听取发言，不时插话，与大家交流互动。听到民营企业负责人谈到发展遇到的困难，他说："一个地区经济要活，民营经济必须活；一个地区经济要旺，民营经济必须旺。"他要求各地各部门对民营企业提出的问题，尽快研究提出解决办法。

"要坚定不移为民营经济排忧解难、保驾护航，强力推动民营经济健康、稳定、持续发展。"易炼红说，"各级政府要坚持问题导向、需求导向，担当作为、务实高效，为民营经济高质量、跨越式发展提供最充足、最适宜的支持。"

"民营企业面临融资难融资贵……""水、电、气、土地和人力资源等要素成本偏高，高端技术人才引进和留用难度大……"对博能控股、华勤通讯等企业提出的这些困难和问题，易炼红边听边记，不时向企业负责人询问具体情况，强调帮扶企业要持续用力、精准发力，"帮助民营企业融化'市场的冰山'，削低'融资的高山’，跨越‘转型的火山’。”

以更大力度深化“放管服”改革，为民营经济发展创造更优的环境，这是易炼红特别强调的。“坚决维护市场秩序、规范涉企执法行为、保护民营企业家合法权益，让他们感到有安全、有尊严、很舒适、很安心！”

易炼红在讲话中肯定了全省民营经济发展取得的明显成效，对江西民营企业家强烈的进取之心、担当精神和社会责任感表示赞赏。他指出，民营经济是市场经济的重要主体，是国民经济中最活跃、最积极、最有竞争力的组成部分。我们对待民营企业要高看一眼、厚爱三分，坚定不移为民营经济高质量、跨越式发展保驾护航。

易炼红强调，帮扶企业要持续用力、精准发力，下决心放开市场准入，下功夫解决融资难题，下大力推进企业创新，帮助民营企业融化“市场的冰山”、削低“融资的高山”、跨越“转型的火山”。优化环境要将心比心、真心耐心，以更大力度深化“放管服”改革，持续推进降成本优环境专项行动，以真心服务企业，以恒心落实政策，以公心营造“亲”“清”新型政商关系。平台服务要高效协同、开放共赢，完善技术创新平台、人才集聚平台、政务服务平台，助力民营企业做优做强做大。权益保护要态度鲜明、行动坚决，坚决维护市场秩序、规范涉企执法行为、保护民营企业家合法权益。

就在此时，2018 年 9 月 12 日，一篇名为《私营经济已完成协助公有经济发展应逐渐离场》的署名文章开始在网上快速传播。这篇文章提出的“民营经济离场论”在舆论场上掀起了波澜，先后多家媒体发表评论驳斥这一言论，紧随其后的是高层接连数次的表态。

10 月 19 日，国务院副总理刘鹤就当前经济金融热点问题接受采访时表示：那些为了所谓“个人安全”、不支持民营企业发展的行为，在政治取向上存在很大问题，必须坚决予以纠正。

10 月 31 日，江西省促进非公有制经济民间投资现场推进会在九江市召开。易炼红出席，再次为民营企业站台，鼓舞。数据显示，2018 年上半年，江西省非公有制经济完成增加值 6004.16 亿元，占 GDP 比重为 59.3%；对经济增长的贡献率达 59.1%，拉动 GDP 增长 5.3 个百分点；上缴税金总额为 1461.91 亿元，同比增长 33.5%，呈现出“总体平稳、稳中提质”的态势。

民间投资是推动社会经济增长的主动力。据江西省发改委相关负责人介绍，2018 年前三季度，江西新登记私营企业增长 61%；教育、燃气、供水等行业民间投资分别增长 218.6%、67.9% 和 36.7%。在民间投资的支撑下，江西省固定资产投资增长 11.3%，居全国第 4 位、中部第 2 位。

“尽管近年来江西经济增长不断取得突破，但在全国来看总量仍然偏小。”易炼红指出，江西非公有制经济和民间投资发展还不够活跃发达，特别是与周边湖南、福建、安徽、浙江等省份相比，存在增速不快和后劲不足两方面突出问题。

易炼红在会上表示，促进民间投资增长是实现江西高质量跨越式发展的必然要求，因此必须激活民间投资，下活民营经济发展这盘棋。

江西将继续坚定信念信心，努力发挥自身区位交通、生态环境、人文资源和后发赶超“四大优势”，将各项政策落到实处，为民营企业发展营造良好的法治环境和营商环境，引导非公有制经济和民间投资持续发展壮大。

11 月 1 日，国家主席习近平在京主持召开民营企业座谈会，此次会议上，习近平表示，一段时间以来，社会上有的人发表了一些否定、怀疑民营经济的言论。比如，有的人提出所谓“民营经济离场论”，说民营经济已经完成使命，要退出历史舞台；有的人提出所谓“新公私合营论”，把现在的混合所有制改革曲解为新一轮“公私合营”；有的人说加强企业党建和工会工作是要对民营企业进行控制；等等。这些说法是完全错误的，不符合党的大政方针。

“面对当前的一些困难和挑战，民营企业并不是孤军奋战，各级党委和政府始终与民营企业并肩战斗。”11月3日，易炼红在南昌市考察了泰豪科技、弘益科技和正邦集团等民营企业，用实际行动宣讲习近平总书记在民营企业座谈会上的重要讲话精神，同时介绍省委、省政府降成本优环境系列措施，为民营企业提速发展打气鼓劲。

来到泰豪科技公司，易炼红细致了解了这家科技型民营企业的发展历程和主要业务板块。看到泰豪人的信条“我不会选择去做一个平庸的人”，易炼红表示赞赏。他说，习近平总书记反复强调毫不动摇鼓励、支持、引导非公有制经济发展。希望泰豪科技在创新发展的道路上勇攀高峰、永不止步，科学决策、细化举措，彰显产品、技术和服务的业内领先优势，力争实现三年翻番目标，打造为国际化的一流高科技民营企业。

在弘益科技药业公司，易炼红走进专利展示室，详细了解药品自主研发和销售情况，来到车间和主控制室考察生产工艺和流程。企业负责人朱丹高兴地说，最近学习了习近平总书记在民营企业座谈会上的重要讲话精神，大家吃了“定心丸”、很受鼓舞。易炼红鼓励企业保持定力、增强信心，坚守主业、心无旁骛创新创造，以新技术、新产品、新工艺抢占制高点，打造专业运营团队开拓广阔市场，做大规模，实现跨越式发展。

正邦集团是江西省民营企业的翘楚。易炼红参观产品展示，了解发展态势，对企业在行业下行压力下仍然实现逆势增长表示肯定。他指出，习近平总书记对民营经济和民营企业发展寄予厚望。正邦集团要立足江西丰富的农产品资源优势，发挥龙头带动作用，不断向产业链下游延伸，研发终端产品，提升产品附加值，推动企业做优做强做大，助力江西打造全国农产品精深加工高地。

在江西省政府直接部署下，江西省发改委牵头落实江西省优化发展环境三年行动方案，着力深化“放管服”改革，为民营经济营造更好的发展环境。

“加快民营经济发展，让民营企业轻装上阵，降成本是一块必须啃下的‘硬骨头’。”省发改委主任张和平说。我省牵住降成本优环境专项行动这个“牛鼻子”，在已出台三批130条政策措施的基础上，11月初又出台“降成本22条”，每一条都是“真金白银”，实实在在为民营企业降低成本、减轻负担。同时，加快建立“发改部门筛选项目、银保监部门转交、银行自主审贷”的新型政银企协调机制，努力缓解企业融资难融资贵问题。

只有打破“卷帘门”“玻璃门”“旋转门”，才能进一步激活民间投资的活力。张和平说，江西省将持续深化投融资体制改革，打造民间投资“加速器”。聚焦提升效率，全面推进投资项目审批提质增效改革，将企业投资项目审批时间压减至60个工作日以内；大力推行企业投资项目承诺制、政府代办制等改革，不断提高投资便利化水平。聚焦降低门槛，全面实施负面清单制度，切实落实公平竞争审查机制，清除在工程招标、政府采购、质量认证等方面的政策障碍；建立向民间资本推介项目长效机制，定期梳理推出成熟的PPP项目，健全合理收益机制，让民营企业“进得来”“有回报”。

2018年，江西省发改委牵头制定实施江西省完善产权保护制度、保护企业家合法权益两个政策意见，让民营企业吃下了“定心丸”。下一步，将推动成立省完善产权保护制度依法保护产权工作领导小组，重点保护企业家人身财产、自主经营、创新、公平竞争等合法权益，畅通企业维权绿色通道。同时，依托“信用江西”平台，深入推进政府机构失信专项治理，着力解决一批“新官不理旧账”问题，切实保护企业合法权益，增强企业信心。

11月27日，江西省《关于保护企业家合法权益　激发优秀企业家精神的实施意见》（以下简称《实施意见》）政策出台，省发改委主任张和平亲自解读。《实施意见》的出台，是江西省降成本优环境专项行动“组合拳”的又一重大成果。《实施意见》坚持目标导向、问题导向和效果导向，在深入贯彻中央精神的基础上，充分结合江西实际，聚焦企业关切，体现了“江西特色”。一是坚持政治引领，压实了党委、政府责任。二是突出权益保障，回应了企业家关切。三是鼓励探索创新，完善了政策制度体系。四是依托各方力量，形成了整体推进合力，保护好包括民营企业家在内的广大企业家的合法权益，激发优秀企业家精神。概括地讲，就是帮助企业家安居乐业。

习近平总书记在民营企业座谈会上称“民营企业和民营企业家是我们自己人”“我国民营经济只能壮大、不能弱化，不仅不能‘离场’，而且要走向更加广阔的舞台”……习近平总书记温暖有力的话语，成为全省民营企业家热议的话题。

时令已是冬季，然而，江西经济热度不减、生机勃发。一连串紧锣密鼓的重大经贸活动，向外界展示着江西经济的活力——2018世界VR产业大会、2018中国景德镇国际陶瓷博览会、第五届世界绿色发展投资贸易博览会……一个个“世界级”盛会，发展智慧深度碰撞，民间资本纷至沓来，江西发展水涨船高。

11月27日，在2018全球赣商高质量发展论坛上，正邦集团吐露了江西民营企业家的心声：“吃下了‘定心丸’！现在我们信心百倍，可以更加放心、放胆、放量谋发展。”同时，公布了筹谋已久的“千亿战略”——2022年实现总产值1200亿元，挺进世界500强。

直面当前民营经济的困难和问题，江西省委、省政府始终坚持“两个毫不动摇”，出台了一系列政策举措，为促进民营经济发展提供强大动力。11月8日，省委书记刘奇主持召开民营企业座谈会强调，要加大力度解决实际困难和问题，支持民营企业改革发展，稳定市场预期和发展信心，让民营经济创新源泉充分涌流，让民营经济创造活力充分迸发。

好势头，大机遇，新未来——站在改革开放40周年的历史坐标上，江西民营经济健康发展的滔滔之势，正汇入 4600 万江西人民建设富裕美丽幸福现代化江西的磅礴大潮……

一部江西改革开放史，就是一部风云激荡的创新创业史、经济发展史，民营企业书写了其中波澜壮阔、荡气回肠的章节。

翻阅改革开放以来江西经济年报可以看出，江西民营经济始终与全省经济发展大局同频共振。1978 年，江西 GDP 总量仅为 87 亿元，当年全省非公经济户数不足 9000 户；1995 年，江西 GDP 突破 1000 亿元，全省个体工商户、私营企业数量达到 76 万户；2011 年，江西 GDP 突破 1 万亿元关口，而民营经济增加值达 6393 亿元，占 GDP 比重达 55.3%。

党的十八大以来，江西省民营经济呈现总量规模持续扩大、产业结构继续优化、发展活力持续增强、上缴税金加快增长等显著特点，在全省经济发展中的地位和作用愈加凸显——截至 2017 年年底，全省民营企业数量 54.4 万户、个体工商户 169.7 万户，非公有制经济市场主体数量占全省市场主体的比重达 94.2%，成为经济建设的生力军；全省民营经济增加值 12394.6 亿元，占 GDP 比重为 59.5%，成为江西经济增速持续保持全国“第一方阵”的强劲动力；民营企业纳税 2058.8 亿元，占全省税收总额的 77.6%，成为江西财源的主要贡献者……

“改革开放 40 年来，民营经济为全省经济发展做出了重要贡献。”省委书记刘奇指出，没有民营企业的持续健康发展，就没有江西经济的稳定发展；没有高质量的民营企业体系，就没有江西现代化经济体系。“推动民营企业做优做强、发展壮大，我们有着坚定的信心。”

提振民企信心，关键在于纾困减压。江西省委、省政府密集出台支持民营经济发展的政策措施，为民营经济发展提供充足的阳光雨露。2016 年以来，围绕降低企业的税费、物流、融资、用能、用工、制度性交易等方面成本，江西省累计出台152条降成本政策举措，各地、各部门出台450余条细化配套举措，初步构建了“省级政策+部门配套+市县举措”的降成本政策体系，三年累计为企业减负2800亿元以上——成为全国降成本行动最早、政策措施最多、减负效果最显著的省份之一。

一系列有利于民营经济发展的体制机制改革举措在江西省陆续推出——毫不动摇鼓励、支持、引导民营经济发展，严格公平竞争审查标准，清理废除对民营经济各种形式的不合理规定，依法保护企业家人身权和财产权，以及自主经营、创新、公平竞争等合法权益，让企业家专心创业、放心投资、安心经营，进一步激发了民间投资活力。

11月27日，江西省委、省政府《关于保护企业家合法权益激发优秀企业家精神的实施意见》发布，出台了21条具体举措，坚持问题导向、回应企业家期盼，从建立健全企业家权益保障机制等方面入手，为企业家安心谋发展营造更好的法治、市场和社会环境，充分激发市场主体活力。

全省11个设区市、省直各部门迅速行动，聚焦民营企业发展的“痛点”、难点和阻点问题，陆续出台了一批高含金量的政策举措，确保党中央、国务院和省委、省政府支持民营经济发展的各项部署落地见效，全力支持民营经济发展壮大、转型升级、提质增效。

向好的营商环境，让发展的土壤日渐肥沃、阳光雨露更为充沛。

2018年1—9月，江西省民间投资同比增长12.2%，占全部投资的68.2%，民间投资加速向制造业、高新技术产业和新动能领域转移。在“中国民营企业500强”榜单中，正邦集团、方大特钢、晶科能源等6家赣企榜上有名。这些企业，无一不诞生于改革开放的春风中，从蹒跚学步到跳起摸高，一步步发展壮大，成为行业领军企业。

然而，在看到江西省民营经济飞跃发展的同时，也要清醒地认识到，江西省民营经济总体块头不大、实力不强，家底还不够厚实，加快发展、转型升级的任务仍然艰巨。

比块头，2017 年，湖南、湖北两省民营经济增加值均突破 2 万亿元，安徽省为 1.59 万亿元；湖北、安徽、河南三省民营企业 100 强入围门槛分别为 19.11 亿元、24 亿元和 16.52 亿元，而江西省仅为 14.17 亿元；论质量，江西省民营企业创新能力仍然较弱，拥有的已授权专利数量偏少，研发投入占销售收入比例不高。2017 年，江西省 279 家填报研发费用的上规模民营企业中，仅有 27 家企业研发投入占营业收入的比重超过 5%，有 83 家比重低于 1%。

正邦集团也因此重新调整发展计划，将 2019 年新上 30 个项目调整为新上 70 个项目，总投资由 30 亿元调整为 60 亿元以上，加大转型升级的步伐，实现新时代的更大、更好、更快发展。

“民营企业要拥抱变革，主动创新，摆脱传统、粗放的发展模式，争做行业的标杆、标准的制定者。”博能集团董事长温显来说，早在 2010 年，博能就敏锐地察觉新能源汽车发展趋势，果断从传统客车生产转向新能源汽车研发，与中科院等先进院所开展全方位战略合作，取得了全国首批新能源客车整车生产资质。2018 年将加快总投资 75 亿元、年产 3 万辆的新能源商用车项目建设，5 年内将以新能源整车为纽带，聚集和带动产业链上下游的发展。

“越是市场低迷，就越是积蓄力量的时候，也是跨越赶超的时机。”普正制药董事长肖军平说，聚焦实体和主业，将更多的资源投入科技创新，以市场为导向，把产品做专、把质量做精、把品牌做强，就能获得无穷的力量。

奋进的号角已经吹响，激扬的战鼓已经擂动，江西民营经济大发展的又一个春天已经来临！

PPP 模式，是政府和社会资本合作进行公共基础设施建设的一种项目运作模式。2018 年上半年，江西省有关部门曾发放过一份调查问卷，民企在被问及“禁止设置任何门槛限制民间资本参与 PPP 项目”落实情况的满意率时，选择“满意”和“较满意”的企业，占比不到 50%。

江西省不断拓宽民企的投资领域，鼓励民企更多进入战略性新兴产业、现代服务业等重点领域。通过平台管理、项目示范、融资对接等多种手段，支持民企参与 PPP 项目。到 2018 年年底，江西省发改委已发布 PPP 示范项目 691 个，落地签约 228 个，总投资 1493.63 亿元，其中民间资本 368.82 亿元。2018 年 2 月，江西省出台《关于进一步激发民间有效投资活力，促进经济持续健康发展的实施意见》，禁止对 PPP 项目设任何门槛。

“‘市场的冰山’原是企业家的提法，主要是指民企进入市场门槛较高，社会眼光对民企和国企要求不同，一些地方营商环境不好等，给民企生存发展带来一定的困难。”江西省民营经济研究中心副主任张新芝介绍说，“目前仍然有一些行业对民营企业有严格限制。一些行业虽然已逐步向民企开放，但能够成功进入这些领域的企业寥寥无几。教育、医疗、养老等服务业领域，虽然向民企开放，但在土地、资本、人力等要素市场上，仍然存在着歧视现象。门槛较低的制造业和服务业，又大多产能过剩或利润空间有限，导致一些民企难以选择投资项目。”

有一些地方政府仍然认为，PPP 项目投资额度大、管理与技术要求高，民营企业很难达到投资需要的条件，因此不敢也不愿跟民营企业合作。在调查中了解到，南昌一家建筑企业具备 3 亿—5 亿元项目资金实力，已经和中建三局、五局等“中字号”国企合作多年，但依旧不能单独进入 PPP 项目。

11 月 8 日，省委书记刘奇主持召开民营企业座谈会时指出，各地各部门要广泛开展“走亲连心”活动，经常深入民营企业听取诉求，特别是在民营企业遇到困难和问题时更要积极作为、靠前服务，少说、不说“不能办”，多想、多做“怎么办”，做出的承诺“尽快办”。

降低准入门槛，解决“不能投”问题，让民企在更广阔的市场空间发展。

从 2018 年 11 月后，江西省支持民营企业发展的政策措施密集出台，进一步振奋了全省民营企业的发展信心，政企携手加快跨越“转型的火山”。为了支持民营企业加快发展，江西省委、省政府先后召开民营企业座谈会和全省促进非公有制经济民间投资现场推进会等，全面落实中央各项决策部署，出台《关于保护企业家合法权益激发优秀企业家精神的实施意见》等政策措施，加大力度解决实际困难和问题，帮助民营企业顺应市场变迁，不断变革突围、摆脱困境，跨越“转型的火山”。针对江西省民营企业“技术不高不新、产品不精不优”的“痛点”，先后出台了传统产业优化升级“1+8”行动计划，启动传统产业优化升级省级试点，推动民营企业从劳动密集型向技术密集型、从产业链低端向产业链高端转型。引导民营企业加强技术创新，不断加大研发投入，积极引进技术人才，培育制造业创新中心、企业技术中心。鼓励民营企业重视商业模式创新，善于挖掘客户的新需求、潜在需求，把提供全方位、深层次服务作为核心竞争力，加快服务网点布局，实现从“卖产品”向“卖产品更卖服务”的战略转型。

截至 2018 年年底，江西省已认定“专精特新”中小民营企业 1015 户，对 262 个“专精特新”中小民营企业实施“一企一技”技术创新示范项目奖补，资金总额 6920 万元，带动企业技术创新投入 7 亿多元，加快了民营企业转型升级步伐；推动钢铁、建材、食品、纺织等产业转型发展，支持非公工业技改升级，建成 400 多个“数字化车间”及“智能工厂”；以推进小微企业“双创”基地建设为抓手，增添民营中小企业发展潜力；全省 39 个省级小微企业“双创”示范基地已入驻企业 6000 多户，民营经济创造活力不断迸发。2018 年前三季度，全省非公有制经济完成增加值 9258.59 亿元，同比增长 8.9%，对全省生产总值增长的贡献率达到 59.7%。

靶向发力“放水养鱼”，切实减轻企业税费负担；向内挖潜简政放权，着力打造“四最”营商环境……近年来，江西省接连打出支持民营企业发展壮大的“组合拳”，民营经济呈现良好发展态势。2018年前三季度，全省民间投资同比增长12.2%，对全部投资增长贡献率达72.6%，新登记私营企业同比增长61%。152条政策“干货”为企业减负。

走进赣州市全标生物科技有限公司，工人正忙着赶订单。“虽然市场下行压力较大，但我们企业产销两旺，2018年营业收入预计从去年的6500万元提高到1亿元。”公司享受的高新技术企业税收减免和研发费用税前加计扣除金额达240万元。公司利用这笔资金开展研发，主打产品走俏市场。

经济下行压力下，多一份政策支持，就多一些发展机遇。

针对民营企业融资难，江西大力推动优质民企登陆境内外资本市场直接融资，沃格光电、金力永磁等企业陆续敲锣上市，如今全省上市企业数量达65家；同时开展“百家银行进千企”行动，三年累计为全省企业降低融资成本238亿元。

一“减”一“加”，效果立现。

得益于持续的“放水养鱼”，2018年前三季度，江西小微企业实现主营业务收入9577.93亿元，同比增长19.5%，增幅高于全省规上工业5.3个百分点，拉动全省规上工业主营业务收入增长7.7个百分点。

手机轻轻一点，“政事”掌上办。这是近期江西一网通办小程序“赣服通”上线后，为企业办事带来的新体验，十余个行业的上百项服务“码”上就能办好。

民营企业主胡风享在瑞昌市行政服务中心办理新公司开办业务，一个多小时后，他就拿到营业执照和公章，还办好了税务确认等业务。“过去，企业开办要一周多时间，没想到现在只跑一次就搞定了。”办事速度之快让他感到意外。

为进一步支持民营企业健康发展，江西提出打造政策最优、成本最低、服务最好、办事最快的“四最”营商环境。

江西瞄准审批事项多、程序繁、时限长等问题，大力推进“放管服”改革，省本级 674 项审批事项实现“一次不跑”或“只跑一次”，企业注册开办时间已压缩至 5 个工作日。依托江西政务服务网，江西打造企业用户专属空间，大数据智能推送信息，让企业第一时间知晓优惠政策。

服务企业坚持换位思考、将心比心，“放管服”改革怎么改、改什么，自然有了答案。

如今，“放管服”改革在江西各地深入开展，市场活力大大激发。前三季度，新能源汽车、计算机通信制造、铁路船舶航空制造等领域民间投资分别增长 20.8%、22%、71.5%。

“卷帘门”“玻璃门”“旋转门”……各种制约民营企业发展的“身份门”该如何破除？

为此，江西对标全国市场准入负面清单，坚持“非禁即入”，鼓励民营企业参与国有企业改革，在审批许可、经营运行、军民融合等方面，为民间资本创造平等投资机会，禁止设置任何显性或隐性门槛排斥、限制、歧视民间资本。

向内挖潜，破题解局，江西坚决破除一切不利于发展的桎梏。

2018 年 5 月，为企业提供法律维权、政策咨询、纠纷调解等服务的“江西省非公有制企业维权服务中心”在南昌成立。仅半年多时间，中心搭建的政企直通平台就吸引企业 31 万多家，累计接到民营企业诉求反映 700 多次，一批企业诉求得到有效解决。有企业负责人说：“讲理有地方、沟通有渠道、办理有平台，江西营商环境的优化看得见。”

企业信心直观地体现在投资上。2018 年前三季度，全省燃气、供水等行业民间投资分别增长 67.9%、36.7%；全省 8 个增量配电改革试点中 4 个已确定项目业主，均为民营控股企业。

简政放权不是一放了之，“放”的同时更要完善规则、优化监管。

江西提出，对关系人民群众生命财产安全、国家安全、公共安全等领域，明确市场准入的质量安全、环境和技术等标准，明确市场准入领域和规则，推进企业“多证合一、一照一码”登记制度改革，化解“准入不准营”的问题。

2019年新年伊始，江西省委、省政府日前出台《关于支持民营经济健康发展的若干意见》(以下简称《意见》)，针对民营企业发展中遇到的市场开拓难、转型难、融资难等问题，从营造公平竞争市场环境、破解融资难融资贵、支持转型升级等八个方面提出30条高含金量政策措施，为民营企业健康发展保驾护航，激发民营经济活力。

通过支持民营企业直接融资、加大信贷投放支持力度、防范化解流动性风险等措施，进一步破解民营企业融资难融资贵。支持民营企业通过多层次资本市场挂牌上市。组建100亿元的省级政策性救助基金，做好江西国资创新发展基金的资金募集、投放、管理等工作，帮助产业龙头、就业大户、战略性行业等重点民营企业以及经营正常、资金流动性暂时困难的企业渡过难关。

《意见》指出，要通过支持民营企业技术创新、产业升级、开拓市场和兼并重组等措施，进一步支持民营企业转型升级。实施“专精特新”中小企业培育三年行动计划，到2020年培育1000家以上省级“专精特新”中小企业，引导民营经济向中高端产业布局和转型。开展科技型企业梯次培育行动，对认定的瞪羚、独角兽企业分档给予奖励和融资支持。

同时，江西省还将进一步降低民营企业经营成本，加强民营企业合法权益保护，完善惠企政策执行方式，推动各项政策措施落地、落细、落实，让民营企业从政策中增强获得感。把民营经济发展情况纳入高质量发展考核内容，并将考核结果作为干部选拔任用的重要依据，形成鼓励、支持、引导民营经济健康发展的强大合力。

民营经济是我国国民经济的重要组成部分，是推动社会主义市场经济发展的重要力量。当前，江西省正处于新旧动能转型和高质量跨越发展的关键时期，民营经济面临前所未有的新一轮发展大潮。为聚焦企业关切的问题，为企业家安心谋发展营造更好的市场、法治和社会环境，江西省吹响了“支持民营企业在行动”的号角。

民营经济成长壮大需要阳光雨露，需要基本养分。鼓励、支持、引导民营经济发展壮大，为民营企业和企业家排忧解难营造更好的发展环境，已然成为全社会普遍共识。

第三章　绿色生态

说到江西省的基本省情，总是离不开欠发达这个判断，也总离不开绿色财富这个判断。但是，对发展中的中国，发展中的江西省而言，纠缠在这样两个基本省情的判断中，是纠结的，如何在绿色影响下保持高速发展，又如何在高速发展实际中保持绿色。

2015 年，习近平总书记在江西考察时说，绿色生态是江西的最大财富、最大优势、最大品牌。

绿色，生态，是江西的财富，也是江西的比较优势。最代表江西，乃至中国的就是鄱阳湖。

我国魏晋南北朝时期，长江改道阻挡了赣江的排水，江水淹没了赣江下游的平原，三面山地的水源不断向北方出口聚集，中国第一大淡水湖形成了。鄱阳湖，它每年汇入长江的水量，超过黄河、淮河、海河三条河入海水量的总和，是名副其实的“长江之肾”。

2018 年 4 月 24—25 日，习近平总书记在视察长江时为长江经济带定了新规矩——共抓大保护，不搞大开发。紧随这一新规，2018 年 5 月 30 日，江西整治鄱阳湖一公里政策出台，《鄱阳湖生态环境综合整治三年行动计划（2018—2020 年）》，划定了严格的生态红线，除在建项目外，长江江西段及赣江、抚河、信江、饶河、修河岸线及鄱阳湖周边一公里范围内禁止新建重化工项目，周边五公里范围内不再新布局有重化工业定位的工业园区。

2019 年 8 月 14 日，江西省生态环境保护委员会召开第三次全体（扩大）会议。会议以视频形式开到设区市一级。省长易炼红出席并讲话，他强调，要深入贯彻落实习近平生态文明思想和习近平总书记视察江西重要讲话精神，以一鼓作气的决心和百折不挠的韧劲，坚决打好污染防治攻坚战，高水平推进国家生态文明试验区建设，高标准打造美丽中国“江西样板”。

在此次会议上，今年上半年全省生态环境质量及生态环境保护重点工作推进情况，中央环保督察及“回头看”反馈问题、长江经济带生态环境“警示片”披露的 17 个问题、长江经济带生态环境审计问题等整改落实情况；审议并原则通过了《江西省生态环境保护责任规定》《江西省生态环境保护督察工作规定》等文件。

易炼红说，加强生态环境保护，既关系全局又关系长远，既是一项重大的政治任务，也是一项重大的民生工程。生态优先、绿色发展的导向要进一步强化。生态环境保护要坚定不移，始终坚持在保护中发展、在发展中保护，将生态优先原则落实到经济发展的全过程，用打造江西全域景区的理念来抓生态环境保护工作。生态价值转化要积极作为，把各方面优质要素叠加起来，实现融合提升和充分释放，本着缺什么补什么、弱什么强什么、短什么拉长什么的原则，构建现代化绿色产业体系，努力走出一条绿色崛起的发展新路。

易炼红指出，动真碰硬、一抓到底的行动要进一步强化。问题整改要不留死角，突出整改重点，提高整改质量，一条一条进行梳理，一项一项列出清单，倒排工期、挂图作战，强化销号过程中审核把关，切实做到整改一个、验收一个、销号一个。制度执行要不打折扣，坚决维护制度的权威性，坚决铁腕执法，对制度落实不彻底、不规范的要责令整改，对故意违反制度要求的要严肃问责。监管机制要不断健全，坚持“源头严防、过程严管、后果严惩”，设立污染防治攻坚专项资金，鼓励各地加强工程性措施，提升污染防治能力。

易炼红要求，人人参与、个个担当的责任要进一步强化。属地责任、企业责任和社会责任要再压实，厘清责任边界，聚焦“关键少数”，拧紧“责任链条”，督促各类企业全面落实环保主体责任，推动环保社会组织规范健康发展，建立健全社会各界参与机制，发挥“12369”环保举报热线和网络平台的作用，营造生态文明共建共治共享的浓厚氛围。

第一节　山江湖实践（1980—2008年）

说到江西，人们就会联想起唐朝王勃写于南昌赣江之滨的《滕王阁序》。“襟三江而带五湖，控蛮荆而引瓯越”，“物华天宝，人杰地灵”，江西省的地理和生态的确有着得天独厚的布局。

鄱阳湖位于江西省北部、长江南岸，是中国第一大淡水湖，中国第二大湖，是国际重要湿地；是长江干流重要的调蓄性湖泊，在中国长江流域中发挥着巨大的调蓄洪水和保护生物多样性等特殊生态功能，是我国十大生态功能保护区之一，也是世界自然基金会划定的全球重要生态区之一，对维系区域和国家生态安全具有重要作用。

鄱阳湖可吸纳长江洪水，缓解长江中下游防洪压力，素有“长江之肺”的美称。而长江不仅是中华文明的摇篮，也是中国经济社会可持续发展的重要命脉。

而长江，是我国经济增长最具活力和潜力的区域之一——

生产了全国1/3的粮食；

创造了全国1/3的国内生产总值；

养育了全国1/3的人口。

是我国水资源配置的战略水源地、实施清洁能源战略的主要基地、珍稀水生生物的天然宝库、连接东中西部的“黄金水道”和改善我国北方生态与环境的重要支撑点——

流域内蕴藏着全国 1/3 的水资源和 3/5 的水能资源；

拥有全国 1/2 的内河通航里程，具有十分重要的战略地位；

维护健康长江，事关几亿人的福祉，事关中国经济社会发展的大局。

2010 年，江西省调动全省测绘技术力量，展开了一次全面的鄱阳湖实地测绘工作，以获得准确的湖底高程、湖流、草洲植被分布等数据。实测鄱阳湖既是研究、开发、利用鄱阳湖的需要，也是鄱阳湖生态经济区和水利枢纽工程建设的需要。通过实测，可以了解鄱阳湖草洲植被分布情况，掌握湖流的监测资料，获得矫正鄱阳湖水位、水面和水体容积的基础数据。

长江水利委员会评价称：与长江相连互通的鄱阳湖，上承赣江、抚河、信江、饶河、修河五大江河等区间来水，经调蓄后由湖口注入长江，是一个过水性、吞吐性、季节性的湖泊。它不仅是我国最大的淡水湖，也是世界著名的重要湿地；不仅是长江洪水的天然调蓄场所，也是长江生物多样性的重要区域，更是广大湖区人民赖以生存发展的重要基础。

1962 年，美国一本具有争议的书问世。《寂静的春天》揭开了一个惊世骇俗的发展黑幕，预言农药将使我们生存的世界变成一个没有鸟、蜜蜂和蝴蝶的世界。这是人类首次关注环境问题的著作，冲击了人们传统的发展观念，受到全球生产和经济部门的猛烈抨击。《寂静的春天》唤醒了人类“环境保护”的意识，也第一次让人类揭开发展的面具，细想黑色经济可能带给人类的危害，直接促成联合国于 1972 年 6 月 12 日在斯德哥尔摩召开“人类环境大会”，并由各国签署“人类环境宣言”，开始了环境保护事业。

西方国家在经历了数百年的工业化发展，在财富丰厚积累之后，才意识到发展的痛苦。对于发展中的中国，欠发达的江西，亟待补上工业化发展的课程，想赶超，要进位，但工业化的单向思维也让江西付出了惨痛的发展代价。

2017 年的统计显示，江西的环境影响排位一直处于全国的前列，林地面积

1079.9 万公顷，占全省国土总面积的 64.69%，森林覆盖率达 63.1%，位居全国第二位，仅次于福建省；湿地面积 91.01 万公顷，占国土面积的 5.45%，生态环境质量生态环境状况指数名列全国前茅。

这一综合指标性的排位不仅说明江西的环境影响价值，也说明江西对生态价值的全民认识。但是，与江西生态文明在全国的排位不同的是，江西的经济排位一直处于下游区，期间虽然时有升至中游区，但很快即降至下游区。直到 2012 年，江西才由经济的下游区升至并稳定在中游区。

城市化不仅仅是工业化的结果，城市化反过来可以作为工业化发展的依托空间和立足点，是工业化赖以成长的最为理想的“起跑点”。

世界发达国家城市化率一般都在 70% 以上。所谓城市化率就是城市人口占总人口的比重，是评价一个国家或地区是否发达的重要指标。目前，我国城市化率大约是每年增加 1 个百分点，可以预计，按目前的态势我国总体城市化率要达到发达国家的水平，大约在 2035 年实现。江西按这个目标规划，每年的城市化增加速率必须要高于全国平均水平，城市化率要保持每年增长 1.16 个百分点。

2012—2017 年是江西统筹推进区域协调发展，大力加强基础设施建设，城乡面貌发生根本性变化的五年。2017 年年末，江西省常住人口 4622.1 万人。其中，城镇人口 2523.6 万人，城镇化率由 2012 年的 47.5% 提高到 54.6%，城市人口历史性地超过农村人口。按照《江西省城镇体系规划（2012—2030 年）》，到 2030 年全省城镇化水平将达到 68% 左右，接近发达国家城市化率的水平。

江西依然有工业化、城市化发展的冲动和必需。

21 世纪，全国 90% 的外资、70% 的外资工业项目在沿海地区，与沿海的合作就是与国际的合作。江西按照“对接长珠闽、融入全球化”的方针，服务沿海，跟进沿海，对接沿海，主动承接东部地区产业转移，取得了显著成效。

2008年引进投资1亿元以上的工业项目就达到了253个，总投资额达1000多亿元，相当于2000年江西全省利用外资的15倍。

江西经济政策的调整，前提是沿海地区由于土地、资源、劳动力成本不断提高，大量劳动密集型、资源型产业正在快速向中西部地区转移。而且，产业转移的规模越来越大；产业转移的速度正在加快；对资源、能源依赖较强的产业向中西部转移的趋势更加明显。

产业转移是江西发展的一次机会，转移对江西借势发展是一个诱惑。江西不能缺席，江西也不愿意缺席。

江西要发展，江西也有发展的资本。

江西具有承接产业转移的资源优势。在中国已探明储量的220多种矿产中，江西有101种，保有储量居中国前10位的有54种。其中，铜、银、坦等10种居第一位，钨、金、钪等9种居第二位，铋、普通萤石、硅灰石等6种居第三位。亚洲最大的铜矿和中国最大的铜冶炼基地，分别为江西的德兴铜矿和贵溪冶炼厂。

江西不愿守着金山铜山却不发展。

江西具有承接产业转移的现代投资所需的各项基础设施。江西电力供给充裕；江西交通四通八达，已经形成空中、陆地、水上立体交通网。

江西具有承接产业转移的区位优势：江西东临发展势头强劲的长三角、闽东南沿海发达地区，西接长江中上游地区，区位优势明显。京九、浙赣和皖赣铁路在此交会，赣粤、昌九、九景、京福和景婺黄高速公路纵横交错。江西省会南昌市是京九铁路上唯一的省会城市；国家规划建设的山东东营至香港高速公路大通道纵向穿越该区域。

江西有多重优势，能发展。

江西心动，江西冲动。以江西在全国具有的生态功能，江西动，中部则动，长江则动，全国则动。更有专业人士善意地提醒，江西绿水青山，生态环境优良，在大规模的“城市化”“工业化”进程中，江西是否会付出“先污染，后治理”的代价？

在生态与补偿之间，在发展与保护之间，江西经历过许多的痛。

地处江西南部寻乌、安远、定南三县的东江源区被誉为粤港的“生命之源”。对粤、赣、港三地来说，东江源有着极为特殊的意义。

“月光光，照得港，山塘无水地无粮，阿姐担水，阿妈上佛堂，唔知几时没水荒”，这首民谣是中国香港20世纪被水荒所困的真实写照。

据史料记载，1929年香港出现天旱，政府实行七级制水，当年离港回粤人数多达7万。再往前看，由于缺水，前后曾有20万人逃离香港。

水，对于香港，有着太多的回忆和历史记忆。

1963年5月2日，由于水荒，香港政府将供水时间减为每天3小时，5月16日改为隔天供水4小时，6月1日当水塘的总存量降至只有79.6万立方米，约为总存量的1.7%时，又被迫实施更加紧缩的供水措施：每4天供水一次、每次只有4小时。该措施一直维持至1964年5月27日台风维奥娜袭港带来暴雨后才终止，长达整整一年时间。

20世纪60年代，当时香港电影人罗君雄在江西和广州实地拍摄引东江水入港的纪录片，奔走多个工地，拍摄工程的进行，从早期利用运水船输水，到后来输水工程完工的剪彩。一拍就是一两年的时间。1965年3月东江水正式供水香港那天，大型纪录影片《东江之水越山来》同步上映，刚经历过水荒的香港人，终于有水可喝，亦可目睹东江之水，如何越山而来。

该片也创下百万票房纪录。当时一部电影普遍票房不过数十万元，一部纪录片却可以过百万元的票房收入。只能说明香港人是多么关注东江，关注东江水。

今天，“香港地球之友”的实践团队叫“东江之子”。对于东江，香港人愿意称自己为“东江之子”。东江与香港的关系，可见一斑。

东江水入港，先将一条原本由南向北流入东江的支流——石马河变成一条人工运河，再把河水从下游抽回上游，逆流而上，流经司马、旗岭、马滩、塘厦、竹塘、沙岭、上埔、雁田，直至深圳水库，沿途修建六座拦河闸坝和八个抽水站，经八级提水，将水位提高到46米后，注入雁田水库，再在库尾开挖三公里人工渠道，将东江水注入深圳水库。

除供水香港外，东江水沿途还灌溉着16万多亩农田，排涝6000亩，每年还向沿线城乡提供3000多万立方米的生活用水。从1965年3月开始，每年向香港供水不少于6820万立方米的饮用水，香港叫“食水”。每立方米售价为当时人民币的一角钱。

后来，东深供水工程又扩建了三次，现在已将供水量增至17.43亿立方米，最大提水能力每秒约69立方米，其中11亿立方米原水供港，另向深圳供水达4.93亿立方米，沿线灌溉用水1.5亿立方米。

1989年广东省与香港两地政府签署了供水协议，输港东江水的水价由广东省与香港两地政府每年协商决定，调幅会根据运作费用的加幅，并考虑到粤、港两地的有关物价指数，以及港币兑人民币的汇价变动而决定。

而随着香港人口的增长比预期慢，又加之香港工业区北移，香港从水危机变为了水过剩。由于供大于求，香港在1998年至2003年期间，把价值超过30多亿港元的东江水排入大海，这不仅是水资源的浪费，也在浪费香港纳税人的钱。此事引发香港公众的强烈谴责。此后，香港特区政府与广东省重新制定了弹性供水协议。

我们看到，每次的供水协议都是抛开水源地江西的一份协议，这既有历史传统、行政管理的原因，但不能不说，这其中也有着经济上强弱话语权的问题。

在利益面前，共饮一江水的粤港并没有太多关注水源地江西的感受，直到2004年。

2004年3月18日至19日两天之内，“绿色和平”的香港环保组织分别在引东江水入港的密封水管的入口地带抽取了32个源头水样本。该组织随即发布消息称，其中大肠杆菌超标3000多倍，还有部分样本发现水银等致命重金属。这个结论引起港人的极度恐慌。虽然香港水务署很快就对这份报告予以强烈反驳，但是东江水是否可安全饮用，已经牵动了香港市民的心。

东江的生态问题浮出水面。

2005年6月，江西省决定投资14.2亿元人民币，围绕东江源区环境保护和生态建设，实施了生态林建设、水土保持、矿山生态恢复、生态农业、防洪饮水供水、农业面源污染综合防治、生态旅游、生态移民和生态环境预防监测与信息管理体系建设等九大生态工程。

此项宏大“生态工程”当时的具体目标是：到2010年，东江源区水环境将得到明显改善；水质总体上达到国家二类水标准；东江源头区域森林覆盖率达到85%；有效控制人为造成的新水土流失；等等。

此消息一出，粤港民众备受鼓舞。

此外，为确保东江源区生态环境和可持续发展，按当时制定的《东江源区生态环境补偿机制实施方案》规定，从2005年至2025年，由广东省每年从东深供水工程水费中安排1.5亿元资金，用于东江源区生态环境保护，以弥补江西国家级贫困县寻乌、安远和省级贫困县定南关停数百家矿点企业所做出的牺牲。

2008年的全国人大会议上，全国人大代表、时任江西环境保护局副局长雷元江呼吁建立东江源国家级生态功能保护区，以确保香港等地用水安全。并呼吁国家介入协调粤、赣两省的补偿事宜，建立两省政府东江源生态补偿联席会议制度，启动广东实施生态补偿的具体措施与标准，东江源区确保提供稳定优质水源的责任等协商进程，等等。

生态补偿机制是以保护生态环境、促进人与自然和谐为目的，根据生态系统服务价值、生态保护成本、发展机会成本，综合运用行政和市场手段，调整生态环境保护和建设相关各方之间利益关系的环境经济政策。该机制主要针对区域性生态保护和环境污染防治领域，是一项具有经济激励作用、与“污染者付费”原则并存、基于“受益者付费和破坏者付费”原则的环境经济政策。

针对江西东江源、云南三江源、浙江新安江三个具有战略意义的水源地，建议建立生态补偿机制的呼声已有十余年。到2010年年底，新安江已经通过了国家作为全国跨省河流的生态补偿试点。

东江是珠江流域的三大水系之一，其流域内年平均水资源总量达到331.1亿立方米，并直接肩负着河源、惠州、东莞、广州、深圳及香港的用水，沿线是中国，乃至当今世界经济最发达的、最有活力的地区，保守估算年产生的经济效益在60亿元人民币以上。而其源头却是江西国家级贫困县寻乌、安远和省级贫困县定南。

但在实际操作中，东江生态补偿机制迟迟未动，同时，由于东江过境断面的水质达不到三类水标准，江西要求广东等地进行生态补偿越来越缺乏说服力。

江西，手捧金饭碗没饭吃。

稀土是17种元素的总称，这些被称作“21世纪战略元素”的金属，因具有优良的光电磁等物理特性，广泛应用于计算机、风力涡轮机与电动车等清洁能源技术及其他领域。对一些高尖科技如航空、信息及能源等工业非常重要，如iPhone手机屏幕就掺有稀土。

中国稀土储量占全球的36%，产量约占全球的90%以上，而江西省就占全中国稀土储量的六成，赣州市则是江西省稀土的主产地。

赣州的稀土，严格地讲不能叫作矿。这里的稀土是离子吸附型稀土，以稀土的 16 种元素的形式存在于花岗岩体内全风化带的。在 10 米厚度的风化带里有全部的稀土元素，但是并不富集，达不到稀土矿的品位，所以不能够大规模工业化开采和规划，只能手工作坊式地开采。

这种特性种下了赣州曾经疯狂开采的种子。

赣州的稀土分布在龙南、全南、定南“三南”范围。在这个核心地带，总计探查勘测出 100 多处稀土矿点，资源量 100 万吨。

赣州第一次发现稀土是 1969 年江西地质调查队在龙南县足洞寻找铌钽矿，结果铌钽矿没有找到，却发现因雨水充沛，花岗岩风化后形成松软的高岭土中稀土所含 16 个元素在里面都能找到。后经北京的专家鉴定，得出了“离子吸附型稀土元素”的结论。

最早赣州建立了几个大型国有稀土矿，周围的群众也跟着学做，从山顶挖个坑洞，注入硫氨原液，坑洞内的红色土质遇到硫氨，就能将稀土离子置换出来。液体再通过管道流至山体底部蓄水池，然后加入酸性物质发生化学反应，液体又被抽入山顶坑洞，如此循环几次，即可得到稀土原材料，此谓“原地浸矿法”。

这些土法开采及提炼稀土金属，持续进行了几十年，给稀土矿附近的生态环境带来了无可补救的灾难。到 1991 年，赣州矿管局成立时，作为最早被开采的足洞地区，已经无稀土可采。

由于开采稀土使用大量酸性腐蚀剂，开挖稀土产生的废水未经任何处理，直接就地在坑洞内渗透，下雨涨水漫溢流向周边。

赣州的龙南县，这个“稀土王国”，因开采稀土导致生态破坏尤为严重，随处可见红褐色、寸草不生的裸露山体，不少河溪的黄浊臭水，人畜皆不能用，农民不得不蓄雨水备用。

被提炼稀土时使用粗暴简单技术时的酸水浸蚀过的田地，基本是草木不生。

在暴雨时，大量的尾矿夹杂废水冲出来，吞噬了不少农田和耕地，甚至危及房屋。村民们担心矿场围沙坝囤积满河床的泥沙，随时都可能塌方给下游村民带来毁灭性的灾难。

更可怕的是，河里的小鱼小虾近乎绝迹。“水有毒、土也有毒”，最起码的生存环境都没了，不少人只好外出打工。

为解决因稀土矿长期开采导致的水土流失和污染问题，2010 年年底，龙南县和信丰县一共获得了江西省下拨的 4370 万元专项资金，用于稀土废弃矿山环境治理。

为促进稀土的持续健康发展，赣州市 2011 年 10 月对稀土开采点进行了全面的停产整顿。然而，由于赣州稀土矿区面积太大，监管难度很大，尽管私挖盗采现象得到有效遏制，但难以根绝。

工信部 2012 年披露了关于稀土的几个数字：江西省 51 个稀土企业 2011 年全年稀土主营收入 329 亿元，利润为 64 亿元，然而，仅江西赣州一地，若对开采稀土等矿产破坏的土地进行生态修复，预计资金投入将高达 380 亿元以上，如果要恢复到未开采稀土前的状态，至少需要 1000 亿元。而赣州市在 2011 年的财政总收入，也就只有 180.32 亿元。

稀土，短暂的财富之梦，给当地带来了长期的财政负担；个人的财富之梦，给当地民众带来了集体的生态灾难。

从遥感地形图上看到，江西东、南、西三面群峦叠嶂，中间盆地舒缓，河流纵横，北部低洼，湖泊星罗棋布。从高山上下泄的 2000 余条大小溪流汇成了贯穿全境的赣江、抚江、信江、饶河、修水等五大水系，最后汇入我国第一大淡水湖鄱阳湖，这种相对独立的山、江、湖结构，占了江西省面积的 97%。

更值得注意的是，这个山江湖结构，每年为长江输送的水量占了长江总流量的29%。可以说，江西的山江湖与长江中下游的安危息息相关。

在江西省山江湖委员会办公室的展览室，一座30多年前的地貌沙盘令人触目惊心：裸露的山脊、黄色的平原、浑浊的河流湖泊，森林覆盖率仅为31.5%……这就是当时江西的生态景象。

这片隶属于长江流域的红土地忽视了科学治理，出现过山区毁林种粮、湖区盲目围垦和滥捕等短期行为，造成生态环境恶化；同时，人口的猛增带来了过量的索取，森林退化、植被单薄使这里的水土大量流失。长年累月，南方急骤的雨水从光秃秃的丘岗上冲刷下了无数泥沙，它染红了大江小溪，而正是这赣、信、抚、修、饶五条代表着整个江西水系的大河日复一日、年复一年地剥蚀着群山，绿山变成秃岭，红岗变成了泥丘。每年携带着大量泥沙的江水把原本拥有5000平方公里的鄱阳湖底淤塞、填高，鱼群衰亡，血吸虫死灰复燃。20年前，国际水土保持专家查获理期夫妇说："兴国县水土流失已是世界之最，可称'江南沙漠'。"歌谣唱出了江南沙漠的景象，"光山秃岭和尚头，洪水下山遍地流；三日无雨田龟裂，一场暴雨沙满丘"。大面积的中生界花岗岩组成的疏松地表，经不起人们对植被的践踏，失去平衡的大自然无情地报复它的主人。到1980年，兴国县2240平方公里山地，水土流失面积占84.8%。严重的水土流失导致旱涝灾害频繁，"山无树，地无皮，河无水，田无肥，灶无柴，仓无米"。1982年，兴国县人均纯收入只有121.2元，人均产粮仅240公斤。1983年，被列入全国林业水保重点治理区。因水土流失，全省水运航行里程由过去的1.2万公里锐减至5000公里。泥沙俱下，造成鄱阳湖不堪重负，水体萎缩，湖泊功能下降，湖区洪涝灾害严重。20世纪80年代初，仅赣南一处，每年水土流失达5353万吨，流失面积达1616万亩，占了整个山区的40%。据20世纪90年代初对鄱阳湖的测定，湖区面积已经缩小到了3000平方公里，枯水期湖区水面仅为146平方公里，完全失去了为长江分流蓄洪的能力。在汛期暴雨肆虐江西全境时，千万条河流携着大量的泥沙奔腾而下，风刮着红色粉尘把翠竹丛变成了红树林，殷红色的洪流穿过千沟万壑涌入鄱阳湖，经湖口，流入长江……

当时鄱阳湖地区的现状可以用三个“三分之二”来概括，即湖区县的GDP、财政收入和农民人均收入均占全省平均数的三分之二。对于江西有着举足轻重的经济社会地位。看到这一切，来此的国外环境学家断言：“恢复这里的植被是神话！”

1983年，江西省委、省政府组织省内9个厅局、39个科研机构和大专院校，包括中科院南方山区综合考察队，一共600多名自然科学和社会科学工作者，联手对鄱阳湖和赣江流域进行全面、深入的综合科学考察和开发治理研究试验。

从1984年开始，江西省即着手对鄱阳湖的调查与研究。国内外200多位专家经过两年调查得出结论，地球上11%的植被正遭破坏，1%的土地成为不毛之地……在这样的大背景下，江西省的山江湖工程受到了国内外的特别关注。在考察中，专家们发现，治理鄱阳湖的关键在于解决泥沙淤泥淤积问题，要解决泥沙淤积只有从山区、源头和水土保持抓起。由此得出共识：“治湖必须治江，治江必须治山”；山是源，江是流，湖是库，山、江、湖互相联系，共同构成了一个互为依托的大流域生态经济系统。这一科学认知，抓住了治理山、江、湖之间不可分割的内在联系，体现了山江湖工程开发治理的系统论思想。

20世纪80年代中后期，山江湖工程在取得共识后，进入第二阶段后将治理山江湖和发展经济、脱贫致富结合起来。由于贫困人口主要集中在山区、湖区，这些地方要发展经济摆脱贫困，就必须治理山水，改善生态环境，提高生态经济系统的生产力。基于这种认识，山江湖工程进一步提出“立足生态，着眼经济，系统开发，综合治理”的方针，将山江湖工程由单纯的山水治理系统工程扩展为治山、治水、治穷相结合并融为一体的生态经济系统工程。先后形成九大类型100多个试验示范基地和推广点。由省长挂帅，成立了江西省山江湖开发治理领导小组暨办公室，对山江湖开发治理进行统一规划、管理和协调。编制《江西省山江湖开发治理总体规划纲要》，并于1991年提请省人大常委会审议并批准，从而把山江湖工程纳入法治的轨道。

领导机构成立后，以1992年世界环境发展会议为契机，山江湖工程成为《中国21世纪议程》首选项目之一，并纳入可持续发展理论的轨道。山江湖工程的实践，由于符合经济与环境协调发展的潮流而举世瞩目，成为江西对外宣传的重要窗口。另外，山江湖工程又成为《江西省经济社会发展“九五”计划和2010年远景目标纲要》的重要组成部分，使山江湖工程成为政府的重大决策的依据。

山江湖区先后建立了9大类26个试验示范基地和127个推广点，112个农业综合开发基地和6个小流域治理样板。从1985年到1996年，全省400万贫困人口脱贫；水土流失面积从330万公顷下降到130万公顷；全省城镇植树造林230万公顷，基本上消灭了宜林荒山，森林覆盖率由31.5%上升到59.7%，泥沙入湖量大大减少。全省水面2500万亩占全国淡水面积的1/10。昔日“山光、田瘦、人穷”的荒凉山村，初步出现了“山青、水绿、人富”的景象。

1996年，山江湖工程实施的《中德合作：江西省山区可持续发展项目》，引进了参与式工作方法，实施以小流域为单元的可持续土地利用规划以及山区资源合理开发与科学管理。该项目就选择在赣南，山江湖山的源头，以山区为主要国土类型的赣州地区，该项目10年完成，分三期实施。第一期3年为试验、示范阶段，涉及赣县、崇义、南康等3县（市），4个小流域，近200平方公里面积，约有3万农业人口；第二期4年为完善、推广阶段，在崇义、南康、于都三县（市）的三条小流域进一步推广；第三期3年为大规模推广和巩固阶段。

在赣南的这几个小流域治理中，特别典型的是南康区境内的龙回河治理的成功。龙回河是赣江上游的二级支流，流经3个乡，由于植被破坏，水土流失面积占山丘面积的70%，其中强度流失面积占1/3，部分农国成了“江南沙漠”，有“龙回千百家,家家米淘沙”的民谣。他们以小流域为单元,三个乡统一规划，综合治理，采取“山顶树，山腰果，山边猪，水面鸭，水中鱼”立体开发模式。经过10年努力建立了南康柚、瘦肉型猪和板鸭加工等三大拳头产品，农民人均纯收入接近全省平均水平。“龙回模式”被中外专家誉为中国南方山区治理水土的“希望之光”。

红壤占江西全省土地面积的70%，改造红壤、建立良性生态经济系统刻不容缓。泰和县千烟洲原是典型的红壤丘陵荒地，是个水土流失严重的穷山村，经过开发，形成“丘上林草丘间塘，河谷滩地果鱼粮，畜牧水产相促进，加工流通两兴旺”的产业链和食物链结构，并且实行“乔灌草”“种养加”“长中短”三结合，使水土流失得到控制，农村经济迅速发展。1995年农民人均纯收入达到2500元，比全省平均水平高1000元，比开发前增长20倍；森林覆盖率已由开发前的4%增加到95%以上。科研单位还利用千烟洲基地完成了10多项土壤改良和利用的科研项目，先后有27批外国专家前往考察，被联合国教科文组织列为红壤丘陵综合开发治理试验研究的国际示范站。红壤丘陵的治草问题以江西省百喜草为例。百喜草特别适宜于江西省红土丘陵上进行水土保持，经过几年的努力，推广到全国20个省、43个单位，其中包括湖北三峡库区还有一个百喜草的示范基地。百喜草及其配套技术体系属于当今中国治理红壤的领先技术。

山地生态林业规模经营开幕模式，适宜于坡度大的山地，建立以林为主、林工贸结合、多种经营的生态林业经济系统。以九江市的永修县京发林业合作社最具特色：一是采取合作制方式，进行大面积开发，经营山地面积达到210公顷；二是林间套种生长期短的经济作物和果树，实行林农结合；三是发展林产品加工业和商贸业，形成林业一、二、三产业协调发展，三大效益相统一的林业生态经济系统。

如今，合作社周围近万公顷荒山变成了“绿色银行”，生态经济系统进入良性循环。这种模式对实现山区林业产业化有重要的借鉴意义。

丰城市杜市乡利用水稻田埂营造池杉，试验效果明显，改善了农田小气候和生态环境，林网内风速降低 30%—50%，农田温度、湿度得到有效调节，农田冬季温度较高而夏季较凉，林网内的蒸发量减少 20%。其次，池杉的根系发达，对护路固定田硬、防止特大暴雨对农田的冲毁，有明显作用。农田生态环境的改善，使水稻单产比提高 5%—11%，粗蛋白的含量提高 18%，此外，还能提供一定的木材。该项目被列为农业农村部和江西省重点推广项目之一。

江西有 380 万公顷宜牧草地资源，但长期没有得到开发利用。叶安地区畜禽良种场草地基地进行以“草业为龙头，牧业为主”的开发试验比较成功。通过种草、发展草食畜禽和养鱼，果草间作，并利用籽粒苋提取天然色素，形成了以草促养、以牧促农、种养加工结合的良性生态经济循环模式。高安市朱徐村等地也进行了草业开发试点，创立了“草牧渔”“草牧农”开发模式，在全市推广，恢复了 1.2 万顷草地生产能力，饲养肉用牛近 10 万头。这项实验对我国南方农区的草山坡利用，有广泛的推广价值。

鄱阳湖区大水面资源丰富，山江湖工程选择了湖区的余干县进行大水面开发试点。该县拥有可利用水面 2.5 万公顷。他们采取典型引路系统推进的方法，选择了三个试验点，根据不同的水体生态环境，采取不同的养殖模式，基本做法是水中养鱼、蟹、珍珠，达到循环利用和改善生态环境的效果。在试点区开发大水面 4800 公顷，改造低产鱼池 4000 公顷，大水面单产比开发前提高 1.5 倍。

官田湖位于鄱阳湖区，总面积 584 公顷，其中湖滩草洲 307 公顷。由于血吸虫肆虐猖獗，水土资源难以利用，人民生活困苦。他们采取“治虫与治水”“治虫与治山”“治虫与治穷”三结合的办法，以破坏钉螺繁衍的水陆相生态环境。

他们疏通和拉直南阳河，兴林灭螺，使官田湖区的森林覆盖率由5%提高到57%。同时，高速产业结构，改水田为旱作，低洼地蓄水养殖，增加了农民收入，达到既治虫又治穷的目的。

南昌县冈上乡地处赣江边，土地沙化严重，盛夏沙洲如火，寸草不生；秋冬飞沙滚滚，没田毁村。治沙试验基地选择耐旱耐瘠树种、草种为先锋植物，先后造林种草530多公顷，有效地遏制了风沙的进一步扩大，地表开始长出低等植物，出现片片绿洲，预示着生态环境开始恢复。在此基础上，产出沙化低产田260公顷，结合发展林果业、畜牧业，使土地得到进一步改良。这个乡被林业部列入全国九大治沙示范区之一。

当今世界，城市生态环境和保护问题日益突出，山江湖工程也从治理农村山区的环境生态向治理城镇的环境生态推进。1987年宜春市建立了全国第一个生态市规划和建设试点。他们运用环境科学、生态经济理论和系统工程手段，将城市和乡村作为一个完整的生态经济系统，使城市达到国家二级标准，农村达到一级标准，为生态市建设提供了经验。

山江湖工程创造了丰富的开发模式，概括地说，就是把山江湖作为一个互相联系的大流域生态经济系统，以可持续发展为目标，以科技为先导，以开放促开发，治山、治江、治湖、治穷有机结合，辨证施治。实现了发展的可持续性，持续能满足现代人和子孙后代的利益，达到现代与未来人类利益的统一；发展的协调性，经济和社会发展充分考虑资源和环境的承载力，达到社会、经济与资源、环境的协调发展；治山、治水与治穷的统一性，通过治山治水，改善自然环境，合理利用当地资源，实现脱贫致富。

20世纪90年代，赣南地区从当地实际出发，探索出了一种具有地方特色的生态农业“猪沼果”工程。到1998年年底，建成沼气池33.42万个，发展果园218万亩，年生猪出栏400万头，并开展了1053个沼气生态村和107个沼气生态乡（镇）的建设。“猪沼果”工程的具体内容是每户建一口沼气池、人均年出栏两头猪、人均种好一亩果，当地称之为“121”工程。这一工程后来被广泛地运用到其他种养业领域，形成了“猪沼鱼”“猪沼菜”等生态农业工程。“猪沼果”工程的核心是每户建一口沼气池，利用人畜粪便下池产的沼气做燃料和照明，利用沼液、沼渣养鱼、喂猪、种菜、种果，从而多层次地利用和开发了农村的经济资源，提高了经济效益，改善生态环境，增加了农民收入。

从赣南地区广大居民的实践来看，实行“猪沼果”这一沼气生态农业工程，好处确实很多，赣南的干部群众把它概括为六大好处。

一是有利于封山育林，减少水土流失。一个 6 立方米沼气池的正常产气量用作燃料，一年可节约柴草 2.5 吨位，相当于 0.35 公顷林木一年的 167.1 万亩。

二是有利于土壤的改良。据测定，水稻田连续施用三年沼肥后，其土壤微生物十分活跃，从而减少化肥的使用。

三是有利于增加农作物和果树的抗旱、抗冻和抗病虫害的能力，提高农产品的品质。沼液不仅可以浸种、浇菜、喷果，还可喂猪养鱼。如脐橙被施沼液后糖分更高，口感更好；猪吃了含沼液的饲料后，长膘快，出栏早，毛色光亮，很有卖相。

四是有利于农户节省开支，增加收入。一个农户建一个 6 立方米的沼气池，常年存栏 4 头猪，一年下来，通过节能可减少开支 600 元左右。通过施用沼液、沼肥，每亩农作物可减少化肥、农药投入二百来元。沼液、沼肥的综合利用还可以较大幅度地增加农产品产量，如水稻利用沼液浸种育身后，单产可提高 7.5%—15.4%，使农民增加收入。

五是有利于改善农民居住环境，提高农民的健康水平和生活质量。兴建沼气池，促进了家村的改水、改厕工作，减少了疾病传染，改善了环境卫生，村容村貌有了较大的改观。

六是有利于提高农民的科技意识。1999 年 7 月在赣南开的现场会上，此模式被农业部定为“南方模式”。“猪沼果”工程在 20 个省（市）推广 81 万户。其中赣南推广 45.69 万户，生态农业示范村 1053 个、示范区 107 个、生态庄园 998 个。

赣南地区推行的“猪沼果”工程尽管在发展中也还存在着一些需要继续探索和解决的问题，如发展还不平衡、后续服务跟不上等，但总的来说，“猪沼果”工程已经取得成功，确实为南方农村提供了有益的方法。

21 世纪，让江西对未来有了很多的期许，山江湖的下一步也需要有一个新的目标、新的方向。

1999 年 11 月在南昌召开的流域管理国际研讨会上，专家提出，21 世纪中国应该建设开放的生态经济区，而江西在全国最有条件成为一个省级生态经济区。还有专家提出，生态经济发展战略是江西在 21 世纪的发展战略之一，其基本构想就是建立在山江湖工程治理的基础上提出来的。

21 世纪，江西在高标准地搞好山江湖工程治理，进一步优化生态环境的基础上大力发展了三大支柱产业，这三大支柱产业为：以生态农业为主的现代农业；以有机仪器和绿色农产品为主的绿色产业群；以生态旅游为主的旅游业。在山江湖开发治理的具体部署中，把小流域治理开发作为基础单元，并把小流域开发与县域经济发展结合起来，形成生态经济的良性循环，从而实现经济效益、社会效益、生态效益的协调统一，把江西比较好的生态资源优势转化为经济优势。所以在制订“十五”科技计划的时候，江西设想实施一个科技行动计划，就是生态经济区建设工程；以开发绿色食品和绿色农产品，培育有江西特色的绿色产业群为目标，在“点、线、面”实施全方位开发。所谓“点”就是选择不同生态类型的典型区域，建立 12 个各具特色的生态经济区建设示范点，探索和完善不同技术模式，逐步扩大示范区域；所谓“线”就是以京九沿线星火产业带为龙头，建立水稻、油菜、水果、蔬菜、茶叶、生猪、奶牛等种、养、加、销售为一体的优质高效试验示范基地；所谓“面”就是培育绿色产业群，大力发展有机食品产业、生态农业、生态工业、生态旅游业以及环保产业。

以婺源县为例，这个县森林覆盖率 81.5%，被称为“最后的香格里拉”。全县分三个生态农业区：东北为生态林业区，中部为生态茶果工，西南为粮牧渔生态区。它是中国第一批生态农业县，第一个文化生态旅游 AAAA 级景区。其产品有红（荷包红鲤鱼）、绿（茶）、白（江湾梨）、黑（砚），AA 级大鄣茶出口欧盟市场 6000 多吨，占市场份额的 80%。

以流域为单元进行开发治理既容易形成系统的生态效益、经济效益，还可以有效地阻断流域外环境污染的干扰、破坏。山江湖工程坚持了以流域为单元，以群众为基础的工作方法，将工程不断地向纵深推进。

山江湖是一个宏大的生态经济系统，只有形成生态、经济、社会的良性循环，才能达到长治久安的目的。

山江湖，剑指两个目标，一个是环境，要一个绿色山河；一个是经济，要一个民富省强。

自上而下、层层下命令下计划是一种办法，但这种“国家出钱、农民种树”的传统做法，却是“年年不见树成材，隔日变成灶边柴”，往往事与愿违。特别是经济落后山区的农民为了自身温饱，不惜砍树挖根，甚至掘地三尺，把草根都搬进了灶间，要他们去种树，要他们去重视生态，无从谈起。要规划，要发展，最有发言权的是农民。换言之，治湖必先治江、治江必先治山、治山必先治穷。只有农民生活有了保障，只有他们看到了实惠，才会自觉地投身于生态建设及保护。于是在“治山必先治穷”后又添了一条“治穷必先治愚”。几年间，江西山江湖工程先后举办了 1400 期学习班，培训农民达 12 万人次。最后确定了 9 个大类、27 个典型模式，为发展生态经济提供了基础。

在赣中千烟洲，这个曾一度有雨成海、无雨生烟的红岗地区，树被砍光，草被挖尽，一年中，农民靠着贫瘠的红土只收获半年稻粮，无林、缺水、土地荒芜困扰着人们。山江湖工程就在这片被外国人称作“恢复植被是神话”的地区起步。他们在秃岭上挖坑、积水、撒草籽，这种“工程生态法”在当年就产生了效应，远远看去，细草爬满了红岗，农民看到了实效，于是果树苗被栽上山岗。水土流失终于在几年后止住了。心血的浇灌，使千烟洲已经出现了“丘上林草丘间塘，河谷滩地果与粮，畜牧水产相促进，加工流通更兴旺”的生态和经济良性循环。在龙回镇，山江湖工程按照农民的意愿分片分区规划治理。以生物措施和工程措施相结合，防护林和经济林相结合，灌草一起上，对寸草不生的重度水土流失的山丘进行重复治理，先后修筑水平梯田，竹节沟、反坡台和筑砌横沙坝。综合治理流失的面积 5 万亩，治理崩岗 150 座，营造水保林 8400 亩，探索出了一条小流域快速绿化的新路子。仅仅几年工夫，这个昔日“山光、田瘦、人穷”的穷山沟，在治理山江湖的过程中，开始了它“山清、水秀、人富”的转变。在既无煤又无电的深山，以往靠毁林当柴的农民如今养起了大群肥猪，以猪粪做沼气，既清洁了环境，又避免了砍树当柴。在鄱阳湖与几条大河交接的大片湖区，原本只靠捕鱼为生的农民如今建起了大型鹅舍、大型沼气池，结合饲养鸭、鹅、肉役两用牛和水面养殖，形成了种草—养畜—蓄肥入沼池—沼渣养鱼、供热照明—塘泥肥果园的良性循环。

鄱阳湖区及赣南山区的巨变，使人们看到了山江湖工程的希望之光。在地处赣县的梅林生态农业示范场，经过综合治理，这个原有水土流失荒山 700 亩的示范场，出现了“山岭植树种草，山腰果木环绕，山下禽畜成群，山间拦水养鱼”的格局。江西山江湖总工程师杨志远说：山江湖工程经历了由防灾、减灾、治山治水、环境整治与治穷、治贫相结合的过程，如今赣南山地的养殖、沼气、果树综合开发，吉泰盆地红壤丘陵的立体开发，鄱阳湖区的“治虫治穷”扶贫，赣北滨湖区风沙化土地的综合治理等典型，都历经了10—15年的不懈努力。这些适应不同地区特点的试验基地和推广基地，为广大农民提供了样板和成套技术，“治穷、治山、治湖”这一先导性发展模式显山露水：全省森林覆盖率增长近一倍，水土流失面积下降近三分之二，鄱阳湖湖体面积恢复到新中国成立前水平，600余万贫困人口脱贫致富。全球自然基金干事Garcia博士赞叹：“山江湖工程已成为全球在经济发展过程中保护环境的典范工程。”

中外专家对江西这么早就把环境与经济社会的协调发展提上日程赞叹不已。中科院院士孙鸿烈说：“山江湖工程开创了我国流域实施可持续发展战略的先河，江西在20世纪80年代初就有这种理念，难能可贵。”亚洲防灾中心专家说：“山江湖工程抓住了本省的自然特征，用综合治理的方法带动发展，具有示范推广价值。”

前来学习考察的各国专家学者认为，山江湖工程不仅仅是单纯地改造自然，它还是推广可持续发展模式的试验田：小流域综合治理、红壤丘陵立体开发模式、“猪沼果”生态农业模式、生态农业和绿色食品系列模式得到大面积推广，建立了9大类28个试验示范基地和100多个辐射点，形成了遍布鄱阳湖流域的试验示范网络，可持续发展理念广为传播，植入人心。

当年任江西省省长的吴官正率江西山江湖代表团访问美国，站在田纳西河大坝上，俯视着50多年前和江西相似的红土地时，深有感触地说：50多年前，美国人靠一条河的开发，带动了一片落后地区的经济起飞，我相信，凭着江西4000万人的执着追求，经过几代人的努力，我们一定能把山江湖地区建成人类与自然和谐相依的典范。

决定加上实干，政策加上全民参与，红土地上发生了翻天覆地的变化。山江湖工程被列入了《中国21世纪议程》中首批优先工程项目，世界各国也肯定了江西山江湖工程，山江湖也当之无愧地成了长江流域和中西部地区防治水土流失和流域治理的榜样。

山江湖不仅在当时，今天看，它也为鄱阳湖生态经济区铺就了发展的根基，并探索了可供选择的治理和发展模式。可以说，山江湖工程的内涵极为丰富，概括地说，就是把山江湖作为一个互相联系的大流域生态经济系统，以可持续发展为目标，以科技为先导，以开放促开发，治山、治江、治湖、治愚、治穷有机结合，辨证施治。

山江湖工程得到了历届江西省委、省政府的高度重视和大力支持，使之成为江西省实施时间最长、涉及面积最广、参与人数最多的伟大工程。

回顾山江湖工程的历程，可以看到，组织保障的连续性，保障了工程步步推进。1984 年，成立赣江流域与鄱阳湖区治理开发协调小组；1985 年，江西省人民政府赣江流域及鄱阳湖区开发治理领导小组；1991 年，江西省人民政府赣江流域及鄱阳湖区开发治理领导小组改组为江西省山江湖开发治理委员会。江西省山江湖开发治理委员会是省委、省政府统筹协调山江湖综合开发治理重大事项、推进山江湖工程建设的重要议事协调机构。1994 年，中共江西省委、省政府决定将省山江湖办升格为省政府（副厅级）直属事业单位。省山江湖办是江西省山江湖开发治理委员会的日常办事机构，成为省发展和改革委员会管理的副厅级事业单位。

根据《江西省机构编制委员会办公室关于山江湖委办主要职责和内设机构调整的批复》（赣编办文〔2016〕179 号），内设综合处、生态建设处、国际合作处等 3 个职能处。江西省山江湖办生态环境保护与流域综合治理院士工作站，江西省山江湖开发治理委员会办公室“流域管理与生态保护”博士后科研工作站，江西山江湖可持续发展促进会挂靠省山江湖办。

江西开发治理山江湖中所表现出的伟大精神和无穷创造力，为处在环境与发展两难之中的发展中国家带来了走出困境的“希望之光”。联合国开发计划署官员考察了江西省山江湖开发治理工程后，做了上述高度评价。到 2000 年，江西省总结山江湖工程的成效时，该工程已经提前超额完成了预期目标，五大河年入湖泥沙量由 2000 万吨下降到了 800 万吨，湖区贫困人口由 620 万人下降到了 90 万人。

宋健在《实施可持续发展战略贵在科学实践》中提到："始于 80 年代初期的江西山江湖开发治理工程，是经济与环境协调发展的一次主要实践，是一项以可持续发展为目标的艰巨浩繁的距世纪工程。"

山江湖工程已经成为江西经济发展的奠基工程、国际社会可持续发展的典范工程，体现的是一种朴素的可持续发展理念，开了国际社会可持续发展风气之先，搭建了与世界交流的广阔平台，江西的宝贵经验传之四海、造福人类，世界的先进理念前来生根发芽、开花结果。

自山江湖工程设立以来，江西始终以开放的姿态迎接八方来客。通过实施"内联外引、合力推进"等开放战略，充分利用政府和民间两个渠道，工程先后与 30 多个国家、地区和 10 多个国际组织开展了交流与合作。山江湖工程先后获得了联合国开发计划署、世界银行、德国和新西兰政府、全球自然基金等援助项目。据不完全统计，获得援助资金总额超过 6 亿美元，数以千万的农民获益。

山江湖工程，已有联合国教科文、粮农、开发计划署、欧盟等国际组织和日本、德国、英国、美国等国家的官员、学者，慕山江湖工程之名前来交流合作：江西山江湖工程技术人员也应邀多次出国考察、交流和进修。1990 年 6 月，联合国开发计划署设立《中国江西山江湖开发》无偿援助项目；1992 年 6 月，江西山江湖工程作为我国区域可持续发展的典型选送巴西世界环发大会，引起各国代表关注；1993 年 5 月，德国政府决定长期援助"山江湖"工程，随后就在技术、资金上有计划地帮助江西进行大范围山区综合开发；1994 年 4 月，联合国开发计划署驻地代表团贺尔康专程赴赣考察，落实了 2400 万美元贷款。这样广泛的合作和援助，加速了未来生态经济区的对外开放，拓展其融资渠道。

山江湖工程实施多年的开放战略，不仅让世界的先进理念在江西生根发芽、开花结果，也推动江西积极“走出去”，向发展中国家推广区域可持续发展的先进理念和成功经验。江西省多次为发展中国家举办水稻培训班，传授杂交水稻培育技术。印度尼西亚的于妮女士在参加培训后，由衷地说：“山江湖工程让人刮目相看。”

山江湖工程的实践证明，开放是实施高效管理的关键。江西作为一个内陆省份，自身比较封闭，财政投入也很有限，只有开放，才能跳出江西看江西，以世界的眼光看江西，从而学习许多国家经验，争取到多方面支持。一句话，没有开放，就没有山江湖的高效管理和成功实践。

2008 年 6 月 17 日，为了让下一代了解当代江西省情，山江湖工程正式写入全省小学教科书。

30 余年，几代“山江湖”人薪火相传，始终紧扣可持续发展、生态文明建设的时代主题，以可持续发展理念为指南，试点先行、试验示范、协同创新、开放合作，以科技创新为动力，支撑与引领鄱阳湖流域开发、治理与保护。“山江湖”走出江西，走向世界，成为江西绿色发展、可持续发展的一张名片。

第二节　鄱阳湖生态区

2008 年 1 月 18 日，江西省委、省政府邀请全省几十位专家学者在滨江宾馆进行座谈，听取专家的意见和建议，共商江西发展大计。会上，时任江西省社科院院长的傅修延首先发言。正是在这次发言中，傅修延第一次提出了“环鄱阳湖经济生态试验区”的构想雏形。

进入21世纪以来，江西经济发展战略发生了根本性、战略性的改变，这就开始了大力推进工业化的发展进程。但在江西加快发展进程中，存在着一对极为深刻的矛盾，这就是推进工业化与实现可持续发展的矛盾。这对矛盾能否得到有效解决，关系到江西经济发展的质量，关系到江西人民的幸福感，关系到江西未来是否有着美好的广阔前景。

2000年的江西被全国经济学界称为“经济盆地”，因为江西当时的经济发展水平普遍低于周边省份，那一年，江西的GDP总量只有安徽的66%，湖南的54%，福建的51%，浙江的33%。江西三大产业的构成为：第一产业比重是25%，比全国高出10个百分点；第二产业比重是35%，比全国低了15个百分点；第三产业比重是40%。三大产业结构的偏差充分表现出江西工业化程度低的经济缺陷。正因为工业化程度低，这就从根本上限制住了江西经济发展的速度，影响了江西经济发展的质量。2000年江西全省财政收入占GDP的比重只有8%，而与此同时，全国财政收入占GDP的比重达到16%，江西足足低了8个百分点。江西要加快发展，要实现在中部地区崛起，就必须顺应现代经济发展的一般规律，大力推进工业化。2001年以来，在全省思想解放的大潮中，江西省委、省政府实施了以工业化为核心的发展战略，以94个工业园区为平台，全省掀起了前所未有的推进工业化的历史性浪潮。

21世纪之初，江西工业化路径又是什么呢？从20世纪80年代中期开始，整个世界产业结构开始发生重大调整，“亚洲四小龙”，即中国香港、中国台湾、新加坡、韩国大规模地把劳动密集型制造业转移出去，中国沿海地区不失时机地实施对外开放战略，开始大规模承接国际劳动密集型制造业的产业转移。但是，十几年之后，随着沿海地区经济快速增长，到21世纪之初，劳动力成本、水电价格、房地产价格不断上升，劳动密集型制造业的利润不断下降。在这样的压力下，沿海地区开始调整产业结构，把大量的劳动密集型制造业转移出去。江西意识到，这是推进工业化、加快经济发展的一个重要战略机遇，果断提出要充分利用与长江三角洲、珠江三角洲、闽东南三角区相毗邻的区位优势，大规模承接东部地区劳动密集型产业的转移，把江西建设成承接东部产业转移的基地。这一工业化的路径，对于江西加快推进工业化带来了重要的机遇，但是也给江西的工业化带来局限性。因为东部地区转移的产业，主要是劳动密集型制造业，其中包含着一部分高污染产业，包含着一部分低技术含量产业，包含着一部分高资源消耗产业。江西 21 世纪在推进工业化的过程中，在承接的过程中，不可避免地承接了高污染企业、高消耗产业。

江西山清水秀，森林覆盖率位居全国第二。全省五大河流 60% 以上的水质常年保持在二级以上。用温家宝总理的话来说，在今天的中国，像江西这样具有明显生态优势的地方已经不多了。但是应该清醒地看到，江西的生态优势，是建立在工业化程度比较低的基础上的，是一种原始性的生态优势。景德镇的瓷器白如玉、薄如纸、明如镜、声如磬，天下一绝。但是它非常脆弱，只要轻轻一击，就会变成碎片。江西的生态优势就像景德镇的瓷器，需要大家的细心维护。因此，随着江西工业化进程的加速，特别是随着这种以承接东部地区劳动密集型产业转移为主体的工业化进程的不断加速，工业化与可持续发展的矛盾必将不断尖锐起来。

江西，既要金山银山，更要绿水青山。在集思广益的基础上，在把科学发展观与江西实际紧密结合的过程中，江西省委、省政府作出了建设鄱阳湖生态经济区的重大决策。这个重大决策就是省委、省政府为破解这对深刻矛盾所找到的金钥匙，所找到的手术刀，所找到的突破口，所找到的制高点。因此，建设鄱阳湖生态经济区的重大决策，对于江西的发展有着极为深刻而又长远的影响。

按照鄱阳湖生态经济区的规划，总面积5.12万平方公里，包括南昌、景德镇、鹰潭3个设区市以及38个县（市、区）。按照生态与经济相平衡的原则，按照既要大力推进工业化，又要实现可持续发展的战略构想，整个鄱阳湖生态经济区划分为三个部分：第一个部分为湖体核心保护区，基本上是禁止开发，以保持这个区域的原生态；第二部分是滨湖控制开发带，这就是沿鄱阳湖的周边地区实施有控制的开发，以减少对鄱阳湖生态环境的影响；第三个部分是高效集约发展区，这个区域将成为支撑江西经济快速发展的增长极。

按照这样的功能定位，鄱阳湖生态经济区的发展目标，一是要建设成全国大湖流域综合治理的示范区；二是要建设成促进中部地区崛起的带动区；三是要建设成长江中下游水生态安全的保障区；四是要建设成国际生态经济合作的重要平台。

建设鄱阳湖生态经济区，已经成为江西人民迫在眉睫的转变发展方式的最佳途径！

首先，从国际战略背景来看，全世界都开始认真思考和审视人类文明发展的昨天、今天和明天，昨天的工业文明造就了人类三百年来的辉煌成就，但同时导致了人类赖以生存的地球生态环境的严重恶化，全球气候变暖就是工业文明给人类带来的综合征。人类的明天将走向何方？全世界都在关注，都在思考，都在努力，《京都议定书》释放了一丝曙光，“巴厘路线图”又提供了一线希望，2009年召开的哥本哈根会议正在谋求共识和共同努力，但仅仅这些是远远不够的，关键在于实践。建设鄱阳湖生态经济区，正是中国政府在承担共同而有区别的责任的原则上，做出的一次主动响应、积极作为的生动实践。

其次，从国内战略背景来看，经过几十年的艰辛奋斗，中国已由一穷二白的农业社会，发展为国民收入处于中等偏上的工业主导国家，并正在向高等收入国家大踏步迈进，然而，在这样艰难转型的过程中，尚未完成工业化进程的中国，却面临了工业发达国家同样的生态环境恶化、资源能源制约等问题，显然，对于中国这样一个发展中的大国来说，传统工业化模式难以为继。为此，中央先后提出科学发展观、“两型社会”、和谐社会、建设生态文明等一系列崭新理念和重大战略方针，目的就是要引导经济社会科学发展、绿色发展、和谐发展、可持续发展，建设鄱阳湖生态经济区，恰恰可为实现这一目的提供示范引领作用。

最后，不容忽视的是江西发展面临的现实问题，江西正处在人均 GDP2000 美元向 3000 美元迈进的重要时期，国内外实践表明，这既是一个“黄金发展期”，同时也是资源能源压力不断加大、生态环境质量容易恶化的关键时期，必须探索出生态与经济协调发展、人与自然和谐共生的新路子。同时，江西欠发达地区的地位尚未根本转变，作为欠发达地区，最大的愿望就是加快发展、又好又快发展，而当前应对气候变化谈判的实质就是发展权之争，因此，要根本转变欠发达地区的地位，必须从全局着眼、从长远出发，保护鄱阳湖“一湖清水”，保护江西的青山绿水，为江西未来赢得更多的发展权利、更大的发展空间。

鄱阳湖生态经济区建设规划凝聚着历届江西省委、省政府的心血和智慧，建设鄱阳湖生态经济区，是对江西原有区域发展战略的继承、提升和突破，秉承了山江湖工程、昌九工业走廊、九江沿江开发、环鄱阳湖城市群等一系列战略方针，同时也是对历次中央领导的重要批示精神的积极落实，胡锦涛总书记曾明确提出：“江西要齐心协力、富民兴赣，可以，也应当在促进中部崛起中有更大的作为”，温家宝总理在有关文件上批示：“要保护好鄱阳湖生态环境，使鄱阳湖永远成为一湖清水。”

在这一建设规划中，强调高效集约发展，用新型工业化，新型城镇化来实现江西工业化、城镇化的历史任务，体现了转变经济发展方式的战略方向。同时，通过保护湖体核心区、控制滨湖开发带，实现生态与经济的相互协调。在鄱阳湖生态经济区建设中，更多时代发展的新思路、新智慧、新方式呈现在世人面前。

从某种意义上来说，“山江湖工程”主要集中在治山、治水方面，主要任务是绿化江西。而鄱阳湖生态经济区的任务要丰富得多，复杂得多，包含了江西工业化、城镇化的任务，包括了江西生态与经济相平衡的新目标、新追求。

2008年2月22日，一个专题研究建立环鄱阳湖生态经济区召开，这个会议集合了江西政府机构和学界的全体智囊，成立了“环鄱阳湖生态经济区建设领导小组”。至此，鄱阳湖生态经济区真正进入江西高层的决策核心。3月8日，在全国“两会”的新闻发布会上，江西宣布建设“鄱阳湖生态经济区”的战略思路。

3个月后的7月14日，时任省长吴新雄主持召开了就鄱阳湖生态经济区规划工作推进的工作会议，原则通过了鄱阳湖生态经济区规划纲要（初稿）。

鄱阳湖的保护治理和鄱阳湖的经济开发关系江西未来的发展，关系全省4300万人民子孙后代的福祉。看到的许多材料，表明历届省委、省政府相当重视这个问题，都作过深入研究，先后提出并实施了昌九工业走廊、山江湖工程、南昌现代制造业中心、鹰潭世界铜都、景德镇国际瓷都、环鄱阳湖城市群、九江沿江开发等战略部署，成果是显著的，为我们今天深入研究奠定了重要基础。

江西省的试验，鄱阳湖生态经济区的探索引起了全国的关注。

在生态系统支撑下的鄱阳湖生态经济区，是未来江西发展的核心。站在较高的位置上规划这一战略，将影响江西现有产业结构优化升级的方向，这个体系的可持续性将决定江西的可持续发展性和竞争力。

建设鄱阳湖生态经济区是一项创造性的实践，没有现成的经验和做法可以照搬照抄，江西省从省情、国情出发，吸收国内外先进经验，创造性地开展工作。

鄱阳湖生态经济区战略构想的提出，站在江西角度看，是省委、省政府落实科学发展观的江西实践，是实现江西崛起新跨越的必然选择，是江西策应国家新一轮区域发展战略，在全国区域发展格局中争取有利地位的客观需要。站在国家层面审视，将有利于探索生态与经济协调发展的新路子，有利于探索大湖流域综合开发治理的新模式，有利于加快国家促进中部地区崛起战略实施的步伐，有利于展示我国承担环境保护责任的坚定决心和务实态度。

2009 年 4 月 14—19 日，国家发改委副主任杜鹰带队，率 24 个国家部委有关领导和同志组成国家部委联合调研组来赣调研。2009 年 6 月下旬，国家发改委正式向 25 个国家部委行文征求意见建议。随后，根据调研情况和反馈意见，专家专题组对《鄱阳湖生态经济区规划》做了进一步修改完善。2009 年 10 月 21 日，国家发改委第 44 次委主任办公会议原则通过了《鄱阳湖生态经济区规划(送审稿)》。在进一步修改完善的基础上,正式行文报请国务院审议批准规划。

2008 年 9 月 3 日，国家发改委组成调研组实地考察了鄱阳湖湿地，对江西省鄱阳湖生态经济区规划编制工作进行指导，调研组认为，鄱阳湖生态经济区不能仅仅从江西本省的角度进行规划，需要提升高度，如此才能体现出国家级生态经济区的地位。调查组还表示原则上同意江西鄱阳湖生态经济区总体规划草案，并确定上升到国家高度上来，该规划将与国家发改委着手的“十二五”规划衔接。

与此同时，一个严峻的事实摆在江西人面前：中国相当一部分国土的生态环境十分脆弱，并不适合大规模推进工业化、城镇化。对这些地区来讲，实现第一个翻番、达到人均 1000 美元，生态环境已不堪重负；若按原有的发展模式实现第二个翻番、达到人均 3000 美元，势必大大超出其生态环境的承载能力，对生态造成破坏。

党的十七大提出了建立主体功能区布局的战略构想，将我国国土空间划分为优化开发、重点开发、限制开发和禁止开发四类主体功能区。这对于促进国民经济又好又快发展意义重大。确定主体功能定位，明确开发方向，控制开发强度，规范开发秩序，完善开发政策，逐步形成人口、经济、资源环境相协调的空间开发格局。

主体功能区的划分使得生态保护更有约束力。推进行政主体功能区建设，必须有相应的保障措施。

按照“谁受益谁补偿”的原则，由生态服务的受益区政府向该服务的提供区政府支付一定的资金，使后者提供的生态服务成本与效益基本对等，从而激励其提高生态产品或服务的有效供给水平。对中国来说，目前的生态转移支付制度主要是指经济发达的生态受益区向欠发达或贫困生态提供区转移一定的资金，以促进生态建设与环境保护的一项财政制度。国家林业部门权威研究证实，鄱阳湖湿地 1 年的生态经济价值为 1500 亿元左右，为长江中下游地区的迅猛发展创造了宝贵的环境承载容量，对维系区域和国家生态安全都具有重要作用。但是，巨大的生态效益之下却是江西省为保住这盆清水而做出的生态牺牲。

国家发展和改革委员会副主任杜鹰说，在全国的发展全局中，江西目前欠发达省份的地位还没有改变，江西提出建设鄱阳湖生态经济区，促进生态文明与经济文明协调发展，这充分体现了江西人民的智慧和勇气。

江西争得这个先，首先是解放思想的先，反观全国，我国生态经济区建设是区域可持续发展的一种新的发展理念和模式，缺乏系统的历史经验借鉴和直接的参考模式；其次是勇于实践的先，生态 + 经济 = 鄱阳湖生态经济区 = 江西的可持续发展，在这个简单的公式两边是一道不简单的题目，如何将经济发展与环境保护在并不发达的地区实现多重效益，这道题目的难度不亚于破解哥德巴赫猜想；更为重要的是敢当责任的先，从全国大局着眼，从江西实际出发，深入贯彻落实科学发展观的生动实践，也是顺应时代要求，建设生态文明，走新型发展道路的有益探索。

以鄱阳湖区域为对象，用生态经济和生态产业体系构建理论方法，建立湖泊区域生态经济特征评价体系和生态产业体系发展理论模式，对于我国广大地区建设生态经济区的实践均有重要的指导价值。

在既要青山绿水，又要经济发展的鄱阳湖生态经济区等式的两边是一个不等式。

鄱阳湖生态经济区的提出，整合了昌九工业走廊，将点和线的发展扩大成全省面和群的发展，实现的是生态、经济、政治、文化、社会和谐共生的系统发展。系统的发展需要系统的支持。而这一点以江西一省之力远远不够。

鄱阳湖兴在水好，治也在水。按照生态与经济相结合的思路，对于鄱阳湖的水治理，江西省省长吴新雄提出：要用系统的科学思路来谋划，用工程的办法来实施。

"落霞与孤鹜齐飞，秋水共长天一色"，这是1000多年前唐朝诗人王勃笔下的鄱阳湖美景。在鄱阳湖生态经济区的战略构想和建设阶段，我们看到一幅江西的生态未来和产业未来。"山苍苍，水茫茫，鱼腾鸟跃三尺浪"。江西历史上因鄱阳湖而兴旺，因鄱阳湖而成为经济富裕的地方，新的"鄱阳湖生态经济区"，人们希望它是江西一份没有遗憾的发展答案，对经济而言，没有生态的遗憾；对生态而言，没有增长的遗憾。

与江西相同的是，目前中西部许多省区正处在经济发展方式转变、经济社会结构转型的重要阶段。覆盖全省97%地域面积的鄱阳湖生态经济区的建设，积极探索如何把江西的生态优势转化为经济优势，这一优势的成功转化不仅能使江西的经济发展上一个新台阶，也能够使江西的生态保护在发展中获得持续性；获得的生态价值将稳定和发展长三角，获得的试验经验将影响全国。

鄱阳湖生态经济区不是一场战役，而是一种战略。这一战略的提出，首先，改变了江西在全国的地位，江西省委、省政府以科学发展观为指导，按照国家主体功能区的划分，对鄱阳湖生态经济区区域协调发展做了科学缜密的区域分工，不仅将鄱阳湖生态经济区纳入国家主体功能区的范畴，也凸显了江西在整体的地位。其次，改变了江西省发展的根本思路，从量变走向质的飞跃。从经济发展的角度来看，从单一增长点到实现多点联动形成区域经济增长极，这是江西可喜的战略展开，江西的发展局面也由此变得生动。再次，改变了江西人未来生产生活的方式，如果你是一个工程师，你可能在十大研究中心里发挥你的才智。如果你是一个刚刚毕业的学生，你可能在新型产业基地中找到心仪的工作。如果你是一位鄱阳湖上的渔民，那么，生态渔业、高效农业、野生经济动物人工驯养繁殖业、水生经济植物种植业、生态旅游业将为你带来丰厚的收益。如果你是位农民，进城有更多的就业选择，在鄱阳湖生态经济试验区将建成全国粮食安全的战略核心区、畜禽水产健康养殖主产区、生态农业示范区、高效经济作物带动区、农民收入快速提升。如果你是一个矿工，合理的矿业开发和产业链的延伸，会给你带来更广泛的就业选择。

长江流域规划办公室长江水利网资料显示，1949 年以来，江西省有关部门和长江流域规划办公室对鄱阳湖区做了大量调查研究和规划工作，曾多次编制过各类有关的规划报告，也进行过多次调查研究和考察，以期更深入地了解鄱阳湖，更全面地保护鄱阳湖。在 2009 年鄱阳湖生态经济区规划提出前，大致形成过九次大规模的规划编制工作，涉及鄱阳湖的方方面面，但大都是从各自的领域出发，未能形成一个整合、协调的规划方案。

2009 年 12 月 12 日，国务院正式批复《鄱阳湖生态经济区规划》，标志着建设鄱阳湖生态经济区正式上升为国家战略。这也是新中国成立以来，江西省第一个纳入国家战略的区域性发展规划，是江西发展史上的重大里程碑，对实现江西崛起新跨越具有重大而深远的意义。

鄱阳湖流域整体覆盖江西全省 90% 的国土面积，可以说，江西的生态现状就是鄱阳湖的生态。但是，在整体趋好的情况下，仍然有停滞和倒退。

江西省是长江中下游地区的重要水源省份，鄱阳湖流域占全省辖区面积的 94%，全省五条主要河流全部汇入鄱阳湖，调蓄后经湖口汇入长江，流域具有完整的生态系统。《江西省流域生态补偿办法（试行）》的出台，对保护好鄱阳湖“一湖清水”，探索建立大湖流域生态保护机制，具有举足轻重的作用，对保障长江中下游和东江流域水生态安全具有重大的战略意义。

2014 年年底，国家发改委等中央六部委批复《江西省生态文明先行示范区建设实施方案》，江西全境列入生态文明先行示范区。江西生态文明先行示范区建设上升为国家战略，既是对江西绿色发展模式的肯定，更是为江西可持续发展指明了方向。2015 年 4 月 14 日，江西省委、省政府公布了《关于建设生态文明先行示范区的实施意见》，明确构建科学长效的生态文明制度体系，要求制定健全生态补偿机制的实施意见和建立财政转移支付与地方配套相结合的补偿方式。2015 年 11 月，江西省政府印发《江西省流域生态补偿办法（试行）》，决定 2016 年筹集 20.91 亿元在全省境内实施流域生态补偿。这意味着江西成为全国流域生态补偿覆盖范围最广、资金筹集量最大的省份，实现了自筹资金、跨流域横向补偿等几大政策领域的创新突破。

赣江流域干支流大多由南向北，流经江西省内 8 设区市 47 县（市、区），超过全省总面积的 50%。其中从石城县至赣州段为上游，也成为贡江，在赣州城区与章江汇合，合成赣江。赣江自赣州市市区至新干县段为中游，河段长约 303 公里，较大的支流多在此段汇入。赣江在新干县以下都称为下游，长度约 208 公里。赣江在南昌市境内被扬子洲划分为两股河道。两股河道都汇入鄱阳湖，其中以西支为主流，经新建区至永修县望江亭入湖。

赣江流域人口稠密，2015 年总人口约 2000 万人，约占江西省总人口的 43%，是江西人口最多的区域，人口密度约为 248 人 / 平方千米。伴随着江西经济的高速发展，作为江西发展的主引擎和主战场，赣江流域整体经济也飞速增长，2015 年赣江流域 GDP 超过 6000 亿元，约占全省的 36%，经济总量上在省内仅次于鄱阳湖流域。但人均 GDP 值仅为 2.8 万元，在全省流域人均 GDP 排名中仅列第四位，其中农民人均年收入更是排名倒数第一，江西省内的国家级贫困县有 80% 集中于赣江流域。

随着江西工业化和城镇化不断推进，资源、能源消耗和环境保护压力不断增大，尤其是贯穿江西全境的赣江流域面临着前所未有的生态保护压力和生态环境退化、土壤污染、水体污染、水土流失等一系列严重环境问题。赣江作为江西的母亲河，流域生态保护对江西经济社会可持续发展和中部崛起战略的实现起到关键性作用。赣江流域地方经济社会发展的迫切愿望和滞后环境保护机制的巨大矛盾，加之法制保障的缺失和僵化的政策体制，使经济效益与生态效益产生不公平分配，这不仅不利于环境保护，从长远而言不利于经济的可持续健康发展和社会和谐稳定。

赣江流域地处长江流域中下游地区，水资源丰富，但由于赣江流域特殊的地理位置及气候条件，伴随着近年来江西省工业的发展、城市的扩张和人口的膨胀，环境污染与生态破坏情况急剧增加，赣江流域的生态问题日益严峻。

主要表现为流域水土流失严重。赣江中上游地区多为丘陵地貌，地层多为易风化的花岗岩、砂页岩，加之地处梅雨地带，多雨潮湿，极易造成水土流失。近年来，尽管赣江流域周边地区在一定程度上加大水土流失治理力度，但流域开发建设项目与日俱增且缺乏有效管理，人为因素导致水土流失区域日益扩大。有资料显示，每年江西水土流失面积超过 80 万亩，其中超过 50% 来自赣江流域，水土流失已严重威胁赣江流域下游生态资源开发利用。

人口激增、工业发展及矿区开采导致废污水大量排放，赣江流域整体水质恶化，水质型缺水问题凸显。从地域上看，由于历史原因，赣江流域县级以上城镇几乎都是依水而建，尤其是近年来多地城镇化程度不断提高，城市生活污水排放总量成几何倍数增长。而且赣江流域第二产业高速发展和行政机关排污监管不力，工业生产产生的大量工业废水废渣大多不处理或仅经过简单处理就排入流域内大小河流，加之上游地区对稀土等矿物资源野蛮式开发，导致大量化学废水流入河道，水体污染和水质恶化情况不断加深。赣江下游南昌段水质调查显示，所有断面皆为V类水质，其污染物主要是石化类、氨氮、磷、大肠杆菌以及各类化学制剂。赣江流域水体在工业废水废渣和城市排污的双重作用下，水体的自净能力已难以承受。尽管赣江流域水质整体呈轻度污染，但近年来水质持续下降已是不争的事实。

流域水资源规划不合理导致承载力不足。随着赣江流域经济发展和人口激增，生产生活所需的水资源量也急剧增加，然而政府和社会却在思想和行动上仍以传统的水资源规划分配方式为指导，缺乏对水资源不同功能的明晰认识，对类似饮用水源等特殊用途水体缺乏应有的保护，造成现如今赣江流域虽然拥有丰富的水资源，却面临不同资源型缺水的困扰。

赣江流域地处我国中部内陆，受区位和落后观念等因素影响，长年以来备受经济社会发展缓慢的困扰。近年来随着改革开放的深入和沿海产业梯度转移，江西的发展走上了快车道，尽管如此，赣江流域也因为区域经济社会发展不平衡而孕育着危机。

由于自然条件、经济社会发展水平和政治历史等多方面因素的影响，导致中上游地区和下游地区在多方面存在巨大差异。中上游地区多为山地丘陵和小型盆地，下游地区多为广袤的鄱阳湖平原；中上游地区森林、矿藏及水资源丰富，但由于多山等地理原因限制，加之交通不便，人口分散，城镇集聚效应较差,经济社会发展速度相较于上游地区较为缓慢。下游地区一马平川,人口密集，交通便利，土地开发利用程度高，城镇密集人口众多，又有省会的政治影响力和集聚力，经济增长速度快，社会发展程度高。以 2015 年赣江流域 GDP 为参考指标，赣江流域下游地区 14 个县市区的国内生产总值高达约 4231 亿元，达到了江西省 GDP 总量的四分之一，而下游地区在人口总数略低于中上游地区的情况下，人均 GDP 已经达到中上游地区的近 4 倍。

近年来，赣江流域尤其是中上游地区，为支持生态文明示范区建设和赣江流域生态保护，关停或者放弃引进了一大批效益好、就业率高、带动面广的企业，丧失了发展机会，一些地方为了水环境治理、防治水土流失和植树造林投入了大量金钱，下游地区因中上游生态保护而获得了巨大的生态利益，下游地区和中上游地区的经济差距逐渐拉大，人均 GDP 差距十分巨大。2015 年赣江下游的南昌市人均 GDP 高达 76333 元，而上游的赣州市人均 GDP 仅为 23201 元，是南昌市人均 GDP 的 30%。同时，赣江流域生态补偿标准较低，难以支付生态保护过程中的实际支出。以江西水资源费征收标准为例，截至 2015 年，工商业取水和城镇公共供水的水资源费收取标准分别为 0.12 元 / 立方米和 0.08 元 / 立方米，且未对水资源利益保护者和使用者进行区分收取。2015 年 1—10 月，全省水资源费仅征收 4882 万元，难以对赣江流域水资源保护和水源地涵养起到实际作用。

下游地区和中上游地区生态保护权利义务失衡。赣江流域下游地区北接鄱阳湖平原和长江黄金水道，东连江浙西接湖广，地势平坦，交通便利，区位优势显著。加之受惠于环鄱阳湖经济带的政策东风，以及省会南昌在政治、经济、文化等方面的集聚效应，下游地区一直是赣江流域经济最为发达、工业化程度最高和人口密度最大的地区，也是对赣江流域生态和自然资源消耗量最为巨大的地区。而面积更为广大的赣江流域中上游地区，三面环山，丘陵密布，交通运输不便，经济社会发展落后，一直以来都是国家集中连片特困地区，却承担着赣江流域生态保护中水土流失治理、赣江源自然保护、赣江污染物减排和限制稀土开采等生态治理和环境保护的主要任务。2015 年，赣江流域上游地区的赣州市节能环保和农林水利支出高达 97.69 亿元，占全市预算总支出的 15.9%。在缺少资金和产业扶持的情况下，赣江流域中上游地区为流域整体生态保护付出了巨大的污染治理成本和发展机会成本，但产生的生态效益上游地区能够享有的很少，大部分被下游发达地区用于经济发展和工业化，这对赣江流域中上游地区的居民及生态保护者是有失公平的。

下游地区和中上游地区经济发展水平和社会保障支出不平衡。赣江流域下游地区的 GDP、财政收入、社会发展水平和人均可支配收入等主要经济指标远超中上游地区，导致两地在医疗、教育、社会保障、城市建设等民生投入和服务水平的巨大差距。对赣江下游的南昌市、中游的吉安市和上游的赣州市 2015 年的政府性预算执行情况进行对比可以看到：南昌和吉安两市在人口数量基本相同，而赣州市人口几乎两倍于下游的南昌市，以主要经济数据和与百姓休戚相关的社会事务财政投入进行分析，能够从侧面证明赣江上游和中下游地区在经济社会发展水平和居民生活水平上的巨大差异。

赣江流域中上游地区虽经济欠发达，却承担了大部分流域生态保护重任，经济和财政相对脆弱。赣江流域下游地区乃至受益的其他省份对于生态保护投入地区的回馈极少，经济利益和生态责任分配不合理，致使不同地区的经济社会发展不平衡加剧，而且会极大挫伤当地人民群众的环保积极性，更使得后续配套的生态补偿和环境保护行动难以开展。

由于流域自然资源作为公共物品，在缺少自然资源产权制度和科学的测算标准的前提下，难以对受益主体和保护主体进行确定，自然资源自身的价值和生态服务价值也难以明晰，导致生态补偿利益分配不公现象凸显。跨行政区域的生态补偿中，在补偿标准和补偿政策存在差异的前提下，流域的上下游地方政府出于自身利益考量，常常不自觉选取能够使本地区利益最大化的核算方法和尺度，结果往往与双方期望值相去甚远，导致生态补偿标准确定和金额核对时难以达成一致，相关补偿协议签订过程坎坷曲折。上级政府为了更好地推进生态补偿机制运行，虽然做了大量卓有成效的工作，但为了平衡一些利益，结果常常导致生态保护者生态利益价值被低估，生态补偿金额和标准停滞不前，让经济欠发达地区得到的回报并不高。

中上游地区由于经济发展缓慢和居民可支配收入低导致人口流失，而面临发展缺乏核心引擎支持和社会智力水平退化的窘境，陷入发展滞后和人才凋敝的恶性循环。由于就业机会的缺乏和较低的薪酬水平，江西总人口的 7.75% 在外地务工。与此同时，江西省内高校普遍集中于省会南昌，大量中上游地区的年轻居民由于求学就业等原因迁移至下游地区，2015 年南昌市的年轻人口年均增长率高达 38.96%，位列全国第三位，而且大量中老年人由于改善居住条件或投奔子女等原因迁往赣江下游的城镇。导致赣江流域中上游地区的农村存在劳动力大量不足的现象，城镇中也面临缺少高技术高学历人才的窘境。而下游地区人口近年内快速增长，生态保护压力陡增，一旦人口数量超过下游地区的生态承载力，将打破脆弱的生态平衡，对整个流域的生态环境造成难以估量的破坏，甚至可能引发次生社会问题。

赣江流域生态补偿实践始于 20 世纪 80 年代。从 2008 年江西省政协向省政府提交的《关于加强“五河一湖”源头污染防治的 30 条建议》开始，江西省开始建立流域生态补偿机制，时至《江西省流域生态补偿办法（试行）》的出台，标志着江西省形成了包括资金来源和管理、补偿方式和监督考核办法等在内的较为系统的流域生态补偿机制。但在机制实际运行的过程中，由于历史和现实因素以及现行体制的制约，生态补偿工作往往遭遇多头管理、保障制度缺失、补偿标准和方式僵化单一、资金落实困难和使用监管缺位以及缺少法律法规依据等问题，不仅对赣江流域生态环境保护和补偿机制的长效化、科学化运行产生了负面影响，而且不利于江西省生态文明示范区建设。

2015 年，江西省人民政府出台了《江西省流域生态补偿办法（试行）》，规定由省财政厅对流域生态补偿资金进行筹集和管理。赣江流域内未设置和明确专门负责对流域生态补偿机制运行和管理的机构，也未设置统一的行政机关对相关县市和部门的流域生态补偿工作进行协调和管理。在现行的行政管理体制中，为了保障流域生态补偿机制的运行以及落实生态文明示范区建设方案，《江西省流域生态补偿办法（试行）》指定流域内各县（市、区）级政府负责各地的生态补偿工作，地方生态环境保护和污染防治工作依旧主要是由环保农林水利和国土资源等部门分别负责，缺乏对具体工作的明确细致分工。

赣江流域生态补偿当前最主要最普遍也是最为便利的补偿方式就是财政转移支付。根据《江西省重点生态功能区转移支付暂行办法》规定，江西省实施了重点生态功能区和自然保护区的财政转移支付制度，每年给予一定数额的财政转移支付用以生态补偿，并以一定的数据指标为依据对各县（市、区）环境保护与生态治理工作进行考核评分，对环境保护工作卓有成效，生态质量得到明显改善的地区给予一定数额的奖励。

江西省财政每年拨付专项资金，采用以奖代补的方式对省内重点流域给予生态补偿。从 2011 年开始，江西省财政每预算年度出资 1000 万元，专门设立省级自然保护区生态补偿专项资金，用以对自然保护区生态保护实施奖励，并将该专项资金列入财政预算。

2016 年，江西成了全国首个在全境范围内实行流域生态补偿的省份，作为打造美丽中国“江西样板”的标志性举措和重大制度改革创新，江西省筹集了 20.91 亿元专用于全境流域生态补偿，精准投放于治理水环境、提升森林质量、节约保护水资源和生态文明相关的民生工程建设等生态保护项目中，用以解决流域内各地方所面临的突出环境问题。同时，对资金用途和民生改善工作进行督促检查，如果发现地方违规使用补偿资金，将对责任单位和个人予以通报，追究责任，下一年度对补偿资金进行分配将做出一定的扣除。

2015 年 12 月，萍乡市芦溪县政府分别与安源区政府、萍乡经济技术开发区管委会签订山口岩水库水权交易协议书，作为江西省首例水权交易，开创了江西省水权交易的先河。协议规定芦溪县每年从山口岩水库调剂出6205万立方米水量转让给安源区、萍乡经济技术开发区，使用期限25年，交易总价255万元。2015年9月，高安市公布《水权试点实施方案》，对水权交易试点的机构设置、运作机制和目标任务等进行了明确规定，是江西省首个区域性水权交易方案，也是与当地实际情况结合最为紧密的水资源生态补偿有益尝试。

赣江流域生态补偿资金主要来源于中央财政下拨的专项资金、省市县地方各级财政筹集资金以及对流域生态环境进行污染破坏的企业和个人的罚款。每年国家和省政府都会通过转移支付或以专项资金的形式下拨大量资金用于赣江流域生态保护。2016年，江西省财政筹集下拨20.91亿元用于流域生态补偿及相关机制的完善。但是对于面积广阔的赣江流域而言，分配到各县市区的资金可谓杯水车薪。以万安县为例，2015年下拨给万安县的生态补偿资金为338万元，而万安县2015年主要用于生态补偿的节能环保支出为1232万元，存在着近900万元的资金缺口。

赣江流域生态补偿实践中，补偿资金来源过于依赖国家财政转移支付，但转移支付制度存在着程序烦琐、报批时间过长等特点，难以适用流域生态补偿复杂多变的特点。生态补偿缺乏其他稳定资金来源，对于越来越繁重的生态环境保护任务和越来越大的资金缺口而言，财政转移支付和传统的专项资金也渐渐难以支撑。在资金使用过程中存在监管漏洞也是重要原因。《江西省流域生态补偿办法（试行）》中明确指出生态补偿资金应“主要用于生态保护、水环境治理、森林质量提升、水资源节约保护和与生态文明建设相关的民生工程等”。但实际情况中，如此大规模下拨到县（市、区）的补偿资金的流向及相应生态补偿项目所能取得的效果如何，在监管和考核上都仅有宏观性的规定，缺乏具体的实施细则，难以将资金监管落到实处。加之赣江流域内县一级的地方财政大多周转较为困难，面对处理地方社会事务所需的巨大资金缺口，地方政府挪用生态补偿资金的现象时有发生，导致该笔资金所能带来的生态补偿效果极易大打折扣。

第三节　用法律保护环境（2009年开始）

政策和法律有共同性也有其各自不同的特性，政策比法律更具灵活性，但是，法律具有稳定性和普遍约束力，保证了国家强制力的实施。国际上，除了各国在政策上有其经验性的政策外，在法律层面也不断地完善，推动了环境保护的长效性和强制性。

20 世纪 60 年代初，纽约电力公司 Consolidated Edison 提出在 Storm King 山上建造一座泵式储蓄水电站，以缓解纽约城电力使用高峰期的供电压力。该电力公司计划，在低峰值期间，由位于该山山脚的一家发电站通过直径为 12.2 米的管道来将水运送到容积为 272.77 亿升、表面积为约 100.05 公顷的蓄水池中。该蓄水池相当于一个巨大的蓄电池，在纽约市用电高峰期时放水发电。然而，一个大问题就是：如果要造这个蓄水池，就要“改造”山顶。此外，水电站产生的电将通过塔上距地面 45.72 米高的输送线传送到纽约市，需要在居民区中开辟一条 38.1 米宽的道路。

ConEd 公司对这个计划非常热心，因为该计划在没有污染环境的前提下为其潜在的客户提供能源，从而轻轻松松地为其带来利润。一些地方居民也赞同这个工程，因为它能带来就业机会和经济收益。然而，另一些居民则持反对态度，认为该工程的建设将会对具有重大历史、文化、自然价值的哈得孙高地造成损害。

哈得孙河是美国早期的主要商业和贸易路径之一，在许多早期美国作家的作品中，以及被称为哈得孙河流派的画家作品中均描绘了哈得孙高地。

1963 年 11 月，史蒂芬·杜根持，一位持反对意见的地方居民组建了保护哈得孙优美环境协会，该组织在成立之后就展开了对 ConEd 的战斗。该组织与一些当地优秀的律师事务所，公关公司以及基金资助的专家们开展了合作。他们拥有 3 名专职人员和大量的志愿者，为提高公众环保意识，他们每月派发 2.4 万封邮件，并接收来自 48 个州和 14 个国家 2.2 万人的捐助。在协会的大力宣传之后，此前出于工作机会和经济利益等考虑而支持该工程的居民也开始厌恶该项工程。甚至 ConEd 公司的股东也将自己的股息捐给协会，以帮助该组织与工程进行抗争。与此同时，当地的两个镇也加入反对拟建电力线和传输塔的争取中。

1965 年 3 月，联邦电力委员会颁发了工程许可证。于是，该协会向法院寻求帮助。在律师劳埃德·加里森的帮助之下，协会向第二巡回上诉法院提起了对联邦电力委员会的诉讼。ConEd 公司最主要的论点是，协会并没有诉讼资格。但该案里程碑式的判决认为，协会有法律资格来决定对联邦电力委员会提起诉讼，并最终要求联邦电力委员会重新对其此前未考虑的环境因素予以考虑。这是司法史上环境保护团体第一次被允许提起保护公共利益的诉讼。法院认为，在该案中，协会是受损方，因为相关法规规定，联邦电力委员会需要在做出许可决定时考虑娱乐业利益。换句话说，在该案之后，如果你对诸如河流或公园等公共所有的资源拥有某种利益。如果你在其上泛舟、钓鱼、远足，而某些人将要损害审美的价值或者娱乐价值，那么你就有起诉的资格。该案的判决叩开了环保团体以保护环境的名义起诉政府的大门,并明确了在大量环境法规中“公民诉讼”条款的应有之义，即公民执行是环境法规执行的重要组成部分。

在协会取得重大胜利之后，情况出现了扭转。为了回应法庭的决定，

ConEd 公司对电力生产替代方案进行了研究，包括将电站着地建设，将输电线从抱怨的邻居上方移开，并建立多样的公园和娱乐设施。协会不接受这样的替代方案，又对 ConEd 公司提起了诉讼。这次，上诉法院认可了联邦电力委员会已经施行的必要程序，且维持联邦电力委员会对该工程做出的许可。

看起来，协会在这场仗中失败了，然而，它在另一件事上却找到了获胜的方法。ConEd 公司另一个在哈得孙河上施行的工程中有一个称为印度点的地方，在该点处有一个核反应堆。检察机构不仅发现该核反应堆将会对渔业造成严重的影响，也发现联邦电力委员会最初的关于 Storm King 工程对渔业的影响的结论是错误的。联邦电力委员会认为，在引入水时只会造成 3% 的鱼死亡，而检察机构发现，印度点工程每年将会杀死上亿吨的小鱼和幼苗，运行 10 年后将会导致带状鲈鱼减少三分之一。而 Storm King 工程的引入水量是印度点工程的两倍，影响更大更深。因此，1974 年 5 月，上诉法院做出因为出现新的渔业影响数据而需要重新听证的决定。至此，ConEd 公司已经在 Storm Kingm 程上耗费了 10 年的时间，而该工程仍未动工。不得已，ConEd 公司与协会，各个联邦和州机构以及其他组织进行了协商。1980 年 12 月，各方代表最终达成了一项协议，并签署了“哈得孙河和平条约”来阐明协议条款，其中最重要的条款之一就是 ConEd 公司放弃 Storm King 工程的许可证，并将该地段捐赠用于公共和娱乐业。

Storm King 一案持续了 15 年，协会终于取得了最终的胜利！该案被美国法律专家和环境保护主义者认为是美国现代环境法的奠基之作，因为它为环保组织开启了一扇门，即确立了通过诉讼保护非经济利益的司法审判标准，并直接促成了美国自然资源保护委员会和环境保护基金的成立。

江西良好的环境状况在全国排位靠前，但也不能掩盖脆弱的生态和利益驱动下的环境违法。

2009 年，江西就进行了由检察机关作为原告提起的环境公益诉讼案件。

这个案件发生在新余市的仙女湖。

新余仙女湖位于江西省新余市西南16公里处。仙女湖在原有基础上修建了江口水库，使原有面积扩大了，江口水库地处新余城区西南20公里，是江西省四大水库之一，相应水域面积50平方公里，库区有大小岛屿近百座，还有40余座山峰和40余挂泉瀑，其风光秀丽，婀娜多姿。1995年，新余市政府为了开发利用其旅游资源，将截江蓄水而成的江口水库统称为仙女湖。2002年5月，江西省仙女湖风景名胜区经国务院批准列入第四批国家级风景名胜区名单。景区总面积298平方公里，其中水域面积50平方公里，湖中99座岛屿星罗棋布，湖汊港湾扑朔迷离，动植物种类繁多，森林覆盖率达95%，共有220种，765属，3000多种，占全国总科62.3%，有各种鸟兽类76种，拥有亚洲最大的亚热带树种基因库。

1999年年底，李某、曾某夫妇与新余市仙女湖景区管委会达成协议，开发经营仙女湖上一座岛屿。之后，李某在岛上建起了度假山庄，为游客提供餐饮、住宿等服务。而度假山庄的食堂、厕所、宾馆内产生的污染物，在流经化粪池后未做其他处理就直接排放进仙女湖水体中。

2007年4月，曾某又在岛上成立了梅花鹿养殖公司，养鹿场60余头梅花鹿所产生的粪便就堆放在仙女湖岸边，产生的尿液等则经排污沟直接流向仙女湖，成为另一个重要的排污源。度假山庄和梅花鹿养殖公司日平均污水排放量约10吨，严重影响了取水口设在仙女湖的该市第三水厂的水源质量。仙女湖景区管理部门及生态环境部门多次要求李某、曾某夫妇对度假山庄排放的污染物进行整治，并于2008年6月下达通知书，责令李某、曾某夫妇自行拆除养鹿场，但他们都没有采取有效的治理措施。

2008年8月，发现这起污染饮用水源事件的新余市检察院联合市生态环境部门，到度假山庄和梅花鹿养殖公司进行现场取样化验。经现场勘查，发现度假山庄和梅花鹿养殖公司所设置的 3 处直接通往仙女湖的排污口，距离该市第三水厂的取水口不足 2000 米，依照《水污染防治法》的有关规定，这里属于仙女湖饮用水源的二级保护区，应禁止设置排污口。该院还分别找来多名知情人员进行调查询问，有效地固定了证据。9 月，该市生态环境部门监测结果证明，度假山庄及养鹿场所排放的污水超出国家《污水综合排放标准》中的一级排放标准，其中超标最高的氨氮指标超过污水标准 5.3 倍。根据这些证据，新余市检察院认为，度假山庄和梅花鹿养殖公司的行为违反了《水污染防治法》和《江西省生活饮用水水源污染防治办法》的有关规定。为了保护社会公共利益，保障居民的饮用水安全，2008 年 10 月底，新余市检察院指定该市渝水区检察院代表国家作为原告，向法院提起了江西省首例环境公益民事诉讼，请求法院判决度假山庄和梅花鹿养殖公司两名被告承担特殊侵权责任，停止向仙女湖水体排放污染物，立即拆除养鹿场，以消除对新余市民健康侵害的危险。

2009 年 3 月 6 日，渝水区检察院与被告新余市仙女湖某度假山庄、该市某梅花鹿养殖公司自愿达成调解协议，被告李某、曾某与渝水区检察院签订了调解协议书，曾某还当场对检察机关表示了真诚的感谢，她说："我也知道在岛上养鹿不是个办法，可要不是你们提起诉讼，我也不会下定决心把养鹿场搬走。请检察机关放心，我保证在 3 月 6 日前将养鹿场搬走。我们没有继续错下去，真要谢谢你们。"两被告保证在 2009 年 3 月 6 日前进行整治，实现污水"零排放"，并对岛上的养鹿场进行搬迁，

除李某、曾某的公司外，仙女湖景区另外 8 个岛屿上从事经营开发的公司也存在不同程度的污染水质现象，这些业主对于污水治理却长期持消极态度。而就在检察机关提起公益诉讼的第二天，新余市生态环境部门再次召集这些业主进行治污动员时，他们都主动与环保技术公司签订了污水治理合同，承诺整改治污，并很快将污水净化处理设施全部安装到位。

虽有这前车之鉴，但是，同样在新余市，同样在仙女湖，同样的事件再次发生。

2016年4月3日下午5时左右，江西省新余市仙女湖上游袁河出现死鱼。发现死鱼后，4月4—5日生态环境部门对附近水域采样测定，发现镉浓度超标，最高超标10余倍。生态环境部门通过开展拉网式排查，以仙女湖为水源的新余市第三水厂从4月5日下午起停止取水，供水中断。事件发生后，新余市政府启动了突发环境事件应急响应，开展应急处置工作。4月6日19时发现，位于袁河角元段宜春市彬江镇一山沟内的宜春中安实业有限公司私设排污管通到袁河，初步锁定了污染源。生态环境部也于4月6日派出工作组赶赴新余市。专家组到达新余市的当晚即确定偷排企业，并切断了污染源。根据该企业的排污特性，4月7日确定了本次事件的主要污染物是镉、铊、砷，属复合重金属污染，国内外都没有应对此三种重金属复合污染的净水工艺和应用实例。经过对应急净水工艺的现场试验研究和水厂增加应急药剂投加设备后，4月10日中午新余市第三水厂恢复供水。在严密监控下，污染水团被排泄至袁河下游的赣江，并得到稀释，4月17日仙女湖湖体及袁河仙女湖下游段水质全部达到Ⅲ类水体要求，当日21:00终止应急响应。生态环境部4月14日发布公报，事件定级为重大突发环境事件。

偷排事件造成仙女湖镉、铊、砷超标，超标时间2016年4月3—17日，受污染水量约2亿立方米，受污染水体范围全程共158千米。仙女湖最高超标倍数：镉10.2倍，铊5.2倍；砷超环境Ⅲ类水体标0.02倍，超饮用水标4.1倍。在江口水电站下泄过程中，下游袁河干流镉、铊浓度不同程度超标，临江镇（袁河汇入赣江前17千米）监测点镉最高超标0.03倍，铊最高超标1.1倍。汇入赣江后各监测点镉、铊浓度均达标。

新余市城市供水的主力水厂为第三水厂和第四水厂。此外，西部的河下镇地区由河下镇水厂供水。

仙女湖第三水厂取水口处水质，4 月 5 日起镉超标。当日下午的取水口处镉超标 2.2 倍，出厂水镉浓度已达到 0.005 毫克 / 升的标准限值，15 点取水口停止取水，第三水厂和河下镇水厂的供水中断。最高浓度在 4 月 7 日：镉 0.0355 毫克 / 升，铊 0.00062 毫克 / 升，砷 0.051 毫克 / 升。达标时间：镉从 14 日起低于 0.005 毫克 / 升，铊从 17 日起低于 0.0001 毫克 / 升，砷从 15 日起低于 0.01 毫克 / 升（饮用水标准）。

4 月 5 日第三水厂停水后，取水口位于孔目江的第四水厂把出厂水压力由 0.38MPa 调高至 0.46MPa，供水量由 8 万立方米 / 天增至接近 14 万立方米 / 天，在保证管网运行安全的前提下最大限度地减少停水区域。4 月 8 日夜又建成 1 个管道加压站，以增加向新钢片区的供水能力。

但城区西部（五一路以西、新钢公司生产区等）及河下镇仍受到停水影响。为此，新余市组织了二十多辆消防车开展应急送水。经统计，事件中市政供水量从 16 万立方米 / 天降到不到 14 万立方米 / 天，减少了约 15%，全程停水影响人口约 17000 人，阶段性停水影响人口约 40000 人。

4 月 17 日，仙女湖原水全面达标，应急状态解除，水厂恢复正常运行。

就在生态环境部门发现仙女湖水体受重金属镉污染的 4 月 6 日当天，新余市检察院即与该市环保局取得联系，督促生态环境部门执法支队及时寻找污染源，追查涉事污染企业，并对水体进行重金属等抽样取证。

经江西省检察院向江西省环保厅了解，造成新余仙女湖水污染的肇事企业是已关停的原宜春中安实业有限公司。3 月 6 日至 4 月 5 日，该企业为了规避监管，间歇性恶意偷排未经任何处理的污水，外排水中镉浓度严重超标。该公司生产时间、排放污染物种类与仙女湖受污染的时间、污染物种类相吻合，且企业污染物排放量与湖区污染物总量基本相符，可以基本确定该企业是造成仙女湖污染的污染源。

鉴于污染源位于宜春境内，江西省检察院及时指导宜春市检察院开展专项监督，做好案件的跟踪监督、引导取证工作。宜春市袁州区检察院与当地环保局、公安机关就线索移送、案件通报、信息共享、提前介入等问题加强沟通配合。得知公安机关已对案件立案侦查，相关涉案嫌疑人已被刑拘后，袁州区检察院均派员提前介入侦查，就案件定性、证据补全、同案追究和相关程序完善提出意见建议。

经查，犯罪嫌疑人曾平华于2014年8月20日注册成立宜春中安实业有限公司并任法人代表，经营范围为农业项目开发、有机肥生产、销售，后经工商行政管理部门准予，公司营业范围作了变更登记。2015年3月被宜春市袁州区彬江镇人民政府关停。2016年1月至4月，该公司在未取得危险物综合经营许可证、无环评审批手续、无有效的污染治理设施情况下，从外省购入危险废物铅泥、“机头灰”等原料，以有色金属冶炼废渣为原料采用酸浸萃取法非法生产粗铟、铁渣、锌渣、氯化钾等产品，产生了大量含有镉、镍重金属的废液。曾平华等4人违反法律规定，利用私设暗管多次直接将含有镉、镍重金属的废液向袁河投放，受污染的水直接流入新余仙女湖。

钟浩在明知宜春中安实业有限公司没有任何环保审批手续、经营许可证的情况下，为其提供资金购买、运输危险废物作为原料，供其生产，并从中获利。

中安公司的生产废水（萃余液）仅部分用石灰中和处理，平时储存在废水收集池中。在大雨期间或池满时，通过铺设的暗管直接排入袁河。暗管管径约70毫米，长约2千米（2156米）。经对废水池中的残存废水检测，镉浓度5980毫克/升，铊浓度56.8毫克/升，砷浓度2600毫克/升。据查，2016年4月3日前后，中安公司在暴雨期间，将积存废水偷排入袁河，导致仙女湖的镉、铊、砷超标。

该企业在2—4月总共生产了400多公斤粗铟半成品，价值仅几十万元，而污染事件的直接损失费就高达1190万元。

4 月 25 日，袁州区检察院以涉嫌污染环境罪批准逮捕 5 名犯罪嫌疑人，同时发出“应当逮捕犯罪嫌疑人建议书”，建议公安机关对涉嫌向该公司非法销售危险废物的一家公司营销负责人，进一步补充侦查相关证据材料，视情况予以报捕。

仙女湖突发环境污染事件后，从国家到地方生态环境部门通力合作，最大限度地恢复当地的生态环境，守护着赣鄱大地的青山绿水。2017 年 12 月 27 日，新余市中级人民法院一审宣判原告中华环保联合会诉宜春中安公司等 5 被告环境污染责任公益诉讼案，依法判决 5 被告赔偿应急处置费用、生态环境修复费用及服务功能损失费用等 3700 余万元，并在省级媒体向公众赔礼道歉。

在这起轰动全国的环境案件中，使用了环境公益诉讼这一法律武器。环境公益诉讼是指社会成员，包括公民、企事业单位、社会团体依据法律的特别规定，在环境受到或可能受到污染和破坏的情形下，为维护环境公共利益和其他相关权利不受损害而进行的诉讼活动，针对有关民事主体或行政机关而向法院提起诉讼的制度。

环境公益诉讼，对于保护公共环境和公民环境权益起到了非常重要的作用，是保护环境的重要武器。我国现行法律制度规定，起诉人应当与案件有直接利害关系，而公益诉讼则不要求有直接利害关系，不要求起诉人是法律关系当事人。

对此新型诉讼制度，各国称呼不一致，如环境民众诉讼、环境公民诉讼等，但其内涵基本一致。

在美国，20 世纪 70 年代以来通过的涉及环境保护的联邦法律都通过“公民诉讼”条款明文规定公民的诉讼资格。根据“公民诉讼”制度，原则上利害关系人乃至任何人均可对违反法定或主管机关核定的污染防治义务的，包括私人企业、美国政府或其他各级政府机关在内的污染源提起民事诉讼；以环保行政机关对非属其自由裁量范围的行为或义务的不作为为由，对疏于行使其法定职权、执行其法定义务的环保局局长提起行政诉讼。

日本的环境公益诉讼所指的主要是环境行政公益诉讼，这种诉讼的出发点主要在于维护国家和社会公共利益，对行政行为的合法性进行监督和制约。

欧洲很多国家也有相关规定，例如，法国最具特色和最有影响的环境公益诉讼制度是越权之诉，只要申诉人利益受到行政行为的侵害就可提起越权之诉。意大利有一种叫作团体诉讼的制度，它是被用来保障那些超个人的利益，或者能够达到范围很广的利益的特殊制度。

2003 年 11 月，四川省首例环境污染公益诉讼案在阆中尘埃落定。较长时间以来，阆中市群发骨粉厂周围居民因长期受该厂烟尘、噪声污染侵害，多次到生态环境部门投诉。该市环保局在对该厂周围区域的空气质量进行监测后发现，其悬浮颗粒物、噪声等超标较严重。随后，该市检察院向法院提起民事诉讼。法院审理后认为，群发骨粉厂排放的污染物在一定程度上对周边群众的工作、生活构成了侵害。依法判决该市群发骨粉厂停止对环境的侵害，并在一个月内改进设备，直至排出的烟尘、噪声、总悬浮颗粒物不超过法定浓度限值标准为止。

2005 年 4 月 25 日，陈岳琴律师起诉北京市园林局要求根据我国《城市绿化条例》第十六条和相关强制性国家标准在一个月内履行对华清嘉园绿化工程进行验收，并出具绿化工程竣工验收单的法定职责的行政诉讼案。

由于园林局出具的绿地率证明显示华清嘉园小区的实际绿地率仅有 16.3%，与开发商售楼书上承诺的 41% 相去甚远，与政府强制标准要求的底线 30% 也还有一半差距，更触目惊心的事实是，在北京 3000 多个商品房小区中，有关政府监管部门居然没有验收过一个小区的竣工绿地，这就导致了目前商品房小区绿地越来越少，几乎成为不毛之地的现状。此案引起社会各界的强烈反响，在绿家园、自然之友、绿岛、新京报、搜狐焦点房地产网以及北京陈岳琴律师事务所等民间机构和媒体的倡议下，北京市园林局和规划委员会采取主动合作的态度，发起了北京 100 个小区绿地抽样实测活动，以验证北京市商品房小区绿地的现状和达标情况，掀起了一场小区恢复绿地的环保风暴。

6 月 17 日，陈岳琴律师与北京市园林局就华清嘉园小区绿化工程竣工验收行政诉讼一案，签署了一份和解协议，协议约定：原告陈岳琴律师当天从西城区法院撤回行政诉状、被告北京市园林局于 2005 年 7 月 10 日前完成对华清嘉园小区的绿化工程竣工验收，并出具盖有公章的绿化工程竣工验收单、被告应本着专业和实事求是的原则，实地测绘并出具此绿化工程竣工验收单、被告现场测绘时，邀请原告到现场见证。2005 年 7 月 7 日，北京市园林局如约履行承诺，对华清嘉园小区绿地进行核查，并出具了《绿地验收证明》。

自此，华清嘉园小区绿地行政诉讼案的社会公益价值得到最大限度彰显，该案被认为是中国环境公益诉讼成功第一案，开创了中国环境公益诉讼的先河，具有可与美国 20 世纪 60 年代的 Storm King Law Case 相媲美的里程碑价值。

华清嘉园小区绿地行政诉讼案的成功，标志着中国环境公益诉讼突破固有传统法律模式的羁绊，创造了民间与政府良性互动合作，合力对抗和规管企业的环境侵权行为的成功范例。其中，公益律师和民间环保组织发挥了主导作用，政府则从被告席上走下来，与民间环保力量倾力合作，共同推动环保事业的发展。在我国，推动环境公益诉讼的发展需要大力发展环境公民团体，特别是发展非政府组织的环境公民团体。而公益诉讼的专业性、诉讼双方实力的不对等以及诉讼的持久性更需要律师这一法律职业人的倾情参与。能站在公共立场对社会不断提出问题的律师被称为“公益律师”。公益律师的参与使得公益诉讼在制度、政策的制定和运作方面的影响大大增强，公益律师的专业操作和律师在社会生活中的特殊地位和影响，有利于实现通过公益诉讼影响未来的公共决策的目的。正是通过公益律师的参与和努力，公益诉讼不仅实现了私权利的救济，而且成为与政府和企业对话的契机和场所，成为号召民众关注和维护自己切身利益的旗帜。民间环保组织（社团）以及公益律师必将成为建构与实践我国环境公益诉讼制度的中坚力量，成为推动中国环境法治进程、发展中国环保事业的精英。而争取政府力量的支持与合作，则可以使环境公益诉讼变得“轻而易举”，其公益价值也将得到最大限度的彰显。

作为生态环境资源状况较好的大省，江西非常重视环境司法工作，2012年，江西省人大常委会主任还曾专题询问全省法院生态环境司法保护工作情况。

江西探索环境公益诉讼最早始于2007年，江西省高院与省检察院召开联席会议并下发会议纪要，决定由省检察院组织选择有代表性的典型案件，与省高院进行沟通协商后，开展公益诉讼试点工作，该纪要提出，在行政手段不能作为、司法刑事手段无法追究、没有其他资格主体提起诉讼的情况下，为使遭受侵害的公共利益及时得到保护，将由检察机关作为社会公共利益的代表向法院提起民事诉讼，省“两院”确定，对破坏自然资源，影响人类生存和可持续发展的案件，包括掠夺性开采矿产资源、滥伐林木、破坏耕地保护政策等案件；污染环境，危害社会大众健康和生命财产安全的案件；当事人恶意串通，违法出让、转让国有资产或非法侵占公共财产的案件等三类案件，开展公益诉讼试点。2008年，新余市渝水区检察院提起了江西省首个环境公益诉讼，将严重污染水源的仙女湖花园山庄及鹿洲公司诉至渝水区法院，经调解，两被告同意达标排污并搬迁污染源。2009年，星子县法院也审理一起由星子县检察院提起的环境民事公益诉讼。

据了解，2013—2016年，江西省法院共审理环境资源案件3930件，其中审理环境资源刑事案件585件，占15%；审理环境资源民商事案件3077件，占78%；审理环境资源行政案件268件，占7%。环境资源民商事案件收结案增幅明显，2015年全省环境资源民商事案件收案数量同比增长49.8%，结案数量同比增长35.2%。

针对环境资源案件专业性强、处理难度大的特点，江西各级法院积极探索环境资源审判机构专门化建设，根据不同条件设立环境资源审判庭、合议庭或巡回法庭。2010 年九江中院组织境内修河流域沿岸的修水、武宁、永修、共青城 4 个基层法院，成立了“修河流域生态环境保护合议庭”，专司与修河流域生态环境相关的刑事、民商事和行政案件的审理。赣州的南康区法院、龙南县法院、上犹县法院、于都县法院也先后成立环境资源审判合议庭。鄱阳县法院根据司法资源配置和生态环保案件审理的实际情况于 2012 年设立了环保法庭，2015 年九江中院环境资源审判庭暨西海巡回法庭正式挂牌成立，这是江西省中级人民法院成立的首个环境资源审判庭。同年，江西省高院也成立环境资源审判庭，采取与民一庭两块牌子一班人员的工作格局。

2010 年，最高人民法院发布《关于为加快经济发展方式转变提供司法保障和服务的若干意见》，提出：“在环境保护纠纷案件数量较多的法院可以设立环保法庭，实行环境保护案件专业化审判，提高环境保护司法水平。”2014 年 7 月，最高人民法院成立环境资源审判庭，并加强环境司法的顶层设计，先后发布《关于全面加强环境资源审判工作为推进生态文明建设提供有力司法保障的意见》和《关于充分发挥审判职能作用为推进生态文明建设与绿色发展提供司法服务和保障的意见》两个指导性文件，为各级人民法院当前和今后一个时期环境司法专门化工作提供了明确且具有可操作性的政策指引。

尽管从 2007 年开始，各地法院展开环境公益诉讼实践，但一直缺乏明确的法律依据。一直到 2012 年，新修订的《民事诉讼法》第 55 条规定：“对污染环境、侵害众多消费者合法权益等损害社会公共利益的行为，法律规定的机关和有关组织可以向人民法院提起诉讼。”首次以国家法律的形式确认了环境民事公益诉讼制度，并对环境民事公益诉讼的提起主体作了原则规定。此后，新修订的《环境保护法》第 58 条进一步确认了环境民事公益诉讼制度，并对环境民事公益诉讼的提起主体资格作了具体规定，将有关组织限定为符合下列条件的社会组织：依法在设区的市级以上人民政府民政部门登记；专门从事环境保护公益活动连续五年以上且无违法记录。根据《民事诉讼法》《环境保护法》等法律的规定，2015年最高人民法院出台《最高人民法院关于审理环境民事公益诉讼案件适用法律若干问题的解释》，对环境民事公益诉讼的具体程序和相关问题进行了详细规定。同时，按照《中共中央关于全面推进依法治国若干重大问题的决定》关于"探索建立检察机关提起公益诉讼制度"的改革部署，2015年7月，全国人大常委会授权最高人民检察院在部分地区开展公益诉讼试点工作，试点地区检察机关可提起环境民事公益诉讼和环境行政公益诉讼。

环境民事公益诉讼基本已由相关法律予以确认，最高人民法院的司法解释也为其设计了较为详细、具体、可操作的程序，但综观江西对环境公益诉讼的探索，鲜有环保社会组织提起的环境民事公益诉讼。虽然江西早在2007年就开始探索环境公益诉讼，但主要是由检察机关提起的环境民事公益诉讼，尽管早期地方检察机关探索环境公益诉讼都没有明确的法律依据，但随着全国人大常委会的授权，最高人民检察院明确只在部分地区开展公益诉讼试点工作，江西不在最高人民检察院确定的试点地区范围内，最高人民检察院出台的《人民检察院提起公益诉讼试点工作实施办法》只适用于试点地区，目前情况下江西着力检察机关提起环境民事公益诉讼的实践有点儿师出无名。江西地方法院有必要加强法律已明确的环保社会组织提起环境民事公益诉讼的实践，克服认为社会组织提起环境民事公益诉讼是给地方政府添乱、导致滥诉、加重法院案多人少的矛盾，甚至影响社会稳定的偏见。地方政府也要重视对环保社会组织的培育，江西目前大多数的环保社会组织都不具备起诉资格，以南昌为例，到2015年6月，正式注册的环保社会组织只有两个，且都是注册不到一年。缺乏优质的环保社会组织，环境民事公益诉讼的实践也难以有效开展。

法律是维护环境生态的有力保障。

在鄱阳湖禁渔期，100多种鱼类繁衍生息。鄱阳县人民法院密切关注鄱阳湖生态环境类刑事案件，时刻守护着这张江西名片。

2017年5月，鄱阳县的杨某等6人禁渔期内前往鄱阳湖，使用国家禁止的机动底拖网，非法捕鱼约3282公斤。

鄱阳县法院以犯非法捕捞水产品罪判处6人拘役。6人自愿购买鱼苗3282公斤，由家属在鄱阳湖水域进行增殖放流，既实现刑罚惩罚功能，又修复受损生态环境。

2017年6月22日，江西高院环境资源审判庭法官陈幸欢主审的大气污染责任纠纷案，入选全国环境资源审判十大案例，该案二审判决书获得首届全国法院环境资源审判优秀裁判文书评选一等奖。

江西高院按照确有需要、因地制宜、分步推进的原则，推动了全省法院逐步建立环资庭、环资合议庭和环资案件归口审理相结合的专业化审判体系。

目前，江西省共有环资审判人员300余人。江西高院、九江中院、武宁县法院等14家法院成立环境资源审判庭，55家法院设立环境资源合议庭，两家法院设立环境资源巡回法庭，基本实现环资案件归口管理。

司法具有强制性，警戒违法者付出代价。但同时，司法也具有修复性。江西在环境生态司法的执行过程中，平衡两者关系，近年来，江西法院强调保护和修复优先司法理念，积极探索环境资源刑事案件生态修复司法新机制。

2013年冬天，为开辟茶园，宜春市铜鼓县的郑立淼着手开垦一片荒地，焚烧杂草过程中不小心引发山火。大火从山这边的宜春市铜鼓县烧到山那边的湖南省浏阳市。

此次过火山林面积超过50公顷，应当在3年以上7年以下量刑。考虑到郑立淼的初衷及村组织出具的证明，加上他做出“补植复绿”的承诺，铜鼓县人民法院对郑立淼适用了缓刑。

九江市中级人民法院、宜春市中级人民法院、武宁县人民法院、铜鼓县法院先后作出多个生态修复判决，判令责任人以补植复绿、增殖放流、污染治理等方式承担环境修复义务，取得“一判双赢”的良好效果。

据了解，铜鼓县法院2015年起探索实施恢复性司法，实行打击犯罪与环境资源恢复并行的举措，将补植复绿作为从轻量刑依据，对判处缓刑或管制的服刑人员下达砍伐禁止令或树木补种监管令，转化为社区矫正的内容。同时，设立补植复绿公益林基地，既方便落实林木补种的监管，又可组织社区矫正人员参与社会劳动。现在，在郑立淼的茶园前就立着一块牌子——江西省铜鼓县环境资源案件生态修复示范基地。目前，铜鼓县法院已经在全县建立多块生态修复基地。

法律不外乎人情，环境公益诉讼的目的是维护法律、维护环境，生态修复示范，让本来可能服刑的“郑立淼们”更加积极地参与到环境建设中，满山的茶树、满眼的绿色，带给他们的是对未来充满希望。

第四节 “环保钦差”

2016年1月4日，被称为“环保钦差”的中央环保督察组正式亮相，中央环保督察组由生态环境部牵头成立，中纪委、中组部的相关领导参加，代表党中央、国务院对各省（自治区、直辖市）党委和政府及其有关部门开展环境保护督察。

2016年7月14日至8月14日，中央第四环境保护督察组对江西省开展了环境保护督察，中央第四环境保护督察组在江西沿湖沿江沿河全境采样监察。

仅仅半个多月，截至当年 8 月 3 日 18 时，中央环保督察组就向江西省交办了 19 批、534 件群众举报环境信访件，办结 358 件。从群众信访件反映环境问题类型来看，反映工业废气污染的占 35%，反映工业废水污染的占 16%，反映破坏生态的占 11%，其他分别是大气面源污染、畜禽养殖污染、垃圾固废污染、噪声污染、水体污染、重金属污染、机动车污染。

在已办结环境问题中，情况属实的 127 件，基本属实的 152 件，不属实的 79 件。责令整改企业 262 家，立案处罚 64 家，立案侦查 17 件，约谈 64 人，罚款总金额 1266.79 万元，刑事拘留 1 人，给予行政拘留处罚 17 人。

对于查处中暴露出来的问题，江西省严厉问责责任人员 78 人，包括党纪处分 16 人、政纪处分 11 人、免职 7 人、诫勉谈话 43 人、通报批评 1 人。

"环保钦差"在江西掀起了一场绿色风暴。

11 月 17 日，中央环保督察组将督察发现的 11 个生态环境损害责任追究问题移交给江西省，要求依法依规进行调查处理。

督察组抽查的 21 个垃圾填埋场，有 13 个采取简易填埋方式，景德镇宋家庄垃圾填埋场超期运行 4 年，每天 400 吨渗滤液仅经简易处理排入昌江河，外排废水化学需氧量严重超标；鹰潭市垃圾填埋场渗滤液处理站外排废水化学需氧量和氨氮浓度均超标。

截至 2016 年 7 月，全省未建治污设施的规模化养猪场共 2634 家，鄱阳湖生态经济区内就有 1961 家。南昌市 1892 家规模化养猪场中，近六成未建治污设施，污水直排现象突出。

督察组公布，2013—2015 年，鄱阳湖水质持续下降，鄱阳湖流域特别是鄱阳湖生态经济区内违法违规排污问题严重，鄱阳湖流域水环境形势不容乐观，江西环保工作不严不实，不作为、乱作为问题突出，存在经济发展与环境保护的矛盾。

督察发现，2016 年上半年，南昌、宜春、九江、鹰潭、吉安、新余、赣州等 7 个地市 PM10 或 PM2.5 浓度同比不降反升，部分河流湖库断面主要污染物浓度也呈现上升趋势。

督察意见指出："多数地方不少领导同志对此认识不够，危机感、紧迫感不强，存在盲目乐观情绪，导致在具体环境保护工作推进上不严不实，落实《国务院办公厅关于加强环境监管执法的通知》存在不到位情况。"

江西省政府在对各地饮用水水源保护区进行排查的过程中，未发现违法违规排污口和建设项目。但督察发现，九江河西水厂、宜春滩下水厂和宜春丰城等饮用水水源一级保护区及九岭山、九连山等国家级自然保护区内存在违规建设项目或违法排污行为。

督察组认为，江西对国务院部署的全面清理、废除阻碍环境监管执法土政策的工作落实不到位，景德镇、抚州两市仍有三项"土政策"未清理到位，在落实大气污染防治行动计划中，江西也存在落实不力的问题。2014 年以来，江西省未按要求对大气污染防治、未通过年度考核地区进行约谈或问责，萍乡市 2015 年 PM10 浓度较上年同期上升 30%，未按省大气污染防治实施方案要求制订建成区内重污染企业搬迁计划，8 家国控大气污染排放企业有 6 家长期超标，部分燃煤小锅炉淘汰弄虚作假，应于 2014 年底完成搬迁任务的上饶县远翔实业等企业至今未搬迁。

2013—2015 年，赣州市需完成中央财政资金支持的 10 个稀土矿山治理项目，督察组在监察中发现，无一按期完成，江西在稀土开采生态恢复治理中，存在滞后的问题。龙南足洞河流域废弃稀土矿一期治理项目应于 2015 年 2 月完成验收，但直到 2015 年 9 月才开始工程招标，至今未完成治理工作。

督察发现，赣州市对矿区水污染问题重视不够，寻乌县石排废弃矿山地质环境治理工程基本完成，但未建设相应的污水处理设施，矿区小溪氨氮和铅浓度分别超标约 34 倍和 7 倍。

赣州稀土矿业有限公司矿山生态环境治理工作严重滞后，且在未建设废水处理设施、大部分车间未批先建的情况下，违规批准其 109 个车间投入生产。截至督察时，已启动生产的 59 个车间均未建设废水处理设施，水污染问题突出。此外，督察发现，该公司环保管理粗放，通过现场抽查，其下属定南县县长尾坑矿区迳背二车间母液池破损，外溢废水和矿区地表水严重超标；信丰县禾吉茶二车间母液池无防渗措施。

督察组发现，2015 年江西省水利厅在鄱阳湖内批准 3 个采砂区，其中有 6.82 平方公里采砂区位于鄱阳湖银鱼产卵场省级自然保护区内；2012 年至 2014 年，乐平市政府违反《排污费征收使用管理条例》，多次用财政资金为 36 家企业代缴排污费 1147 万元。

督察组称，一些地方日常监管缺失，宜春市宜丰工业园、景德镇开门子陶瓷化工集团、丰城市江西铁骑力士牧业等园区或企业长期偷排或超标排放，但各地没有查处到位。南昌市违反国家和江西省有关环境保护规定，支持江西晨鸣纸业擅自扩建二期项目，并要求市环保局为其补办环评审批手续。新《环境保护法》实施后，在没有开展规划环评的情况下，《昌铜高速生态经济带总体规划（2015—2020 年）》仍然得到批复。万年县凤巢工业园区多家化工企业偷排偷放等突出环境问题长期得不到解决，群众反映强烈。

中央环保督察组的督察报告在《江西日报》上全文发布，言辞尖锐，让人脸红心跳。从 7 月 14 日到 11 月 17 日截至督察报告公布，督察组在江西共办结 1050 件环境问题举报，责令整改 777 件，立案处罚 224 件，拘留 57 人，约谈 220 人，问责 124 人。

拿到中央环保督察组的“诊断书”，一场“绿色风暴”席卷赣鄱大地。

时任江西省委书记鹿心社先后赴宜春、新余、鹰潭、萍乡、九江、南昌，时任江西省省长刘奇赴吉安、抚州、上饶、南昌、景德镇。省委、省政府多次召开会议专题研究部署整改工作，鹿心社、刘奇先后做出 31 次批示，以上率下带头督导问题整改。

对照中央环保督察组的“诊断书”，江西省逐个问题明确整改目标、时限、措施和责任单位、领导。各地各部门均对应成立了由主要领导挂帅的整改工作机构，逐项分解任务、逐级压实责任。落实中央环保督察问题整改，已经成为江西省打造美丽中国“江西样板”的重要举措之一。

——坚决扭转空气质量下滑态势。江西省环保厅采取分片包干方式推动各地严格落实重点地区、重点行业、重点企业大气污染防治措施，解决“四尘”“三烟”“三气”等方面污染问题，已完成 2373 家加油站和 23 家储油库油气回收治理，责令 5521 个建筑工地扬尘整改，淘汰黄标车 49727 辆，淘汰率为 96.43%。2017 年 1—8 月，江西省 PM10 平均浓度已下降到 70 微克 / 立方米，比国家考核目标低了 3.2 微克 / 立方米，全省空气质量已经向好。

——迅速遏制局部水质恶化趋势。全省上下迅速采取措施，对水质严重恶化和降类断面及上游污染源进行排查、分析、制订方案，加强水污染综合治理。1—8 月，全省地表水达标率为 88.2%，比 1—7 月上升 1.1 个百分点；江西省国家考核断面Ⅰ—Ⅲ类水质比例为 88.0%，高出国家的考核目标值 8 个百分点。

——加快推动土壤污染防治工作。成立江西省土壤污染防治协调小组，建立乐安河重金属污染防治联席会议制度，制订《江西省土壤污染防治工作方案》，设置形成全省 1758 个点位的国控土壤环境质量监测网络，并于 8 月 30 日正式启动土壤污染详查工作。

在此基础上，江西省环保厅建立并实施了问题整改工作督导调度和销号制度，采取定期调度、专项督察、明察暗访等方式，实施挂账督办、专案盯办，加大督导检查力度。省委、省人大常委会、省政府均将中央环保督察问题整改列入 2017 年督察工作要点，监督整改。

2017 年 9 月，江西省宣布：根据中央环保督察组反馈意见梳理出的 61 个问题中，需 2017 年年底前整改完成的问题有 30 个，江西省已整改完成 21 个，其余问题正按时间节点有序推进。中央环保督察组移交的 11 个责任追究问题线索，已逐一厘清责任。

为了推动中央环保督察问题整改，2017 年 5 月江西省启动第一批省级环保督察，派出 3 个督察组对新余、九江、萍乡开展了为期 24 天的环保督察。大到重大环境监察举报，小到群众家门口的问题。新余市民胡海升说："反映了很多回，这次我家门口的露天烧烤店终于彻底关门了。"

8 月，在第一批省级环保督察取得阶段性成绩时，江西又启动了对宜春、鹰潭、吉安的环保督察工作。通过省级环保督察，一批群众反映强烈的环境信访问题得到了解决和答复。

猛药治沉疴，良方促长效。借助中央环保督察之势，抓住生态环境问题根源，江西省积极建立和完善长效机制。2017 年先后制定并出台了《江西省党政领导干部生态环境损害责任追究实施细则（试行）》《江西省生态文明建设目标评价考核办法（试行）》等 10 余项法规政策、标准制度和规范方案，着力构建党委政府主要负责、生态环境部门统筹协调、其他部门齐抓共管的具有江西特色的生态文明建设制度体系。

省委书记鹿心社要求把中央环保督察反馈意见整改作为一项重大政治任务、重大民生工程、重大发展问题来抓，对移交的责任追究问题，要组成工作组办理问责工作，依法依规严肃追责。省政府及时成立了以刘奇省长为组长的省环境保护督察问题整改工作领导小组，下设问责工作机构，抽调专业人员组成 23 个调查组，迅速开展调查问责工作。在中央环保督察组给出整改意见整整一年后的 2017 年 11 月 16 日，江西省公布了一年来的整改结果，根据查明事实，依据有关规定，经省委、省政府研究决定，对 106 名责任人进行问责。其中，厅级干部 10 人，处级干部 46 人，科级干部 40 人，其他干部 10 人；给予党政纪处分 66 人，诫勉 38 人，免职或调离岗位 6 人。

赣州稀土矿业有限公司环境违法违规问题突出，未按环评及批复要求建设尾水收集利用处理站，定南分公司、信丰分公司地表水氨氮超标。赣州市整顿领导小组违规批准同意未经环评审批的车间投产，且在企业启动生产时仍未督促完善环评审批手续、建设废水治理设施和加强环境监管。有关生态环境部门督促整改不到位，处置不及时，执法不严格。

江西晨鸣纸业有限公司在未取得环评批复文件的情况下，于 2014 年 3 月至 2015 年 6 月违规建成二期项目，南昌市政府、南昌经济技术开发区和相关部门监管不到位、失职失责。萍乡市大气环境质量明显下降，2015 年 8 家国控重点大气污染源企业中有 7 家存在超标排污问题，其中 6 家长期超标。萍乡市政府未对落实大气污染防治工作进行单项考核和责任追究。萍乡市环保局等相关部门在大气污染防治工作中监管不到位、失职失责。

宜春市松江园排污口位于宜春滩下水厂饮用水水源一级保护区内，靖安广场排污口和碧桂园凤凰城小区排污口位于袁河水厂饮用水水源一级保护区。宜春市政府、市水利局等监管部门监管不力、失职失责。

江西省水利厅编制的《江西省鄱阳湖采砂规划修编报告（2014—2018 年）》中，余干县、进贤县、鄱阳县部分采砂规划区与鄱阳湖银鱼产卵场、鄱阳湖鲤鱼鲫鱼产卵场等省级自然保护区部分区域重叠。省水利厅 2015 年批准的进贤县 3 个采砂区，有 1.28 平方公里在鄱阳湖银鱼产卵场省级自然保护区核心区，5.54 平方公里在实验区。

抚州市鸿顺砂石有限公司为生产盈利，违反与抚州市水利局签订的砂石开采权出让合同书中关于禁采区的约定，在禁采区偷采砂石，甚至进入取水口上游 1000 米、下游 100 米水源一级保护区内偷采。抚州市水利局履行监管职责不到位，未按规定开展巡查，未及时发现偷采行为。

乐平工业园区突出环境问题长期得不到有效解决，群众反映强烈，乐平市委、市政府对乐平工业园区雨水管网水质超标问题重视不够，对上级有关园区环境整治的要求和批示没有专门研究整改意见，没有拿出整改计划，导致 2013 年 6 月至 2016 年 12 月园区雨水管网水质污染物超标问题长期存在。

对照中央环境保护督察组督察反馈意见整改取得了实效，“村里的河水更清了”“家门口的污染企业终于停产了”“空气更清新了，蓝天常相伴”……水和空气质量明显改善。

问题：2013 年以来，部分城市空气质量下降，2016 年上半年，南昌、新余、赣州、宜春 4 个城市可吸入颗粒物（PM10）浓度同比上升，南昌、九江、鹰潭、宜春、吉安 5 个城市细颗粒物（PM2.5）浓度同比上升。

整改：2017 年全省 PM10 平均浓度为 72.6 微克 / 立方米，超额完成国家考核任务。

截至 2017 年年底，江西全省已完成 25 台 1466 万千瓦燃煤机组脱硫脱硝除尘设施超低排放改造，超额完成 2017 年目标任务；钢铁烧结机（球团）全部实现脱硫；除 1 条水泥旋窑生产线长期停产外，其余 10 条新型干法水泥（含粉磨站）生产线脱硝除尘设施改造已全部完成。

制订《燃煤小锅炉专项整治工作方案》，下达了 2017 年各设区市市辖区城市建成区燃煤锅炉淘汰计划。截至 2017 年年底，全省共淘汰（含改造、替代）每小时 10 蒸吨及以下燃煤小锅炉 451 台，完成了 2017 年淘汰任务。

印发《江西省工业企业挥发性有机物整治方案》，完成了五大行业 50 家重点企业挥发性有机物（VOCs）治理。中石化九江分公司全面开展了设备泄漏与修复（LDAR）工作，完成了挥发性有机物（VOCs）排放量和物质清单信息申报，初步形成了挥发性有机物（VOCs）监测监控能力。

江西省还组织对中心城区所有在建建筑工地进行全面排查，督促所有建筑工地达到工地周边围挡、物料堆放覆盖、土方开挖湿法作业、路面硬化、出入车辆清洗、渣土车辆密闭运输六个百分百要求。截至 2017 年年底，全省各设区市主要道路机械化清扫率基本达到 80% 以上。

2016 年、2017 年连续两年提前完成国家下达的黄标车淘汰任务。

问题：2013—2015 年，全省主要河流湖库 194 个监控断面中，有 47 个断面总磷浓度、40 个断面化学需氧量浓度和 21 个断面氨氮浓度逐年上升。

整改：2017 年全省国家考核断面水质优良率为 92%，比国家考核目标值高 12 个百分点。

印发《江西省工业污染源全面达标排放计划（2017 — 2020 年）工作方案》，分阶段、分行业对全省 43 个工业行业全面达标排放情况进行排查评估。目前，已完成了第一批行业企业的整改工作和第二批 10 个行业的排查工作，第二批 10 个行业已完成初评报告。

江西省政府重点推进的 25 个城市新区（工业园区）污水管网建设项目已建成 743.95 公里，工程实物量完成率为 103.84%。

江西省政府重点推进的 48 个县（市）污水处理设施配套管网建设项目已完成投资额 47.84 亿元，占计划的 109.1%；全省敏感区域内共有 14 个县（市、区）城镇污水处理厂有一级 A 提标改造任务，其中 13 个县（市、区）已基本完成土建工程并开始设备安装，1 个县正在实施土建工程。

截至 2018 年 2 月，全省 11 个设区市的 111 个畜牧养殖县（市、区，含开发区等）已完成“三区”划定，并完成地理标注工作。积极推进确需关闭或搬迁的养殖场、养殖小区的关闭或搬迁工作。开展渔业资源保护专项整治，查处电捕鱼船、非法捕螺船、销毁取缔定置网具、大型底拖网、炸鱼、毒鱼等，严厉打击非法捕捞、非法采砂船、非法砂场等各类违法涉水行为。

这场风暴并没有停止。在这一次的督察和整改期间，2016 年 11 月，第一轮中央环保督察反馈指出，江西宜春市宜丰工业园多家铅酸蓄电池企业违反环评批复要求，私自排放生产废水；景德镇开门子陶瓷化工集团废水、废气多次超标，督察期间仍超标排放废水；上饶市万年县和铅山县等地群众反映强烈的突出环境问题长期得不到解决。针对督察反馈问题，江西省督察整改方案均明确了具体整改措施。但目前看来，当地虽然做了一些工作，但尚未达到整改目标要求，已向社会公开的江西省中央环保督察整改落实情况仍存在不严不实问题。

2018 年 5 月 27 日，中央电视台曝光江西省有关地区对中央环境保护督察整改不力，甚至“虚假整改”“表面整改”“敷衍整改”等问题。对此，生态环境部高度重视，立即派员赴现场进一步了解情况。对宜丰工业园内江西长新电源有限公司在厂外非法填埋含铅废物，铅山县工业园区污水处理厂纳管企业进水 COD 浓度超标严重，万年县凤巢工业园部分企业在线监测数据失真，开门子陶瓷化工集团脱硫塔烟气拖尾明显等问题,将纳入中央环保督察“回头看”范畴，督办地方整改到位、严肃查处问责。

2018 年 6 月 1 日至 7 月 1 日，中央第四环境保护督察组对江西省开展“回头看”，根据安排，中央第四环境保护督察组进驻江西 1 个月的时间，主要受理江西省生态环境保护方面的来信来电举报。

环保督察组对鄱阳湖生态环境污染问题开展专项督察。九江市都昌县毗邻鄱阳湖，域内拥有鄱阳湖三分之一的水域，素有“鄱阳湖上的明珠”美誉。但督察组抽查发现，该县对第一轮中央环保督察交办信访问题整改不力，全县在垃圾处理厂问题整改、石材开采加工行业整顿、畜禽养殖污染防治等方面“敷衍整改”“假装整改”。都昌县委县政府在督察整改工作中只做表面文章，推进治理不力，全县近两年生态环境保护各项工作处于停滞甚至倒退状态，环境问题突出。

2016年8月，第一轮中央环保督察期间，群众信访举报都昌县生活垃圾综合处理厂非法填埋分选后的剩余垃圾，厂区臭气扰民。都昌县政府反馈称，已对该企业下达了责令改正决定书，要求停止使用非法填埋场，限期恢复原状，并立案查处。但“回头看”督察发现，都昌县政府及有关部门责任落实不力。

非法倾倒填埋不仅未清理，而且填埋更多。2016年8月以来，都昌县生活垃圾综合处理厂无视整改要求，继续将分选后的约3600吨剩余生活垃圾，非法填埋在都昌县龙家湾。2018年5月，都昌县环保局检查还发现，企业将大量生活垃圾填埋在厂区五处低洼之处，累计填埋约5000吨，还在余家湾填埋200余吨。2018年6月督察组调查发现，该企业还在紧邻鄱阳湖的射山、矶山等地大量倾倒填埋垃圾，渗滤液直排鄱阳湖。6月19日，都昌县政府紧急调集大型机械挖掘清理。

该垃圾综合处理厂环评批复工艺为“垃圾分选+厌氧发酵堆肥”，但长期无法正常运行，实际成为生活垃圾的非法临时中转站，生活垃圾长期在场地内露天堆存，至今未落实环评要求的“车间密闭+负压+生物除臭”等废气治理设施，现场恶臭熏人；大量垃圾渗滤液四处流淌下渗，采样监测，渗滤液化学需氧量、氨氮浓度分别高达2890毫克/升、372毫克/升，污染严重。该企业称与生活污水处理厂签订渗滤液处置协议，协定日处理量20吨。但调查发现，渗滤液从未进入污水处理厂，双方协议只是一纸空文。

都昌县生活垃圾无害化处理设施建设工作缓慢，至今相关工作仍停留在纸面上，导致全县生活垃圾只能运往九江、上饶、南昌和景德镇等地处置。2017年1月至今，全县生活垃圾产生量约5.5万吨，但运往上述四地填埋场或焚烧厂处置的垃圾（包括非法填埋清运量）仅约 2.85 万吨，约 2.7 万吨生活垃圾不知去向。

2016 年中央环保督察反馈意见指出，九江市石材加工行业问题突出，群众反映强烈。九江市整改方案提出，2017 年年底全面整治全市石材开采和加工产业，并细化了具体整改措施。

但督察发现，都昌县委县政府对整改方案要求推进不力，整改工作几乎处于全面停滞状态。全县石材矿山未落实水土保持和生态恢复制度、未开展一例废弃矿山修复，未从源头管控石材开采加工行业扬尘污染，也未开展石材加工行业整治调整升级。

现场检查发现，该县石材开采和加工企业共计 84 家，绝大部分集中在苏山乡，目前以紧急停产应对督察。所有石材开采点均未按要求设置视频或在线监控设施，无任何矿山扬尘治理设施，无废弃石料堆场，未开展矿山生态修复，厂区一片狼藉，山体满目疮痍，部分开采点废弃石料淤塞水库，成为“牛奶湖”。同时大量石材加工小作坊绝大部分无粉尘和废水治理设施，正常生产时，粉尘漫天，污水横流。

九江市整改方案要求，全面推进畜禽养殖“三区”划定，2017 年年底前完成禁养区养殖场搬迁关闭，加快非禁养区养殖场配套治污设施建设。但在“三区”划定后，都昌县未配套出台禁养区搬迁关闭的相关方案和政策。

同时，都昌县在畜禽养殖污染防治工作中“虚假整改”，试图瞒骗督察组。2016 年，都昌县在督察整改方案中上报，禁养区只有 3 家养殖场，但实际有 12 家养殖场。今年 6 月，都昌县再次谎称，禁养区养殖场均已在 2017 年年底前搬迁关闭完毕。但督察发现，禁养区内仍有 3 家规模化养殖场在正常生产。

督察组随机抽查的苏山乡马安养殖场，就坐落于禁养区内，距离鄱阳湖不足百米，其沼液储存池排放的沼液直接进入周边水体，对鄱阳湖水质造成极大隐患。采样监测数据显示，沼液池出水 COD、氨氮和总磷浓度分别高达 252 毫克 / 升、116 毫克 / 升和 15.8 毫克 / 升。

除了以上问题，都昌县在水产养殖污染治理、工业企业环保监管、城区扬尘管控、城区污水管网建设等方面均少有作为，全县环境问题突出。

都昌县的生态环境问题直接引发的是“鄱阳湖上的明珠”黯然失色！也意味着，鄱阳湖依然存在着众多环境问题。

自 6 月 1 日进驻江西省，截至 7 月 9 日 18 时，一个月的时间，中央环境保护督察组共向江西省交办 31 批次 2536 件信访件，其中属实 2190 件，不属实 328 件，已办结 2518 件，分别在属地及省政府网站上进行公开。江西全省已责令整改 2323 家，立案处罚 517 家，罚款金额 5534.8457 万元，立案侦查 48 件，行政拘留 19 人，刑事拘留 25 人，约谈 72 人，问责 207 人。

经过两年来的环保督察风暴，群众感受到了发言的力量，此次环保督察日均信访量比 2016 年增加。数据显示，2016 年中央环保督察前 10 批转办信访总量为 246 件，日均信访量约 25 件，这次中央环保督察“回头看”前 10 批信访总量为 699 件，日均信访量 70 件，同比增长 184%。尤其是 2018 年的 6 月 7 日、8 日、9 日 3 天，日信访量更是分别达 90 件、91 件、90 件。

在 11 个设区市中，中央环境保护督察组转办信访件中，南昌市为 715 件，居榜首；排在第二位的是赣州市，为 365.5 件；第三位的是上饶市，总共有 326 件。鹰潭市是全省最少的，只有 43 件，其次是景德镇市，47.5 件；新余市倒数第三，为 73 件。这样的排名，与各个设区市的经济地位有惊人的相似，幸好九江不在此列。2017 年江西 11 个设区市 GDP 排名中，南昌市、赣州市、九江市位列前三，后三名是鹰潭市、景德镇市、新余市。

群众反映强烈的污染问题中，大气污染排在第一位，第二是水污染，第三是噪声污染。

但此次中央环保督察“回头看”中，2016年交办的信访问题，如南昌市的方大特钢、晨鸣纸业、汇仁制药、小兰污水处理厂；宜春市的奉先德业医疗处置有限公司，萍乡市莲花县的大地制药、赣州瑞金市的万年青水泥有限公司和九江市浔阳区的九江石化有限公司在这次中央环保督察“回头看”中又有多次投诉。

截至6月25日，从5月30日中央第三环保督察组进驻黑龙江开始，第一批中央环境保护督察“回头看”已通报32起环境违法问题，所进驻的10个省区无一幸免，而通报结果更是令人大跌眼镜、触目惊心。河南省被通报6起，江西省被通报5起，成为本次“回头看”过程中违法违规问题高发的“重灾区”。

在江西，崇仁县政府于2018年6月7日收到中央环保督察组关于“崇仁县三山乡长仁砖厂废气直排”的群众举报转办件后，县政府主要领导、分管领导专程到现场开展调查处理。2018年6月8日县环保局对长仁砖厂开展了执法检查，并依法作出“立即停产整改”和“罚款4000元”的行政处罚决定。在还没有对该砖厂关停到位的情况下，崇仁县政府于6月12日上报材料明确：目前长仁砖厂已关闭停产，这与实际情况不符。经抚州市环保局指出问题后，崇仁县于2018年6月13日再次上报材料明确，已停止生产，县环保局已将这一情况反馈至信访人，信访人对处理意见表示满意。

但根据调查，长仁砖厂实际于2018年6月14日至15日才实施停产整改措施，崇仁县政府上报内容仍与实际情况不符。特别是转办件中没有信访举报人相关信息，县环保局无法直接向信访举报人反馈，上报情况明显存在弄虚作假的问题。

一场环保风暴，从另一个侧面暴露了江西的问题。

第五节 “河长”刘奇

根据2011—2013年第一次中国全国水利普查成果，我国流域面积50平方公里以上河流共45203条，总长度达150.85万公里。常年水面面积1平方公里及以上天然湖泊2865个，湖泊水面总面积7.80万平方公里。其中，淡水湖1594个，咸水湖945个，盐湖166个，其他160个。随着经济社会快速发展，中国河湖管理保护出现了一些新问题，如河道干涸湖泊萎缩，水环境状况恶化，河湖功能退化等，对保障水安全带来严峻挑战。解决这些问题，亟须推进河湖系统保护和水生态环境整体改善，保障河湖功能永续利用，维护河湖健康生命。

地处太湖流域的浙江湖州长兴县，境内河网密布，水系发达，有547条河流、35座水库、386座山塘。得天独厚的水资源禀赋，造就了长兴因水而生、因水而美、因水而兴的文化特质。但在20世纪末，这个山水城市在经济快速发展的同时，也给生态环境带来了不可承受之重，污水横流、黑河遍布成为长兴人的“心病”。

2003年，浙江长兴县为创建国家卫生城市，在卫生责任片区、道路、街道推出了片长、路长、里弄长，责任包干制的管理让城区面貌焕然一新。同年10月，全县在全国率先对城区河流试行河长制，水利局、环卫处负责人担任河长，对水系开展清淤、保洁等整治行动，水污染治理效果非常明显。

2004年，水口乡乡长被任命为包漾河的河长，负责喷水织机整治、河岸绿化、水面保洁和清淤疏浚等任务。河长制经验向农村延伸后，逐步扩展到包漾河周边的渚山港、夹山港、七百亩斗港等支流，由行政村干部担任河长。2008年，长兴县委下发文件，由四位副县长分别担任4条入太湖河道的河长，所有乡镇班子成员担任辖区内的河道河长，由此县、镇、村三级河长制管理体系初步形成。

2007年夏季，由于太湖水质恶化，加上不利的气象条件，导致太湖大面积蓝藻暴发，引发了江苏省无锡市的水危机。痛定思痛，当地政府认识到，水质恶化导致的蓝藻暴发，问题表现在水里，根子是在岸上。解决这些问题，不仅要在水上下功夫，更要在岸上下功夫；不仅要本地区治污，更要统筹河流上下游、左右岸联防联治；不仅要靠水利、环保、城建等部门切实履行职责，更需要党政主导、部门联动、社会参与。

2007年8月，无锡市印发《无锡市河（湖、库、荡、氿）断面水质控制目标及考核办法（试行）》，将河流断面水质检测结果纳入各市县区党政主要负责人政绩考核内容，各市县区不按期报告或拒报、谎报水质检测结果的，按有关规定追究责任。实行河长制，由各级党政负责人分别担任64条河道的河长，加强污染物源头治理，负责督办河道水质改善工作。

河长制实施后效果明显，无锡境内水功能区水质达标率从2007年的7.1%提高到2015年的44.4%，太湖水质也显著改善。

2008年，江苏在太湖流域全面推行“河长制”。2008年6月，包括省长在内的15位省级、厅级官员一起领到了一个新“官衔”——太湖入湖河流“河长”，他们与河流所在地的政府官员形成“双河长制”，共同负责15条河流的水污染防治。从2009年起，江苏省对15条重要入太湖河道，实行双河长制，每条河流分别由省政府领导和省有关厅局负责人担任省级层面的河长，地方层面的河长由河流流经的各市、县（区）政府负责人担任。

2008年至2016年12月下旬，江苏省各级党政主要负责人担任的“河长”，已遍布全省727条骨干河道1212个河段。

肇始于长兴的河长制，走出湖州，从2008年起，浙江其他地区湖州、衢州、嘉兴、温州等地陆续试点推行河长制。2013年，浙江出台了《关于全面实施“河长制”进一步加强水环境治理工作的意见》，明确了各级河长是包干河道的第一责任人，承担河道的“管、治、保”职责。从此，走向浙江全境，逐渐形成了省、市、县、乡、村五级河长架构。

在江苏，“铁腕治污”，“河长制”带来的效果：2011—2016 年 79 个“河长制”管理断面水质综合判定达标率基本维持在 70% 以上，水质较为稳定。其中，2011 年无锡 12 个国家考核断面水质达标率 100%，主要饮用水源地水质达标率 100%；2012 年主要饮用水源地水质达标率 100%。

江西山江湖工程的试点县，创造性地实施了“猪—沼—粮”生态模式的靖安县，地处赣西北的九岭之巅，潦水之源，98 公里长的北潦河和 103 公里长的北河贯穿全境。高达 84.1% 的森林覆盖率使其成为江西省首批国家级生态县、全国第一批河湖管护体制创新试点县。2015 年 8 月以来，该县成为江西“河长试验田”。

这一次，靖安县创新河湖管护体制机制，提出“把河道当街道管理”，由政府一把手担纲“总河长”，该县共设有县级河长 4 个，乡级河长 11 个，村级河长 50 个。与此同时，聘请巡查员，实现县、乡、村三级联合管护，形成分段监控、分段管理、分段考核、分段问责的工作格局，构建起完善的治水“生态链”。

在靖安双溪镇，北潦河，河北村段。河面开阔，河面上最醒目的，是那个着橙色救生衣，站在竹筏上打捞河面垃圾的人。吴春生，是这个河段的保洁员。天晴下雨，每天巡河保洁至少两趟。雨势渐大，河面看着也干净，叫他上来。他却不肯，说：“还没结束呢。雨大，冲刷大，垃圾更得抢着清，不然，流到别的河段，让人家受累，还落个‘没素质’的坏名声，不好。”

吴春生今天的塑料桶里，垃圾没多少。前次，镇河长跟他开玩笑，说县上已将河流保洁工作服务外包，市场化管理有年龄限制，超过五十岁的不聘。吴春生说，不聘，我当志愿者，免费干，行吗？

北潦河上，巡河的保洁们还编了一首《巡河歌》将他们每天的工作和美好的愿望唱出来，“每天两趟来巡河，河床上下仔细看，哪里有垃圾，哪里有污水，蛛丝马迹火眼金睛；每天早晚来巡河，不怕日晒和雨淋，带上我的钳，挥起我的手，保护潦河我在行动……”

实行河长制之前的北潦河，河岸杂草丛生，河面挤爆了水葫芦，居民随意将生活污水倾倒入河的不少，鱼儿嫌弃都跑了。一下暴雨，上游漂来死猪，臭烘烘的，大家都掩鼻屏息绕河走。边走边嘀咕，这事怎么就没人来管。说实话，当时真想投诉，可都不知道该找哪家部门，似乎找谁都尴尬。

有了河长，水里岸上，有事都找河长。河长的名字、电话、职责都在河边公示牌上亮着呢。河长，不推卸，也不需要大家提醒，啥事都主动管起来。清理淤泥和杂草，拆猪栏和沿河违建，垃圾集中处理，污水不准往河里排，污染企业全部关停，每天有人清理岸上岸下垃圾，建滨河公园和沿河各种景观带。

靖安水务局局长王仕钦直言，年年治水，年年反弹，根本原因是体制不顺。涉水部门 10 多个，“环保不下河，水利不上岸”是长期尴尬。“多龙治水”好比一个家庭人人都是家长，家长们一团和气也好，互不买账也罢，到头来都是落个“无人管事”的下场。事没有人管，问题就会越积越多，犹如千里之堤，毁于蚁穴。靖安直面体制顽疾，全县编织起一张覆盖河湖的责任网：县委书记任总河长，设县、乡、村三级河长，配巡查员、保洁员，合力治水。河长制组织体系核心是党政同责，统领九龙，合力治水。

靖安河长如何治河？把河道当街道管理，把库区当景区保护。是开阔思路也是具体方式。一河一策；构建“1+2+3+ 市场”管护模式；县乡村组联动，形成横向到边、纵向到底的巡河保洁制度；创建“靖安县河湖办易信群”，推行“互联网 + 河长”监管模式，易信晒河，高效处理问题。源头重治，系统共治。水里岸上，源头沿线，河长一盘棋，一起抓。2015 年 8 月，动员大会一结束，靖安县总河长田辉迅速组织 21 家职能部门开展治河行动，目标：垃圾不落地，污水不入河，黄土不见天。

严管、勤查、联动、重罚，及时清理，露头就打。关停 14 家采砂场，成功拍卖 4 个点的河道疏浚砂石收益权；关停木竹加工企业 200 多家；从源头堵截污染，投入 9300 万元建成了县城生活污水处理厂、工业园污水处理厂和 9 个垃圾压缩转运站；建成镇村生活污水处理站 21 座，日处理污水能力最高可达 4500 吨，集镇生活污水处理率达 90% 以上；陆续拆除违章建筑、养殖场等共计 12.7 万余平方米。

一期投入 1495 万元，以云技术为引领、大数据为支撑的江西第一朵“生态云”在靖安惊艳亮相。在 LED 屏上轻轻一触，县城居民饮用水取水口的水源 pH 酸碱度、浊度和溶氧量等实时数据一目了然。

靖安的河长制将多年来经常悬空的水环保责任落实到每一级主要官员。制度施行多月，取得了较为显著的治水效果。水上专职巡查保洁员张先湧明显体会到，施行“河长制”后，“北潦河的垃圾明显变少了，以前一天多的时候要捡好几筐，现在一天下来也捡不满一筐”。

江西河长制区别于别处的核心就是保护优先。江西治河的终极目的，是在有效保护良好生态的同时，将生态优势转化成经济优势，破解发展难题，走一条生态与经济双赢的路子，百姓共享生态红利。

在靖安，河长制倒逼产业转型，成了经济强大的助推器。分管领导介绍，以前养猪业排污多，现在新发展的生态养殖场，有净化池、沼气池，通过循环经济基本实现零排放。水库现在人放天养。大多散养户退养后，逐步到园区就业或转型做旅游业。仅 2016 年上半年，靖安旅游综合收入 8.57 亿元，同比增长 50%。目前，全县已建成 80 多个民宿文化点，吸纳 800 多农户入股，由此产生的旅游综合年收入达 13 亿多元。

绿色食品公司、旅游地产公司、医药生产集团、亲水旅游集团、峡谷漂流集团纷至沓来。汉辰公司果断注资，盘活了宝峰镇一个“僵化项目”，计划投资3亿元在洋螺洲打造养生养老休闲区；香港新和源投资3.8亿元在北河沿途的渣滩地块打造禅意养生养老项目，一家精品民宿酒店正在建设当中；投资8000万元的休闲农业航母——百香谷生态园落户高湖镇；投资13亿元的东百源生态养生谷正在双溪镇火热施工……

河长制带来的生态红利也体现在村民悄然饱满的钱袋子上。肖峰饭店内，店主肖峰正在忙着招呼客人。以前河水不干净，河岸脏、乱、差，前来旅游的人少，饭店生意也不好。自从实行河长制后，水生态环境改善了，加上镇里打造成了禅韵生态小镇，他饭店年纯收入由往年的1万多元增加到10万多元。

结合靖安县的试点经验，2015年10月中旬，江西省水利厅率全省水利系统主要负责人赴江苏省学习考察“河长制”改革经验。

此时的江苏省，在探索河湖管理新模式下已经取得了积极可喜的成绩，骨干河道实行了“河长制”管理，省管湖泊实行了联席会议制度，重要河湖因地制宜，实施了一河一湖一规划。这些措施覆盖了江苏省81%的县(区)成立的“河长制”工作办公室，727条省骨干河道1190个河段，91%的河道（河段）落实了“河长”。

通过学习考察，考察团受益匪浅。不到半个月的11月2日，江西省“河长”名单出炉，省委书记任总河长、省长任副总河长，省委、江西省政府、江西省人大、江西省政协等分管农业、环保的7名副省级官员任赣江、抚河、信江、饶河、修河、鄱阳湖、长江江西段河长，全省23个单位为省级河长制责任单位，建立水陆共治、部门联动、全民群治的长效机制。

9位省级高官任“河长”，这份名单被人们称为江西生态保护有史以来的“最强团队”。

“河长”由党委政府一把手担纲，构建起“一荣俱荣、一损俱损”的治水“生态链”，倒逼各职能部门无法在水环境治理上缺位。

江西省“河长制”的主要目标是：到2015年年底，建立健全县级以上“河长制”组织体系；到2017年年底，全省全面实施“河长制”，赣、抚、信、饶、修、鄱阳湖（五河一湖）重要水功能区水质达标率91%，集中式水源地水质达标率100%，基本建成河湖健康保障体系和管理体系，实现河畅、水清、岸绿、景美。

2016年4月28日，时任江西省委副书记刘奇作为赣江省级河长、调研了赣江流域。上午，刘奇在乌沙河了解了整治情况，之后，随后乘船检查了赣江河道情况。下午，赣江流域省级河长第一次会议在南昌市召开。

赣江是鄱阳湖水系的第一大河，也是江西的母亲河，流经全省7个设区市47个县（市、区）以及广东、福建、湖南的小部分区域。与省内的其他流域相比，赣江流域面积最大、涉及行政区域最多、河湖保护管理的任务也最重。赣江流域“河长制”实施得如何，不仅关系到能否保证鄱阳湖“一湖清水”、巩固江西省的生态优势，而且对于全省“河长制”的实施具有示范引领作用。总之一句话，刘奇河长的压力不小，担子不轻。与刘奇河长一起承担赣江责任的河长们一直延伸覆盖到村，村组还设专管员、保洁员或巡查员。水利、环保、住建、农业、农工、交通等省级牵头单位也开展了深入细致的排查，摸清赣江流域断面的水质情况，摸清沿江各工业排放、面源污染以及岸线使用情况，摸清非法采砂、非法捕捞情况。刘奇河长要求要对赣江每一条支流、每一段流域的水质、每一个排污口、每一个污染源、每一处水域岸线的使用等情况一目了然，并用不同颜色加以标识，做到随时掌握变动情况，一旦水质出现问题能够及时发现来源，并果断采取措施解决到位。

2016年12月，中共中央办公厅、国务院办公厅印发了《关于全面推行河长制的意见》，省级“总河长”由一把手担任。2017年的新年，习近平总书记在新年贺词中发出了“每条河流要有‘河长’”的号令。

2017年2月23日上午，作为江西省级副总河长的省长刘奇与在北潦河上巡河的双溪镇河长钟华国一起巡河。此时，在双溪镇河北村，巡查员王启明也在巡河，他说："我做巡查员工作，不管是下雨天还是大冷天，都坚持利用早晚的时间来巡查；并且不怕得罪人，拉得下面子，对在河堤上乱堆乱放等行为，强制处理；还不断地对大家宣传，不要乱抛垃圾、不乱倒腌臜水，邀请更多的人加入到我们的队伍当中来。"

大桥村保洁员甘立林说："河道保洁是一件微不足道的事，但是也是保护我们潦河造福子孙后代的事，我从小生活在潦河边，保护它是我应该做的事情，就是没有工资，我也会去做。"

把河道当街道管理，把库区当景区保护，全面建立了"河长制"，编织了一张覆盖河道的"管护网"。靖安"河长制"经验也在全国得到了推广。

作为江西总河长的刘奇，每到一地调研，巡河成了这位省委书记最重要的工作。2018年2月4日，在井冈山调研时，刘奇河长巡察了井冈山市龙江河。

在龙江河回溪亭处，现场听取了井冈山市河长制工作情况汇报以及清河行动取得成效情况汇报。井冈山市取缔了64家非法采砂场，同时为防止非法采砂死灰复燃，依法将非法采砂设备割除清场运离64处，全面禁止河道采砂。通过河长制即时微信平台对全市河库水渠、山塘溪流等水域和16家陶瓷企业污水处理设施实行每日一监测，每日一曝光。依法注销采矿许可证6家，对8个矿山企业进行了停电处理，关停矿山10个。目前河流水质都已达标。

2018年2月18日，大年初三，人们还沉浸在春节欢乐气氛中，江西吉安青原区富水河富田陂下村河长、村支书刘茂坤吃完早饭，带上工具就出门巡河，"都还在过年，就不要去巡河吧！"他老婆从后面追过来喊道。

富水河绕村而过，群山环抱，依山傍水，18口古井井水清甜。陂下村既是中国历史文化名村、国家4A级景区，也是著名的双胞胎村、长寿老人村，还是《爸爸去哪儿》《记住乡愁》《井冈山》等影视节目的拍摄地。近年来，乡村游火爆，平均每天接待游客 300 人次以上，“不过垃圾也是成倍增长，保护生态压力很大”。

从村口出发，逆水而上，河水缓流，清澈见底，河岸翠绿，风景如画。刘茂坤一路上没发现什么垃圾。去年村里筹资修建污水处理工程，配置垃圾分类箱、垃圾装运车，实施垃圾无害化、减量化处理，对污水实行“生态疗法”，做到了垃圾不落地、污水不入河。

刘茂坤来到陂下六组，只见保洁员已将散落在村里各个角落的爆竹残屑扫成一堆堆，正准备装车运走。以前，村民都是把垃圾往河里一倒了事，污染了河流。如今，富水河又回到儿时的模样，水变清了，河变美了。

花岩水库位于富田花岩村，是一座小（一）型水库，总库容达 495 万立方米，不仅保障 3000 亩农田用水，还是 1200 名群众生活用水的唯一水源。

在区河长制办公室。值班的小曾收到的不是投诉电话，倒是微信群里河长、巡查员、保洁员、督察员纷纷在晒图，相互送上的节日问候。

2018 年 7 月 6 日，江西省人民政府网站公布了全省总河长和省级河长、湖长名单，江西省委书记任总河长。

从 2015 年底江西省在全省全境实施河长制，把河长制工作作为推进生态文明建设的重要举措和抓手；到 2016 年，全面建立了区域与流域相结合的河长制组织体系；到 2017 年 10 月，全省 7 大江河（湖泊）、114 条市级河段（湖泊）、1454 条县级河段（湖泊）、10149 条乡级河段（湖泊）明确了河长，共设立市级河长 90 人、县级河长 834 人、乡级河长 3824 人、村级河长 15029 人，配备河湖管护、保洁人员 7.14 万人。在与中央《关于全面推行河长制的意见》逐条对照的基础上修订完善省级工作方案，2017 年 5 月 4 日由江西省委办公厅、省政府办公厅印发了《江西省全面推行河长制工作方案（修订）》（赣办字〔2017〕24 号）。省级修订的工作方案印发后，省河长办通过每周一调度、每周一通报和对滞后地区现场督导等方式，压实推进市、县、乡3级工作方案。截至2017年6月底，全省11个设区市、118个县（含非建制县级单位）、1655个乡镇（含街办）工作方案全部修订完成并印发，在全国率先完成省、市、县、乡四级方案修订出台。这是一个有着严格考核指标的制度，最终的得分都在90分以上，考核等次均为优秀。从监测数据看，全省地表水质达标率由2015年的81.4%提升至2017年的88.5%，重要江河湖泊水功能区水质达标率由2015年的93.8%提升至2017年的99.1%，县城以上集中式饮用水水源地达标率保持在100%，河长制各项工作取得了明显成效，走在全国前列。2017年全省开展消灭劣V类水工作，44个劣V类水重点治理断面大部分断面水质得到了提升，分流域、分区域、分行业梳理各类问题共计1962个，整改完成率达95%以上，解决了一大批影响河湖健康的突出问题，通过生态治水创造生态红利，给普通百姓带来经济获得感。

江西，已成为全国河长制工作的领跑者，特别是在河长制体系构建、制度建设、专项整治、宣传引导等基础性工作上扎实有效，被国家水利部多次点赞，并作为典型在全国范围内予以推介。2018年，江西省又提出了“打造河长制升级版”的目标要求，多项工作创下全国率先。

2018年7月2日上午，担任江西省总河（湖）长的省委书记刘奇主持召开了2018年总河（湖）长会议，刘奇强调，全面实施河长制湖长制，是推进国家生态文明试验区建设的重要举措。我们要深入贯彻落实习近平生态文明思想，始终坚持生态优先、绿色发展，大力实施河长制湖长制，狠抓突出问题整治，加强治水能力建设，健全河湖管护机制，以更大力度全面推进美丽河湖建设，努力打造河畅、湖清、岸绿、景美的河湖环境。

河长刘奇，也是江西的省委书记和省长，他的责任远远不是一条河一个湖一座山，仅就生态环保问题，他就做出100余次重要批示。2018年年初，在《关于我省圆满完成2017年度大气十条考核刚性任务的报告》上，刘奇批示："严肃落实责任，一步一个脚印，干好每一天、每一件事！"

今天的江西，不仅河有河长，湖也于2018年5月全面实施了湖长制，9月份全面实施了林长制。

责任制度使得江西：

每一条河流，河清；

每一方水域，湖美；

每一株树木，林秀。

第六节　给长江立新规

生存于长江中下游的白鳍豚，是中国特有的淡水鲸类。20世纪中期，长江中尚可见到白鳍豚较大群体，但此后白鳍豚的数量却急剧减少。

2006年，中科院水生生物研究所组织美国、瑞士、德国等六国科学家，采用世界一流技术对长江干流进行调查，没有发现白鳍豚的踪迹。专家们认为，长江白鳍豚可能出现了"功能性灭绝"，或者，这种曾经在地球上生活了几百万年的动物，已经成了灭绝动物之一。

人类对其食物鱼虾进行过度捕捞，致使白鳍豚得不到充足的食物供给；

人类对长江的过度开发，江湖阻隔、围湖造田等使白鳍豚的栖息地遭到严重破坏；

人类在长江附近化工厂和医药工厂的开发，使得长江受到严重污染；

长江成了非常繁忙的运输水道，很多白鳍豚被船只的螺旋桨打死打伤；

使用炸鱼、毒鱼、电打鱼等有害捕鱼手段，更令白鳍豚的生存雪上加霜。

2002年7月，人工饲养下生存最长的一只雄性白鳍豚淇淇由于高龄自然死亡，它在人工饲养条件下存活了22年185天，为人类研究白鳍豚的生物学、生态学、人工饲养、行为学、生物声学、血液学、疾病防治等方面做出了巨大贡献。但这项研究，随着白鳍豚的灭绝而停滞。

1990年，3600头；2006年，1800头；2012年，1045头；2018年，1012头……这是一个关于长江江豚种群数目的故事，也是一个关于长江的故事。

长江江豚是处于长江生态系统食物链顶端的哺乳动物，对环境变化十分敏感，它们数量的多寡，是反映长江生态系统健康程度的一面镜子。长江江豚的种群数量正在不断衰减。在这背后发酵的更大问题，是长江生态系统面临着的沉重压力。

长江流域是许多淡水鱼类的天然产卵场，渔业资源曾经极为丰富。但在今天，长江渔业资源已经全面衰退：鲥鱼从1974年的年产1570吨到现在已基本绝迹，刀鲚从20世纪年产4000吨至近年来已无法形成鱼汛，青、草、鲢、鳙“四大家鱼”种苗发生量与20世纪50年代相比下降了90%以上。

长江到了必须保护的时刻了！

2018年4月24日至25日，习近平总书记在视察长江时为长江经济带定了新规矩——共抓大保护，不搞大开发。

新规一出，保护成为长江经济带发展的变局动作；

新规一出，开发成为长江经济带建设发展的首要规矩；

新规一出，流域治理成为“一盘棋”。

长江经济带的建设发展在习近平心中占据举足轻重的地位，这一点从他连续的调研考察、多次主持召开高规格会议、不断部署新工作任务等看得十分清楚。

2014年，习近平在部署2015年经济工作时指出：“要重点实施‘一带一路’、京津冀协同发展、长江经济带三大战略。”至此，长江经济带成为国家级的“三大发展战略”之一。

2016 年，习近平在重庆主持召开推动长江经济带发展座谈会。会上，他不仅强调推动长江经济带发展是一项国家级重大区域发展战略，更明确指出，推动长江经济带发展必须坚持生态优先、绿色发展的战略定位。

在 2018 年全国“两会”上，习近平参加重庆代表团审议时，把两年前调研考察重庆时作出的科学判断的因果关系说给在场人大代表听——“如果长江经济带搞大开发，下面的积极性会很高、投资驱动会非常强烈，一哄而上，最后损害的是生态环境。过去已经有一些地方抢跑，甚至出现无序开发，违法挖河砂、搞捕捞、搞运输，岸线被随意占用等情况，如果这样下去，所谓的长江经济带建设就变成了一个‘建设性’的大破坏。所以，我强调长江经济带不搞大开发、要共抓大保护。”

2018 年 4 月 24—25 日，习近平总书记赴湖北、湖南调研考察，在第一站湖北省宜昌市兴发集团新材料产业园里，他就告诉集团园区的广大员工：“首先定个规矩，就是要抓大保护，不搞大开发。”

习近平对员工们说：“不搞大开发不是不搞大的发展，而是要科学地发展、有序地发展。对于长江来讲，第一位的是要保护好中华民族的母亲河，不能搞破坏性开发。所以这一条要立个规矩。”

4 月 25 日上午，习近平尽览长江，访化工企业、三峡电站，进搬迁居民区，过问百姓的生活情况，乘船看码头的整治管理、看两岸生态保护，在自然保护区监测站看了动植物生存环境……察看两岸生态环境和发展建设情况。

习近平用“尊重”这一词语说出了他对中华民族母亲河的感情。同时，在这份深厚感情的积淀下，他又为母亲河的未来做出科学、理性的判断：“推动长江经济带发展必须坚持生态优先、绿色发展的战略定位，这不仅是对自然规律的尊重，也是对经济规律、社会规律的尊重。”

不搞大开发，共抓大保护——这是长江的新规，更是对自然、对未来的敬畏。

长江是我国第一大河，世界第三长河，横跨我国东、中、西三大区域，干流全长 6300 公里，流域面积 180 万平方公里，覆盖上海、江苏、浙江、安徽、江西、湖北、湖南、重庆、四川、贵州、云南等 11 省份，面积占全国的 21%，人口、经济总量均超过全国 40%。

我国 40% 的可利用淡水资源在长江流域是 4 亿人饮用水来源；淡水渔业产量占全国约 60%，具有丰富的渔业资源；有“地球之肾”称谓的湿地在长江流域有 1154 万公顷，超过全国湿地总面积的 1/5。同时，多种珍稀野生动植物生活在这片沃土。

改革开放以来的长江流域，经济社会发展迅速、综合实力快速提升，更是成为我国经济重地、活力之地。

就在 2017 年，长江经济带 11 个省份全部高于或等于 2017 年全国 6.9% 的经济增速，可谓我国新发展的强劲发动机。

长江水质优良比例不断攀升，已达 77.36%。长江三角洲、长江中下游、成渝三大城市群效应不断显现，5 个城市常住人口超过 1000 万，9 个城市 GDP 超过 1 万亿元……这些都是长江新规的见证，也是长江经济带高质量发展的底气和信心。

2014 年 9 月，国务院印发《关于依托黄金水道推动长江经济带发展的指导意见》（以下简称《意见》），部署将长江经济带建设成具有全球影响力的内河经济带、东中西互动合作的协调发展带、沿海沿江沿边全面推进的对内对外开放带和生态文明建设的先行示范带。

随《意见》还一并印发了《长江经济带综合立体交通走廊规划（2014—2020 年）》，提出到 2020 年，建成横贯东西、沟通南北、通江达海、便捷高效的长江经济带综合立体交通走廊。

2016 年，中共中央政治局会议审议并通过了《长江经济带发展规划纲要》（以下简称《规划纲要》），其后，中共中央、国务院正式印发该规划纲要。作为长江经济带发展战略的顶层设计，《规划纲要》指导长江流域各省份阶段性发展目标和任务，确立了长江经济带“一轴、两翼、三极、多点”的发展新格局：“一轴”是以长江黄金水道为依托，发挥上海、武汉、重庆的核心作用，“两翼”分别指沪瑞和沪蓉南北两大运输通道，“三极”指的是长江三角洲、长江中下游和成渝三个城市群，“多点”是指发挥三大城市群以外地级城市的支撑作用。2020 年的发展目标：水质优良比例要达到 75% 以上，森林覆盖率达到 43%；长江黄金水道要畅通，建成综合立体交通走廊；城镇化率达到 60% 以上，建立城市集群。同时，加强创新、研发投入，培育一批世界级企业和产业，建立现代市场体系，形成全方位对外开放新格局，成为引领全国经济社会发展的战略支撑带。

与沿海和其他经济带相比，长江经济带拥有我国最广阔的腹地和发展空间，是我国今后 15 年经济增长潜力最大的地区，可开发规模最大、影响范围最广的内河经济带。

流域经济一般构成了一国国土经济和跨国经济的主干，当今世界经济文化的发展日益离不开流域经济文化的发展。第二次世界大战后，世界上一部分先进国家在现代化过程中，都不约而同地把流域经济的开发当作它们发展的战略重点，如莱茵河、密西西比河、伏尔加河、第聂伯河等。

发展中国家也兴起了流域经济开发热，大河流域开发已成为发展中国家发展经济的重要发展极，国际河流也开始出现跨国、跨文化、跨制度的开发，如图们江、澜沧江、湄公河、恒河等。世界性的流域开发热，从根本上说是与社会生产力高度现代化相联系的，也是与现代社会生产与分工高度社会化相适应的；同时它还是和当今世界生产分布由江河到陆地再到海洋这一自然进程相一致的。

综观世界经济发展，发达的经济走廊和经济重心地区，几乎都分布在主要江河流域。

长江经济带不仅是长江流域经济最发达、最繁华的地区，也是全国最重要的高密度经济走廊和全国经济、科技、文化最发达的地区之一。20 世纪 90 年代，随着浦东开发和三峡工程建设等重大决策的相继实施，国家有关部门提出发展长江三角洲及长江沿江地区经济的战略构想。

长江经济带具有得天独厚的综合优势。

长江经济带横贯我国腹心地带，经济腹地广阔，不仅把东、中、西三大地带连接起来，而且还与京沪、京九、京广、皖赣、焦柳等南北铁路干线交汇，承东启西，接南济北，通江达海。

长江经济带具有极其丰沛的淡水资源，其次是拥有储量大、种类多的矿产资源，此外，还拥有闻名遐迩的众多旅游资源和丰富的农业生物资源，开发潜力巨大。

长江经济带历来就是我国最重要的工业走廊之一，我国钢铁、汽车、电子、石化等现代工业的精华大部分汇集于此，集中了一大批高耗能、大运量、高科技的工业行业和特大型企业。此外，大农业的基础地位也居全国首位，沿江九省份的粮棉油产量占全国的 40%以上。

长江流域是中华民族的文化摇篮之一，人才荟萃，科教事业发达，技术与管理先进。

城市密集，市场广阔。上海浦东开发开放和三峡工程建设将产生数千亿元的投资需求，而且这一地区人口密集，长江沿线有 6 亿人口，城市密度为全国平均密度的 2.16 倍，居民收入水平相对较高，各种消费需求也十分可观，对于国内外投资者有很强的吸引力。

“峨峨匡庐山，渺渺江湖间”，庐山，是江西首屈一指的名山，雄踞于江西省北部。一山飞峙，斜落而俯视着万里长江，正濒而侧影着千顷阔湖。长江、庐山、鄱阳湖，襟江带湖、江环湖绕，山光水色、岚影波茫，景象万千。

俯视万里长江，江西居中，得美景，得地利，居于长江经济带规划的中游城市群中，拥有152公里长江岸线，全部都在九江境内，而九江港常年水深6米，是江西省唯一通江达海的水路口岸，是江西省对接长三角的桥头堡。未来江西实施的沿江开发战略，九江就是“主战场”，也是继省会南昌之后，江西新的增长极。

九江港位于长江中下游长江黄金水道与“京九”大动脉的十字交汇处，是长江5个主枢纽港之一，是江西省唯一通江达海的对外开放国家一类水路口岸，是一个水陆联运的国家级主枢纽港和长江中下游重要港口。早在1861年即开辟为对外通商口岸，1980年4月经国务院批准为国家一类对外贸易口岸，1991年被批准为对外籍船舶开放，2006年列入国家扩大开放口岸，2008年被列为海峡两岸“大三通”相互开放港口之一。

九江港东距上海856公里，西距武汉269公里，处于以上海为中心的华东经济圈和以武汉为中心的华中经济圈的接合部。九江港辖区上至瑞昌市下巢湖，下至彭泽县马当镇，常年水深6米。服务范围辐射江西全省及毗邻鄂、皖、湘部分地区，成为众多企业原料进口和产成品的战略通道，在长江流域和江西外向型经济以及全省交通大格局中具有不可替代的地位和作用。

目前，九江港已开辟了往返日本、菲律宾、俄罗斯、韩国等国家和中国香港、台湾的直达航线，与中远、中海、中外运、美国总统轮船公司、法国达飞、东方海外等国内外20多家著名的航运公司，建立了长期稳定的国际集装箱运输江海联运航线，货物通过港口直达东南亚、欧洲、北美洲等50多个国家和地区的80多个港口，为江西发展对外贸易提供了重要保障。特别是2010年10月，九江开通至上海的水上“直达快航”，破解了腹地物流“瓶颈”，降低了物流成本和减少了运输时间，为九江建设连接长三角，辐射鄂、皖、湘地区的重要现代物流城市奠定了坚实的基础，为实现江西经济特别是内陆经济与长江经济圈的对接加快了进度。

2007 年九江市提出沿江开发战略。

2011 年，江西省委、省政府将沿江开放开发提上重要议事日程。11 月 18 日十三届省委第一次常委会决定：要把长江九江段 152 公里的长江岸线建成整体的开发园区，成为江西省最具开发潜力的工业园区，成为江西省经济发展的黄金带。

2011 年九江沿江战略上升为江西省省级发展战略。

2012 年江西政府工作报告一共有 27 处提及九江市，足见江西对九江市未来发展的期望和重视。

从长江流域来看，九江地处赣、鄂、湘、皖四省交汇处，是长三角、武汉两大经济区的连接点。

从全国看，九江是东部沿海开发向中西部推进的过渡地带，是京九沿线、长江两大经济开发带的交叉点，使得鄱阳湖生态经济区与周边省市经济区及产业带的联系更为紧密。

在江西省内看，江西近 40% 的进口矿石和电煤，70% 的原油以及 65% 以上的外贸集装箱均依托九江港中转，九江作为江西的沿江港口城市，可以充分发挥长江水运的优势，使之成为江西沿江综合运输体系中的龙头。

2011 年，九江工业主营业务收入达到 2200 亿元，增长 50.8%，提前一年完成三年决战 2000 亿元的目标。此外，九江工业增加值达到 481 亿元，工业所占 GDP 的比重一年就提升了 2.8 个百分点，使得九江的经济总量稳居江西省第二位。

这两年来九江的企业也在逐渐做大做强，包括央企的九江石化和省属企业九江钢厂主营业务收入双双突破200亿元，成为九江工业的有力支撑，未来三年至五年，九江过百亿元的企业将达到十余家。

目前，九江在沿江地区才开发了一半左右的面积，未开发面积达到100平方公里。未来，九江沿江开发计划充分利用好每一寸黄金岸线，将潜力巨大，后劲十足。在“十二五”期间，国家将整治长江水道以及扶持沿江开放开发，预计投入建设资金360亿元，这也将为九江未来沿江开发带来重大利好。

“工欲善其事，必先利其器。”这些年，九江市相继编制并完成了《九江港口总体规划》《沿江基础设施规划》《沿江开发产业布局规划》《沿江商贸物流规划》《沿江小城镇规划》《土地利用规划修编》《城西港区控制性详细规划》《湖口金砂湾工业园控制性详细规划》《码头工业城控制性详细规划》《九江县沿江产业集群区二期控制性详规》《庐山区沿江工业基地概念性规划》《庐山区姑塘化纤工业基地概念性规划》《城东工业基地1、3号地控制性详规》《彭泽县沿江开发总体规划》等规划。另外，为满足城西港区建设的需要，编制并完成了城西港区电力、电信、给水、排水、燃气、综合管线等专项规划和口岸商务区修建性详细规划、景观规划。

九江市将沿江开发作为鄱阳湖生态经济区建设的重要抓手，依据《江西省九江沿江开发总体规划》，结合国家长江流域综合利用等相关规划，加强了与省、市“十二五”发展规划和《鄱阳湖生态经济区规划》的衔接，制定沿江承接产业转移指导目录。此次，九江沿江开放开发战略上升至省级战略，是要在更高的基础、起点和水平上推动新一轮沿江开放开发的战略举措，这与整个江西区域发展战略相匹配。

从2017年经济体量来看，江西除南昌一城独大外，赣州市的GDP总量为2524亿元，九江的GDP总量则为2413亿元，多年来，九江GDP总量始终无法超过赣州，但从人均 GDP 数据来看，赣州的人均 GDP 为 2.94 万元，九江则为 4.98 万元。

如果说，过去我们在看长江经济带的时候，更多地看到的是机遇，那么今天乃至未来，我们将承担的是更大的责任，协调责任与机遇。

途通五岭而势拒三江，秦划三十六郡已有九江。2000 多年来，它在中国的影响和重要地位被连篇累牍地载入史册：三国之柴桑，唐宋之浔阳，列强炮轰下的五口通商口岸。任何时候，九江都显得非常重要，舟车辐辏，商贾云集，千年魅力永续。

在全国经济发展格局中，九江是东部沿海开发向中西部推进的接力地带，是京九、长江两大经济开发带的交叉点。从长江流域的格局看，九江是沪、鄂两大经济区的接合部，又是长江段赣、鄂、湘、皖四省接合部；从京九沿线看，九江是唯一的水陆交通枢纽，沟通东西南北，九江也是江西省唯一通江达海的外贸港口城市，是连接全省与长江开发带和沿海开放带的“命门”。由此看出，不论是以武汉、长沙和南昌为组合的“中三角”，还是安徽、湖南、湖北、江西四省省会连接共同组成的长江中游城市群“中四角”，九江都是左右逢源并具有关键作用。可以说九江越强大，“中三角”越有力，九江越做大，“中四角”越有机。九江是打造长江经济带、长江中游城市群战略的一个重要增长点和发展极。

早在民国初年，“国父”孙中山就认为：“九江将成为江西富省之唯一商埠，中国南北铁路之一中心”；国务院发展研究中心经论证认为：九江最有条件成为京九中段新的经济制高点；日本国际协力事业团考察后认为：九江处在中国的要冲位置，未来的形象是经济交流中转城市，发展前景远大。

现今，九江被定位中国 70 个大中城市之一、全国 100 个区域中心城市之一、为鄱阳湖生态经济区建设新引擎、中部地区先进制造业基地、长江中游航运枢纽和国际化门户、区域性综合交通枢纽、江西省区域合作创新示范区，九江都市区是江西省重点培育和发展的三大都市区之一。

新格局呼之欲出，晋升省域副中心。2017 年，南昌和九江两市生产总值占全省的 40%，规模以上工业增加值占全省的 36%，财政总收入占全省的 38%。

据“十二五”规划，“十二五”末南昌、九江两市的经济总量和规模以上工业增加值都将达到全省的 40% 以上，有条件成为支撑江西经济崛起的“双核”。

《江西省城镇体系规划（2015—2030 年）》提出，落实全省“龙头昂起、两翼齐飞、苏区振兴、绿色崛起”的区域总体发展要求，以提高江西省城镇和产业的内聚能力，缩小区域与城乡发展差距，统筹社会经济发展与生态环境保护为导向，规划形成“一群两带三区”的省域空间发展总体结构。其中“三区”重点强调了以九江市辖区为核心，强化长江沿岸 152 公里的城镇发展和资源要素集聚，沿江联动瑞昌市、九江县、湖口县、彭泽县形成沿江产业发展带；向南联动庐山风景名胜区、共青城—德安、星子县、都昌县；引导（南）昌九（江）城镇走廊的轨道站点周边地区的开发，整合环庐山地区资源，建成长江中游地区的重要门户和经济中心之一，长江中下游及京九沿线综合交通枢纽，著名的现代化工贸港口城市和国际知名的休闲度假旅游区。

2016 年 6 月 14 日，国务院发布批复同意设立江西赣江新区，新晋为第 18 个国家级新区。江西赣江新区范围含九江市的共青城市、永修县的部分区域，规划面积 465 平方公里。

从地理上看，九江地处长江黄金水道和京九铁路大动脉的十字交汇处，素有“七省通衢”之称。九江港是长江五个主枢纽港之一，是长江中下游的重要港口，是江西省唯一通江达海的对外开放国家一类水路口岸。

坐拥辖区 152 公里的内江岸线，凭借先天的区位优势，九江正大力推进沿江开放开发和昌九一体化，主动融入长江经济带建设和中部城市群。近年来，九江提出推进新型工业化，决战工业 1 万亿元，底气就是来源于 152 公里沿江黄金岸线。随着加快科学规划布局公共港口，积极参与长江流域通关一体化，九江港逐步发力：打造“上接武汉、下接洋山、带动全省、服务周边”的区域枢纽港，成为长江中下游重要的亿吨大港；随着中国“一带一路”倡议和长江经济带国家战略的布局与推进，九江凭借长江黄金水道的优势将迎来重要的机遇。九江港，是江西省最大的水运码头港口，为江西省第一大码头，是长江十大码头之一。

九江是全国性综合交通枢纽,也是后起的高铁新秀。进入“八纵八横”时代，九江还将升级为京九高铁、沿江高铁的交汇，其枢纽地位甚至不输南昌。通过九江的高铁南北向有京九高铁、合九高铁、池九高铁、昌九高铁，东西走向有武九高铁。公路有福州至银川运输通道经过，修水至平江高速公路、昌九高速也在扩建，九江庐山机场目前正在扩建改造中。

江西 152 公里的沿江线全部都在九江，瑞昌是长江从湖北进入江西的第一站，拥有长江岸线 19.5 公里，也是江西省唯一的沿江临港城市，临港产业较为发达，港口吞吐量持续上升。但前些年由于当地矿石俏销，沿江村民投资非法建设码头，码头镇梁公堤狗头矶，曾是装卸砂石、矿石等散货的非法码头聚集地，严重影响了长江的生态环境，造成长江岸线资源被非法侵占，岸线被各类码头“切香肠”，江岸居民也饱受尘土飞扬之苦。

2015 年 10 月以来，瑞昌抽调专人组建长江综合保护机构，开展非法码头和非法采砂专项整治行动。瑞昌市原有各类码头 52 家 77 个泊位，到 2018 年，共拆除码头 24 家 27 个泊位，其中，非法码头 16 家 19 个泊位，不需保留的小、散码头 8 家 8 个泊位。沿江 10 家小、散码头被整合成 1 家矿产品码头，节约岸线 2150 米。

拆除非法码头后留下的“伤口”很醒目，从 2018 年 3 月起，瑞昌投资约 2 亿元，对沿江生态修复工程，总规划总长 19.5 公里，覆盖面积约 291 公顷，让长江大堤再现青翠。

九江仅对瑞昌一段的拆除，就清理沿江滩涂碎石、水泥块等杂物 30 多万方，复绿面积达到 1300 亩左右，其中植树面积约 750 亩，复草面积约 550 亩，栽种树木约 42000 棵，撒种草籽 2000 余公斤。

如今，站在码头镇梁公堤，非法码头已不见踪影，水面设施、附属建筑、货场堆料等被彻底清理。江滩地被清理平整，近水滩涂撒草籽，种芦苇，岸线边坡栽植水杉、竹叶柳等，长江岸边重披绿衣。

长江沿线非法码头治理倒逼水运绿色转型的重大机遇，非法码头“煤炭 + 矿石”的散货模式将升级调整为“集装箱 + 滚装车”模式，码头主要颜色“由黑转绿”，通过水运产业转型来助力长江大保护。

整个九江市从 2016 年到 2018 年 4 月中旬，九江市在沿江非法码头综合整治工作中，共计拆除 74 座码头 85 个泊位，给予规范提升完善手续发证 33 家（含 46 个泊位），腾出宝贵的长江岸线 7529 米，完成长江岸线复绿种植面积 65.89 万平方米，前期投入复绿资金 1327.116 万元。

九江港是长江流域的百年老港，历史积弊形成的小、散、低码头局面已久。据统计，九江市沿江码头各类泊位岸坡 348 个，通过近几年来多次组织的非法码头整治，2016 年泊位统计数为 307 个，其中生产经营性泊位 240 个，公务工作泊位 67 个。受利益驱动，抢占岸线违建现象屡禁不绝。针对上述情况，九江市自 2012 年以来多次组织进行整治，收到了一定效果，但是未得到根治。2017 年，九江市对沿江 107 座非法码头 131 个泊位，按照分类处置原则，列出取缔类 61 座码头 64 个泊位，集中一个月的时间组织拆除，并于 3 月下旬完成清场工作，进行生态植被修复，9 月基本完成拆除码头现场的复绿工作，10 月通过了推动长江经济带发展领导小组办公室的现场巡检验收。

该拆除的坚决不留，该整改的规范提升。城东砂石集散中心，曾是九江沿江无证码头规范提升的“难中之难”。2018 年 4 月 19 日，在果断拆除 8 个泊位后，这个“硬骨头”最终完成规范提升工作，标志着九江无证码头规范工作全面完成。

拆了码头，堵了非法的经营，必定会影响民生，在拆与被拆间势必有矛盾。“共抓大保护”，江西在“共”字上做文章，既然是“共”，就是大家的事情，既有拆除者的行动，也要兼顾被拆除者的利益，真正形成多方“共”保护的局面。瑞昌实践出一套小散码头“政府主导、市场动作、混改模式”，对全市沿江“小、散、低”码头，进行全面整合提升层级。同时，加快城西砂石集散中心报批进度，抓紧投入建设，待该集散中心建成投入使用后，14 个民用砂石临时通道将全部予以拆除，解决了城东砂石集散中心水域与岸线保护区规划冲突问题。

2018 年 3 月 20 日，江西省政府新闻办、省发展改革委联合召开 2017 年江西省长江经济带战略实施情况及 2018 年推动长江经济带发展工作重点新闻发布会。把保护和修复长江生态环境摆在压倒性位置，形成了生态优先、绿色发展的共识共为。

江西省发改委正加快编制《长江经济带九江绿色发展示范区建设方案》并报国家审批。

2018 年 5 月 3 日，江西省委书记刘奇在《人民日报》发表署名文章《打造百里长江“最美岸线”》，表达江西要打一场“共抓大保护”的攻坚战，推进全域治理、全域保护，巩固提升全省生态环境。

文章说，推动长江经济带发展，关键要贯彻落实习近平总书记提出的“共抓大保护、不搞大开发”要求，坚持生态优先、绿色发展的战略定位，加强流域生态系统修复和环境综合治理，筑牢长江生态屏障，加快推动江西实现高质量发展。江西系统推进非法码头、非法采砂、工业园区污染、农业面源污染等专项整治工作，取得了明显成效，但与中央的要求还有差距。江西将认真贯彻习近平总书记重要讲话精神，打一场“共抓大保护”的攻坚战，用三年时间根本上解决严重影响生态环境的突出问题。

长江152公里岸线，是江西不可多得的稀缺资源，打造百里长江“最美岸线”，要摆在推进长江经济带建设的头等大事。刘奇的眼睛紧盯的是长江沿江地区，以最严厉的措施坚决打击非法码头、非法采砂、非法捕捞、非法采矿等危及长江生态环境的现象，加快打造“百里风光带、万亿产业带”，做到“水美、岸美、产业美”。把长江九江段与江西“五河两岸一湖”作为一个整体，强化山水林田湖草“生命共同体”理念，全流域、全方位推进环境综合治理、生态保护与修复，确保一湖清水流入长江，确保长江中下游生态安全。

长江经济带既要大保护，也要科学开发、高质量发展。“生态优先、绿色发展”理念要融入产业升级、通道建设、开放合作、城乡发展等重点领域，体现在经济社会发展各方面和全过程。抓住长江经济带“共抓大保护、不搞大开发”契机，倒逼产业转型升级，让新动能尽快成长为“主力军”。新动能培育做“加法”，做强做优航空、新能源、新材料、电子信息等新兴产业；落后产能做“减法”，加快淘汰煤炭、“小化工”、烟花爆竹等落后产能；生态价值转换做“乘法”，“生态+”理念融入产业发展全过程，做大做强中医药产业，培育绿色金融、文化创意等现代服务业，不断提升经济发展“绿色含量”。加快推动“一带一路”建设和长江经济带发展在江西融会贯通，加快赣江、信江高等级航道建设，重振“赣鄱千年黄金水道”辉煌，全面融入长江黄金水道。坚决把好环境保护关、投资效益关、质量安全关，不能“捡到篮子里都是菜”。持续推进美丽乡村建设，重点整治垃圾山、垃圾围村、垃圾围坝、工业污染“上山下乡”等问题；将生态文明理念全面融入城市发展，合理确定城市功能和空间形态，促进城市与山脉水系相融合，建设和谐宜居、充满活力的新型城市。

2018年5月30日，江西省政府办公厅印发《鄱阳湖生态环境综合整治三年行动计划（2018—2020年）》，除在建项目外，长江江西段及赣江、抚河、信江、饶河、修河岸线及鄱阳湖周边一公里范围内禁止新建重化工项目，周边五公里范围内不再新布局有重化工业定位的工业园区。

环境倒逼工业必须转型，政策守住生态红线使得企业不得不转型。

在地处庐山脚下、长江之滨、鄱阳湖畔的鄱阳湖生态科技城，集名山名江名湖于一身，是九江发展新经济、培育新动能的重要平台，也是九江举力打造的科技创新高地。自2017年6月22日挂牌成立以来，鄱阳湖生态科技城按照“打造绿色生态示范区、科技创新引领区、新经济新动能集聚区、体制机制改革先行区”的总体要求，坚持市区联动，区城一体，克难攻坚，创新突破，奋力吹响了“共建鄱湖新城、同筑科创蓝湾”的前进号角，在打造国家自主创新示范区、江西绿色发展样板区和九江新兴产业先导区的征程中步履铿锵、阔步前行。

鄱阳湖生态科技城区位优势独特，既是九江城区拓展的重要区域，也是九江发展新经济的主战场。一年来，鄱阳湖生态科技城坚持把平台建设作为工作重心，坚持高标准建设和专业化管理，突出生态保护和智慧科技主题，匠心打造城景交融、低碳宜居的绿色生态示范区。

盛夏时节，踏访年轻的鄱阳湖生态科技城，目之所及，是一派繁忙的施工景象——芳兰大道上、科创中心里、生态公园中，只见各个建筑工地上挖掘机、推土机作业不停，铲车、运输车来回穿梭，一股大干快上、昼夜奋战的建设热潮扑面而来。

生态承载未来。鄱阳湖生态科技城起步区10.9平方公里规划中，超过一半用地为生态用地。其中，芳兰湖生态公园面积3.2平方公里，按照“雨洪调蓄、生态涵养、休闲观光、运动健身”的功能要求，对区域水环境进行“控源—截污—治湖”系统治理和生态修复，建成后湖水将常年保持在三类水质以上，并将成为鄱阳湖生态科技城的“绿心”。

为提升竞争力，打造区域性的高端创新创业平台，鄱阳湖生态科技城坚持精工细作，严把质量关口，按照“全国一流、江西最好”的标准，扎实推进众创平台、产业平台等载体建设。总建筑面积15万平方米的科创中心项目明年6月将建成投入使用，16万平方米的新产业综合体项目明年第一季度将全面完工。项目建成后，落户企业只需拎包或“轻资产”即可入驻。

道路是城市的骨架，更是城市的命脉。2017年开工的首批十个重大基础设施项目中，芳兰大道、琴湖大道等4条道路总里程接近20公里。2018年3月又动工建设了生态一路、生态四路、科技三路、科技五路、科技八路等“两横三纵”5条支路，道路总里程超过10公里，这些“内联外通、互联互通”的路网体系，不仅拉开了鄱阳湖生态科技城的开发框架，也为产业项目落地创造了条件。

同时，为保障项目建设需要，鄱阳湖生态科技城和濂溪区集中精力、集中力量，依法依规、平稳快速推进征地拆迁和土地报批工作。截至目前，已丈量土地1.3万亩，报批土地1889.2亩，签订房屋征收协议2184户超过70万平方米。

大项目推动大发展，新产业激发新动能。作为推动九江产业转型、动能转换、发展升级的重要载体，一年来，鄱阳湖生态科技城坚持把招商引资作为头等大事，围绕产业发展定位，搭平台、招项目、引技术、聚人才、汇资金、拓市场，全方位构建产业生态体系，全力打造引领全市新经济新产业新动能发展的集聚区。2018年3月30日，在鄱阳湖生态科技城第二批重大基础设施项目集中开工暨产业金融合作项目签约仪式上，8个产业类重大项目集中亮相，总合同金额超过90亿元。这些落户的项目科技含量高、带动能力强、发展前景好，涵盖智能制造、高端装备、智慧物联、研发中心等多种业态，是鄱阳湖生态科技城精准招商取得的重大成果。

一年来，鄱阳湖生态科技城聚焦新一代信息、生态健康、先进智造和科技服务、文化旅游“3+2”产业体系，将物联网、智能终端、纳米新材料、激光制造和健康医疗作为发展初期的主要产业切入点，按照“平台先行、市场牵引、合作示范、有序推进”的招商思路，紧盯行业成长性企业、科研机构及其配套功能项目，邀请对接了国内外200余批次客商前来洽谈考察。

同时，鄱阳湖生态科技城积极创新招商方式，大力开展平台招商、借力招商、资本招商和市场化招商。目前，正在启动规划中海物联网科技小镇、绿科共创中心、佳海第五代墅级新经济产业园、湖心智慧船艇科技园等平台项目；在长三角委托专业咨询公司开展全方位市场招商；与中国通信学会物联网委员会、深圳上市公司促进会、中关村互联网产业联盟等行业协（学）会建立了长效合作联系机制；与中国科学院上海光学精密机械研究所、南京邮电大学、九江学院等科研机构正在深入探讨院地合作模式，搭建产业研究院、科技成果转化基地等产学研合作平台；与赛伯乐绿科投资公司共同开展发起总规模10亿元的物联网产业基金，开展资本招商；与物联网学报共同成功举办了九江新经济新动能推介会暨2018智慧鄱阳湖论坛活动，打造品牌IP会展经济，推动物联网产业联盟建立。

机制新则全局新，机制活则全局活。鄱阳湖生态科技城作为九江改革创新的“试验田”，是一个功能配套齐全、产业特色鲜明、体制机制灵活、魅力活力凸显的生态新城。一年来，鄱阳湖生态科技城坚持把改革创新作为主要抓手，大胆创新、先行先试，全力打造各种资源要素汇聚的“经济特区”。

在建设发展中，鄱阳湖生态科技城坚持企业化运行、市场化运作、高效化运营，按照现代企业制度，注册成立了具有独立法人资格的九江鄱湖新城投资建设有限公司，目前正在加快完善内设子公司运行体系，已累计投入基建和征迁资金近20亿元。拓宽多元融资渠道，主动对接九江银行、中国农业发展银行、交通银行等金融机构，协议授信额度超过90亿元。通过市场运作、资本撬动，全力将开发运营公司打造成为鄱阳湖生态科技城的城市建设者、管理运营者和产业助力者。

按照“刚性需求、技术安全、迭代复制、分步实施”的原则，鄱阳湖生态科技城坚持与基础设施同步推进，分阶段开放各领域的应用示范，在能源、通信等领域率先实行感知设备统一设备接入、集中智能化管控和数据共享。目前，鄱阳湖生态科技城已成功获批为九江首个国家增量配电网试点平台，并将以此为契机，发展分布式能源，构建智慧能源互联网。到 2020 年前，将可构建全域的智能化网络环境和数字化标识体系。

“专业的人干专业的事”。为提高项目建设管理水平，鄱阳湖生态科技城在全市率先推行了工程总承包（EPC）和项目全过程咨询管理为一体的建设管理模式，通过依法招标，中铁建设、中铁四局、中铁十八局、北京国金、上海同济等知名企业进驻，有力地保证了两批次 16 个工程的顺利推进。

2017 年，《关于鄱阳湖生态科技城管理体制的意见》正式出台，明确了鄱阳湖生态科技城“市级决策、市区共建、独立运行”的管理体制和“切块运作、封闭运行、先行先试”的运行机制。2018 年年初，鄱阳湖生态科技城与濂溪区联合行文，出台了《关于发展新经济培育新动能的暂行办法》，办法从创新创业、产业发展、人才支持、知识产权四个方面共制定 76 条优惠政策，最高补贴可达 1 亿元。

年轻的鄱阳湖生态科技城，揣梦前行，砥砺奋进。秉承生态、科技、创新的发展理念，保持不忘初心、久久为功的战略定力，相信在不久的将来，鄱阳湖生态科技城一定会成为九江发展新经济培育新动能的“金名片”，一定会蜕变为九江经济发展新的增长极，成为江西高质量发展的典范。

2018 年 9 月，为切实保护好长江生态环境，努力打造“长江最美岸线”。彭泽县每年安排专项资金 43 万余元，按照每公里配备 1 名专职保护队员的标准，由县河道局牵头组织成立了一支 46 人的专职管护队伍。这，也是江西首个长江生态管护队。

第七节　生态文明试验区

早在21世纪伊始的2001年，江西省就推出了招商引资“三不原则”：坚决不准引进破坏生态环境的项目，不准引进危害群众生命安全和身体健康的项目，不准引进涉及“黄赌毒”的项目。2003年，全省叫响“既要金山银山，更要绿水青山”的口号，再到2005年，明确了建设“绿色生态江西”的“十一五”规划目标。从20世纪80年代开始的山江湖工程，2008年开始的鄱阳湖生态区，2009年开始的用法律实践维护环境生态……一直到近年来开展的河长制和保护长江所进行的清空鄱阳湖“最后一公里”……这些已经记载在了江西环境保护的历史当中，在保护生态时，如何能不忘发展经济；在发展经济时，如何能不忘保护生态，江西一直没有停止探索。

党的十八大把生态文明建设纳入中国特色社会主义事业“五位一体”总体布局，为加快推进生态文明建设做出一系列决策部署，先后印发了《关于加快推进生态文明建设的意见》和《生态文明体制改革总体方案》。十八届五中全会提出，设立统一规范各类试点示范，为完善生态文明制度体系探索路径、积累经验。通过试验区探索，到2017年，推动生态文明体制改革总体方案中的重点改革任务取得重要进展，形成若干可操作、有效管用的生态文明制度成果；到2020年，试验区率先建成较为完善的生态文明制度体系，形成一批可在全国复制推广的重大制度成果，资源利用水平大幅提高，生态环境质量持续改善，发展质量和效益明显提升，实现经济社会发展和生态环境保护双赢，形成人与自然和谐发展的现代化建设新格局，为加快生态文明建设、实现绿色发展、建设美丽中国提供有力制度保障。

国家在综合考虑各地生态文明改革实践基础、区域差异性和发展阶段等因素上，首批选择了生态基础较好、资源环境承载能力较强的福建省、江西省和贵州省作为试验区。

2017年10月中共中央办公厅、国务院办公厅印发《国家生态文明试验区（江西）实施方案》和《国家生态文明试验区（贵州）实施方案》，福建、江西、贵州我国首批三个生态文明试验区实施方案全部获批，试验区建设进入全面铺开和加速推进阶段，三个试验区共针对38项制度开展创新试验。

江西的实施方案终极目标是实现美丽中国“江西样板”，建成山水林田湖草综合治理样板区、中部地区绿色崛起先行区、生态环境保护管理制度创新区、生态扶贫共享发展示范区。其阶段性目标：到2018年，在流域生态保护补偿、河湖保护与生态修复、绿色产业发展、生态扶贫、自然资源资产产权等重点领域形成一批可复制可推广的改革成果；到2020年，建成具有江西特色、系统完整的生态文明制度体系，为全国生态文明体制改革创造一批典型经验和成熟模式，在推进生态文明领域治理体系和治理能力现代化方面走在全国前列。

时间不等人，阶段性目标就在眼前。赶着2017年年底的12月27日，江西省发布了《国家生态文明试验区（江西）标准化建设方案》，提出六大标准化体系建设具体任务。

标准化建设方案中提到，吉安市等全国生态保护与建设示范区、婺源县等国家生态县等综合性生态文明示范区统一整合，以国家生态文明试验区（江西）名称开展工作，遂川县等国家主体功能区建设试点、于都县国家多规合一试点、景德镇市等生态文明示范工程试点、靖安县等国家河湖管护体制机制创新试点、崇义县等全国森林资源可持续经营管理试点、修水县等国家水土保持生态文明工程、南昌市等全国水生态文明城市建设试点等各类专项生态文明试点示范，统一纳入国家生态文明试验区平台整体推进、形成合力。

江西方案的试点中，吉安作为综合性的全国生态保护与建设示范区覆盖面广、任务艰巨。压力之下，吉安创造了多个特色鲜明，而又具有推广性的生态文明“三字经”。

“三线合围”，护航警示为的是更好发展。

今日秀美吉安绝美风光的背后是一代代吉安人勠力同心的结果，更是一项项生态制度强力保障的结晶。

从江西省唯一入选全国生态保护与建设示范区，到江西省全域实施国家生态文明试验区建设，吉安市牢固树立“生态强市”战略，努力在打造美丽中国“江西样板”上走在前列，以持续深化的体制机制创新，在全市范围筑牢生态法治“红线”，生态安全“黄线”，产业发展“绿线”，推行“红线”管控、“黄线”防范、“绿线”延伸的“三线合围”机制，用制度化力量呵护“山水林田湖草”生命共同体，推动生态环境质量不断巩固提升。先后荣获“全国文明城市”“国家卫生城市”“国家循环经济示范城市”“国家低碳城市”等多个“国字号”绿色名片，拥有省级生态文明示范县 8 个、生态文明示范基地 8 个……

从吉安市中级人民法院经办的几个案件中可以一窥吉安在建立严密法治体系，用生态保护“红线”捍卫绿色生态屏障的作用。

在吉安的大街小巷，时常能听到喇叭播放“旧手机、旧电脑换剪刀换盆”的吆喝声。而有人就以此牟利，不惜以严重污染环境为代价。50 岁的吉安县施某，就是从这些游街串巷的人手中收集废旧的电子垃圾，私自开办了电子垃圾焚烧厂焚烧废旧电容物。2018 年 1 月 12 日，被吉安县人民法院以污染环境罪判处有期徒刑 6 个月，并处罚金 2 万元。

自 2015 年新《环境保护法》正式施行后，吉安市两级人民法院便加大了对环境污染犯罪的打击力度，司法助力吉安绿色崛起成效明显。

2015 年 12 月 9 日，江西省首例大气污染渎职案在永丰县法院开庭审理，永丰县环保局环境监察大队副大队长陈某以涉嫌环境监管失职罪受审，同堂受审的还有违规排放工业废气的四个砖厂负责人，此案为以后法院办理同类案件提供了经验。

保持破坏环境资源犯罪高压态势，惩处一个威慑一方教育一片，让老百姓望得见山、看得见水、记得住乡愁。这是吉安法院人的心之所往。

2018 年 1 月 16 日，吉安中院推陈出新，对环境资源案件审理作出变革，实现了民、刑、行“三审合一”，推进环境资源审判专业化。从建立环境执法联动机制，到开辟环境资源案件绿色通道，到环境资源合议庭成立，再到“三审合一”，吉安市法院针对环境资源犯罪，不断出“实招”、用“重拳”，为吉安市绿色生态拉紧一条不可逾越的“警戒线”。

在新干县塘头村的晒谷场上，法徽挂在三棵半截的樟树旁。被告人胡某因将自家房子旁的樟树砍伐了，构成非法毁坏国家重点保护植物罪，依法判处管制一年，处罚金 5000 元。现场办案，围观的村民恍然大悟，原来随意砍伐自家周边的树木也可能构成违法。

这是吉安法院创新环境资源审理的新模式———从坐堂办案到巡回审理，从巡回法庭到“三定三快一重”生态审判工作机制。所谓“三定三快一重”，是井冈山市生态旅游法庭———全省首个生态旅游法庭的成功经验,即“定期”“定点”“定人”，快立、快审、快结和注重调解结案。随后，安福县法院成立武功山景区巡回法庭、青原区法院成立东固景区巡回法庭，14 个环境资源审判团队，3 个景区生态环境巡回法庭，仅 2017 年，全市法院巡回审理环境资源案件就达 103 起，联动保护格局初步形成。直观的现场办案，让群众将环境违法案件与周边环境相结合，更深入地了解依法维护环境的行为规范。

早在 2015 年 12 月，吉安法院就已着手探索环境资源审判改革，出台了《关于服务生态文明先行示范区建设和推进绿色崛起的若干意见》，把加强环境资源审判，建立生态环境审判专家库等创新特色工作细化成 15 条具体意见，开辟环境资源案件绿色通道，全面加强吉安环境资源审判工作。2017 年，永丰县法院、吉水县法院纷纷依托其矛盾纠纷联合化解中心的全覆盖优势，建立涵盖环保、林业、农业、矿产、水利等全县各行各业环境资源调解人才库，为环境资源案件审判和调解工作提供司法决策参考和专业技术支撑。

2018 年 1 月 15 日，吉安市人民法院在行政庭增挂“环境资源审判庭”牌子，在全省法院率先实行环资案件“三合一”审判模式，将环境资源刑事、民事、行政案件全部归口行政庭审理，创新审判模式。各基层法院分别成立了环资审判团队，审理环境资源案件。

只有实行最严格的制度、最严密的法治，才能为生态文明建设提供可靠保障。2018 年 6 月 5 日，世界环境日，为进一步推进吉安环境资源审判工作，吉安市从全市两级人民法院 2018 年 1—5 月审结的案件中精选了 5 件案件，作为首批环境资源审判典型案例予以发布。这 5 件典型案例中，检察机关刑事附带民事公益诉讼案件一件、刑事案件两件、行政处罚案件两件，保护范围涵盖林用地、国家重点保护植物、土壤、大气、河流等资源领域。数据显示，自 2017 年以来，吉安市两级人民法院共审结环境资源刑事犯罪案件 286 件，民事案件 102 件，行政案件 137 件，为吉安生态文明试验区建设提供了有力的司法保障。

2017 年 11 月 30 日，江西省人大批准了《吉安市城市市容和环境卫生管理条例》的决定，自 2018 年 1 月 1 日起施行。至此，吉安市获得行使地方立法权之后，第一部实体性地方性法规正式出台，这也是吉安市首部强化城市环境管理的条例。

2018 年 5 月 31 日，江西省人大高票表决通过《吉安市水库水质保护条例》于 2018 年 10 月 1 日正式实行，这是全国首部全域水库水质保护地方性条例。此外，吉安市还出台了《关于开展“生态文明、法治护航”工作的实施意见》《吉安市城市园林绿地损坏赔偿规定》等一批规则制度……吉安市生态文明试验区建设确定的33个制度成果清单，已有25项形成了制度成果。

一部部生态立法、一条条规章制度，就像一根根高压电线，一旦踩“线”，必将追责。

井冈山市成立了全省首个生态旅游法庭,创建了“生态旅游审判110”模式；永新县检察院成立了全市首个生态检察科；吉水县、井冈山市、峡江县设立了生态检察联络室、工作站，专门办理生态检察案件。

为加大环保问责追责力度，吉安市印发《重点区域污染物管控责任分工方案》，强化了各地各部门大气污染防治工作的主体责任，出台《关于做好生态文明建设领域监督执纪问责工作的意见》，用铁的纪律“护航”生态文明建设。

为官一任，造福一方。吉安市针对领导干部自然资源资产离任审计乡镇延伸拓宽，完成了新干县、永新县在中乡、井冈山市拿山乡、安福县浒坑镇等一批乡镇党政主要领导干部的自然资源资产责任审计工作。将领导干部的经济责任审计与自然资源资产的开发利用、保护进行紧密结合，通过开展土地、矿产、森林、水资源等各种自然资源资产、环境保护责任审计，及时掌握违法违规线索，严格实行精准追责、终身追责制度。

吉安把生态环境风险纳入常态化管理，建立健全全过程、多层级的生态环境风险防范体系，进一步强化了生态安全“黄线”警示作用。

打造出河湖保护“升级版”，在强化市、县、乡三级河长体系的基础上，将河长制向村组延伸，向每一口山塘、每一条沟渠延伸，构建了区域与流域相结合的四级河长制组织体系并实现全覆盖，“河长制”工作考核名列江西省前茅。建立“河长法治特派员”制度，聘任了11名市法律顾问团成员为市级总河长及市级负责河库河长法治特派员，重点派驻赣江、禾水、蜀水、乌江、遂川江等跨县（市、区）水域和隐患集中的区域。分级推进了市、县两级河长制河库保护地理信息系统平台建设，青原区富水河安装探头 60 个，“河长制”App 实现了水动态实时智能监测。大力推进水生态文明县、乡（镇）、村试点建设和自主创建工作，建成了 62 个水生态文明镇村。

实施了污染源治理大变革。抓住农村生猪养殖及其污染防治这一重要关口，坚持“疏堵结合、退建平衡”的原则，全面完成了禁养区、限养区、可养区“三区”规划和乡镇地理标注，在江西省率先出台《吉安市生猪退养工作指导方案》《吉安市生猪生态循环养殖小区建设审批办法》，对养殖小区建设、审批、废弃物资源化利用等重要环节进行规范，全面完成 3741 家禁养区猪场关停，获批全国唯一“畜牧绿色发展示范市”称号。按照“建设水平一流、环保设施一流、养殖技术一流、生产效益一流”的标准，引进禧鼎集团等行业龙头企业，采用“公司 + 合作社”“公司 + 农户”“公司 + 公司”等模式，全面推开 30 个生态循环养殖小区建设，鼓励安置户及周边农户参与小区经营与管理，实现了退养农户生计和环境保护双赢。

《吉安市生态文明建设目标评价考核实施办法》的出台，旨在逐年提高环境质量、资源消耗、环境损害、生态效益等生态文明建设指标在县（市、区）科学发展综合考评分值权重，考核结果作为各级领导班子和领导干部奖惩、提拔使用的重要依据，严格执行环境保护、节能强度控制考核“一票否决”制度。办法首次将生态文明建设纳入市直有关单位年终绩效考核范围，进一步增强了各级党委政府绿色政绩观。

“红线”护航，“黄线”警示，吉安市加快产业结构调整，用生态产业“绿线”延伸绿色发展道路。

安福县赤谷铁矿是华东最大的铁矿矿藏区。到 2012 年前后，矿区经济效益达到峰值，有 6 家企业入驻，全天候开工生产。随着国际铁矿市场的震动以及我国产业政策的调整，赤谷铁矿遇冷，矿企陆续停产。赤谷铁矿为财政做出较大贡献的同时，也给当地生态环境造成了一定影响。

但是，从矿区停采那天起，该县就启动了矿区绿复工作，加大矿企“反哺”生态力度，对所有铁矿企业都实施了矿区绿化、尾矿库绿化与复垦等生态治理工程，对适合直接栽树的剥土区，采用机械整地、人工栽植的办法，高标准营造红心杉、木荷、泡桐、闽楠进行混交造林；对不宜直接栽树的剥土区，则采用发芽率和成活率高的高脂松种子进行播种造林。到 2018 年，赤谷矿山植被恢复 9000 余亩，赤谷铁矿区九成采空区重新披绿。

赤谷乡还扶持返乡创业青年钟海平在陂头铁矿采空区建立一个占地面积 600 余亩的蜜柚基地，在矿区 6 个村兴建 2000 亩示范基地，100 亩良种繁育基地，加工企业也已开始量产。从尘土飞扬的矿区，摇身一变成了大地上的“绿色银行”。这也是吉安市用实际行动践行绿色发展理念的佐证。

保护生态环境就是保护生产力，改善生态环境就是发展生产力。吉安市围绕提升经济发展质量和水平，充分发挥生态产业“绿线”示范引领作用，加快实现社会经济发展与生态环保的有机统一。在工业、农业、现代服务业上壮大、提质、换挡，走出了绿色发展的新战略。

按照工业高质量发展要求，吉安市相继制定并出台了《关于推进全市工业高质量发展的实施意见》《关于落实新经济发展“二十一字要求”的实施意见》《关于推进工业经济量质齐升的实施意见》《关于推进首位产业龙头企业发展的若干措施》等一系列鼓励政策及措施，撬动益丰泰 TFTLCD 显示面板百亿项目落地建设，电子信息首位产业主营业务收入突破 800 亿元，生物医药大健康、先进装备制造、绿色食品、新能源新材料四大主导产业贡献度稳步提升。同时，严把“亩均强度、生态环保”企业落户门槛，对投资强度不达标的坚决清退，有污染倾向的项目一律不引进，不新增废旧品再生利用项目，着力发展集约高效的绿色经济。

吉安市还以市场需求为导向，以提高农业质量效益和竞争力为核心，制定了《关于扎实推进井冈蜜柚富民产业绿色发展的意见》《关于全力推进农业六大富民产业发展的实施意见》，六大特色富民茶叶已初具规模，井冈蜜柚种植面积达到38.5万亩。综合种养加快推进，稻虾（渔）种养面积达到2.6万亩。培育了一批具有较高知名度、美誉度和较强市场竞争力的农业品牌，全市拥有绿色食品135个，占全省总数的近1/4，“井冈蜜柚”获得国家地理标志证明商标。

深入实施“全景吉安、全域旅游”战略，大力推进旅游集聚区建设，全力构建“三区一网”发展格局，实现旅游新业态助推现代服务业发展。“红色摇篮、山水吉安”品牌宣传在央视重磅推出，扩大了吉安旅游对外影响力。全市旅游惠民卡发放突破7万张，激发了本地旅游需求。荣获“全国旅游‘厕所革命’先进市”。安福羊狮慕、万安田北农民画村成功创建国家4A级景区，井冈山旅游公司获“中国质量奖提名奖”。这些标志性举措及成效有力激发了旅游服务等新业态，促进了现代服务业发展和生态文明试验区建设。

“三循环”扩面连线抓点，真循环提高资源利用效率。

近年来，吉安市始终坚持绿色、循环、低碳发展理念，坚持生态优先、节约优先的方针，以项目建设为抓手，以提高资源利用效率为核心，大力开展技术提升与节能减排管理工作，不断提高资源综合利用水平，大胆探索了一系列符合科学发展观要求的循环经济发展新模式。

吉安市发展绿色经济，“扩面”加快绿色产业大循环。坚持生态优先、节约优先的方针，以项目建设为抓手，以提高资源利用效率为核心，不断提高绿色产业发展水平。工业方面，积极推进矿山尾矿和加工废料再生利用，开展了铁尾矿砂、稀土汝铁硼废料、大宗固体废弃物等资源综合利用项目，2017年工业固废利用率达83.4%，万元GDP能耗降至0.309吨标准煤 / 万元，指标值江西省最低；农业方面，开展农林废弃物多元利用，实施了傲新华富农业循环经济、江西禾旺生物商品有机肥等一批清洁生产和循环经济重点项目，吉安市2017年农作物秸秆综合利用量316.57万吨，综合利用率达83.78%；现代服务业方面，坚持服务主体生态化、服务过程清洁化、消费模式绿色化，2018年上半年，全市旅游总人数和总收入分别增长27.4%和37.4%；同时吉安市商贸、电子商务、现代物流、文化创意、健康养老等其他服务业也催生了一大批新业态，呈现快速发展良好态势。清洁能源方面，加快建立以水能、风能、生物质能和太阳为主的新能源产业，总装机容量9.6万千瓦的泰和风电场投产发电，峡江玉峡等7个风电场项目加快推进，建成光伏发电装机规模30万千瓦，全市天然气用气量突破1亿立方米。

生态园区建设是循环经济发展的重要环节，吉安市积极贯彻“减量第一”的最基本要求，将生态环境保护和产业结构调整相结合，加快推进工业园区改造。从2009年开始持续开展创建生态园区活动，每年确定2—3家工业园区作为创建对象，通过对标找差、整改完善、检查验收等一系列活动，促进了园区内企业的清洁生产，降低了企业内部的资源消耗和废物产生；通过企业间的副产品交换，降低园区总的物耗、水耗和能耗；通过物料替代、工艺革新，减少有毒有害物质的使用和排放；在建筑材料、能源使用、产品和服务中，鼓励企业利用可再生资源。园区尽可能降低资源消耗和废物产生。经开区已获批国家园区循环化改造示范试点，11个项目获得1.28亿元中央资金扶持，吉州区列为全省首批低碳经济试点，井冈山经开区、吉州工业园区为首批省级生态工业园区，永丰县、吉州区、吉安高新区、安福县等四个工业园区获批省级循环化改造示范园区，青原、吉水、泰和、永丰、安福、峡江等园区列入省级生态工业园区创建试点单位，遂川、永新、万安生态工业园区建设规划获得省批复。

近几年来，吉安市持之以恒抓好清洁生产工作，把清洁生产作为节能和循环经济的重点工作加以推进，鼓励企业进行清洁生产审核，增强企业节能降耗，减污增效意识。狠抓清洁生产审核工作，每年年初下达清洁生产审核计划，吉安市列入清洁生产审核计划及完成清洁生产审核的数量均排在全省前列，审核的各类工业企业达到126家。以重点用能企业节能工作为突破口，加强能源管理的监控和指导，落实好“万家企业低碳行动”，重点抓好冶金、建材、电力、化工等重点行业的节能降耗工作，对全市38户重点用能企业单位能耗限额标准执行情况和高耗能落后机电设备淘汰情况进行监督检查。2017年，全市工业综合能源消费总量为295.8万吨标准煤，已经完成“十三五”累计进度目标的54.4%，超额完成省下达的目标任务。

“三改三通三进”，“两带一区”让城市融入自然。

赣江是吉安市的母亲河，264公里长的赣江纵贯吉安全境，占千里赣江三分之一多。这条母亲河由南向北流经万安、泰和、吉安等8个县区，已建成的枢纽有万安水电站、石虎塘航电枢纽、峡江水利枢纽，形成五大天然湖泊，成为不可多得的独特风光。

保护一方生态，守护一江碧水，责无旁贷。自2016年以来，吉安市以打造美丽中国“江西样板”走在前列为目标，把保护水生态作为重中之重，大力开展“河长制”工作实践，积极推动赣江流域生态环境专项整治，加快打造百里赣江“最美岸线”，全市主要河流断面水质、大中型水库水质、饮用水源区水库水质达标率均达100%，赣江水质稳居江西省前三。经过几年的治理，到2018年7月，吉安市水环境质量排名居全省第一。

吉安的河长制工作起始于2016年年初。为建立健全河流水库保护管理体制机制，保障生态文明先行示范区建设，吉安率先在全省制定《吉安市实施“河长制”工作方案》，在试点的基础上，推广并全面实施“河长制”工作。

2016年，吉安市及各地重点选择问题突出的河流和区域开展“河长制”试点，当年13个县（市、区）共有53个乡镇参与试点。至2016年年底，吉安基本建立市、县、乡、村四级河长制组织体系，成立了市、县两级河长制办公室，所有试点乡镇和试点河流经过的乡镇也都成立了河长制办公室，明确市级河长 7 人、县级河长 107 人、乡级河长 511 人、村级河长 2334 人、巡查员或专管员 3495 人、保洁员 3068 人。市、县两级建立了河长制即时通信平台，出台了水质恶化倒查污染来源追溯机制，河湖保护联合执法机制等。

在“河长制”的实施过程中，“清河行动”是一项重要抓手，是河畅水清的重要保证。2016 年，吉安市出台了“清河行动”实施方案，在全市范围内开展工矿企业及工业聚集区水污染专项整治行动、城镇生活污水专项整治行动、水库水质专项整治行动、农业化学肥料、农药零增长专项治理行动等 11 项专项整治行动。2017 年，又全面实施涵盖与江河湖泊水域有关的 15 个专项整治行动的“清河行动”，以问题为导向，针对生猪养殖、河道采砂、入河排污口、园区排放等水污染源，强化联防联治和群防群治，依法从严管水护水。2017 年，对赣江吉安中心城区段开展了为期一个月的河道采砂专项整治工作，查处船只 15 艘，清除非法采砂码头 25 处，整治非法使用港口岸线 6230 米，对吉安港 87 家港口企业开展了港口污染情况调查清理工作，减少规模以上入河排污口 28 个。2016 年，全市广泛发动群众 10 余万人次，共清河流 15 条、沟渠 138 处、水库 234 座、山塘 55 座，对 71 家港口企业开展污染排查。

除了“清河行动”的大力开展，在“河长制”的实践中，各地在护水治水上也创造了很多好经验，让河畅水清好风光遍布庐陵大地。遂川县率全省之先提出“五头（源头、地头、山头、岸头、户头）护水”新理念，通过建立生态产业护水、田间湿地护水、森林植被护水、桥头堤岸护水、全民全域护水机制，实施生态保护长效管理，到 2017 年年底，全县所有流域水质常年均稳定在Ⅲ类以上，60% 以上流域水质达到Ⅱ类以上。青原区新圩镇创新河道保洁模式，率先启动了河道保洁市场化运作机制，引进赣深物业公司专业保洁，实现河道网格化、精细化、数字化管理，并涌现了璋塘、易家洲、雅吉等生态村。

2017年，吉安在建立河长制组织体系、建章立制、开展试点、实施清河行动的基础上，全面推行河长制，打造河长制升级版。与2016年不同的是，2017年，吉安推动河长体系延伸到村组，延伸到每一口山塘、沟渠，实现河长制全覆盖，全面建立了市、县、乡、村河长制四级组织体系，市、县、乡全部组建了河长制办公室。同时进一步健全了“河长制”市级会议制度、信息通报制度、工作督办制度、考核办法等一系列制度，新建立了信息公布宣传机制，《吉安市水库水质保护条例》已经市人大常委会审议并通过。全市市级河长11人、县级河长168人、乡级河长1120人、村级河长2860人、巡查员或专管员4900人、保洁员4335人。

2017年，吉安“河长制”的主要工作已不再是整治水环境，保持良好水质这么简单，而是认真贯彻江西省相关精神，以推进流域生态综合治理为抓手，打造河长制升级版。吉安出台了《吉安市实施流域生态综合治理试点方案》，以富水河和蜀水为示范河流，提升河库管护水平的同时，开展流域生态综合治理，实现生态效益、经济效益、社会效益全面提升。经过一年半的流域生态综合治理，打造了蜀水河流域、富水河流域等一批“优生态、美环境、兴产业、惠民生”示范流域，走出一条经济发展和生态文明水平提高相辅相成、相得益彰的路子。

青原区通过向上争资、社会融资等多种方式筹集资金8400万元用于实施富水河流域水环境综合治理，对富水河25.5公里河道水环境进行整治，新建护岸总长15245米，新建景观拦水坝一座，完成文陂景观拦河坝工程建设。

泰和县积极打造蜀水流域马市镇、苏溪镇特色小镇建设。马市镇蜀口村生态文化旅游特色小镇项目，已列入江西省发改委PPP项目储备库，总投资达10亿元。马市镇2017年投资960万元开展柳塘村、仙桥村等9个美丽乡村建设，投资250万元完成马市生态公园建设，投资500万元完成车田村美丽乡村建设，并引进投资6亿元的展宇光伏发电项目，实施产业转型。苏溪镇列为省级生态旅游示范乡镇，该镇2017年投资790万元开展模山村、水口村等10个美丽乡村建设，投资700万元完成模山村牧歌滩尾水生态休闲项目建设。

安福县以泸水河为单元，整合农林水等20个项目，打捆形成总投资25亿元的流域生态保护与综合治理项目。通过流域生态管控、流域水体污染综合防治、流域防洪基础设施治理、流域生态景观建设、发展流域绿色产业。

2018年，吉安市的“河长制”工作又进一步深化内涵，提升要求。继2017年打造河长制升级版，推进流域生态综合治理，并于6月编制完成《吉安市百里赣江风光带规划及中心城区赣江两岸景观设计方案》，11月经市规委会审议原则通过后，又出台了《吉安市赣江最美岸线建设实施意见》，通过实施创新驱动和产业转型升级，开展流域生态综合治理，着力彰显自然生态之美，绿色发展之美，和谐文明之美，推动“全景吉安、全域旅游”发展，提升水体美，打造岸线美，实现产业美，真正实现“水美、岸美、产业美”。

2018年3月，吉安市又启动了赣江生态保护与综合治理项目，该项目投资200亿元，打造500里赣江最美岸线。开展了赣江生态保护与综合治理项目涵盖生态植被修复、水土保持与综合治理、水环境保护与治理、河堤修复与整治、水生生物保护、污水处理以及“两口”（取水口、排污口）的实时监测系统建设。一个月后，吉安市先行投资30亿元，打造市中心城区赣江两岸60公里最美岸线，全市3年内将完成总计60公里的河道岸线建设，并结合中心城区防洪需要，全面启动赣江生态治理与修复规划。值得一提的是，在打造赣江最美岸线，开展采砂整治中，吉安市创新实施砂场——混凝土搅拌区一体化建设，解决砂石混凝土无序交叉运输造成的交通安全和环境污染问题，分区域在吉州区、青原区、井冈山经开区各布局一个高标准、绿色化砂场搅拌区，每个区建设一套传输系统、一个标准砂场和若干个搅拌站。

近几年，吉安市推进了“两带一区”“城市双修”“三改三通三进”等一系列重点区域和重点部位生态建设和改造项目。全面启动赣江两岸风光带、都市田园休闲观光带和观光区“两带一区”规划建设，大力实施以“路面改沥青、房屋改造建、生活改陋习，疏通下水道、连通绿化带、打通断头路，推动配套设施进小区、公共服务进小区、文明新风进小区”为主要内容的“三改三通三进”攻坚行动；在城市生态修复、城市功能修补方面开展了“十大专项行动”，实现了人居环境大提升。

吉安市加大污水处理和黑臭水体整治力度，全面开展海绵城市技术咨询服务，加快海绵城市建设项目督察，建成鹿鸣湖公园、后河防灾避险公园、沿江路北延工程和城建花苑等四个海绵城市示范项目。加大污水收集管网建设，加大河东片区水体污染整治力度，推进河东片区生态环境持续改善。加快污水处理设施建设，年内实现市中心城区污泥粪便无害化处理厂建设工程全面完工。进一步落实“河长制”工作要求，切实把全面推行河长制暨黑臭水体专项整治工作落到实处。同时，加强对中心城区所有水域、岸线的巡查监测，确保其他水体不再新增黑臭现象。

按照市民出行“300 米见绿，500 米见园”的服务半径要求，吉安市中心城区重点在井冈山大道、吉州大道、石阳路、吉安南大道、青原大道等城市主干道建设了大量街头游园、绿地，合理设置休闲娱乐健身设施，让市民在居家附近就能够亲近绿地、享受绿地。

一系列的举措让如今的吉安市，绿色发展的步伐更加快速稳健，全面提高生态文明建设水平的动力也愈加强劲，青山绿水、风景如画的生态文明建设美好图景正展开，“生态 +”加出了战略性新兴产业的发展、工业的绿色转型升级，井冈蜜柚种植、稻虾共生的产业优化，服务业的发展升级，“全景吉安，全域旅游”战略的深入实施，循环经济发展的大胆探索……这一切无一不体现着吉安市正擦亮生态底色，向绿色循环可持续发展转型，以绿色发展实现经济“绿色超车”。

为全面推进绿色工业发展，支撑生态文明建设水平不断提升，吉安市在保护生态的同时，大力推进产业结构优化、水污染防治等相关环保工作，有力促进了工业绿色转型升级、高质量发展。

为优化产业结构，积极构建绿色工业体系，吉安市先后出台了《吉安市绿色制造体系建设实施方案》《关于推进工业经济量质齐升的实施意见》等重要文件，严格落实产业负面清单和项目备案制度。对照国家相关要求，对限制类和淘汰类项目,不予以备案；对新上工业项目执行更加严格的环保“三同时”制度；项目竣工后，经环保验收合格，方可正式投入生产和使用。强抓绿色工业项目，以国家绿色制造系统集成项目为抓手，重点加快推进合力泰、木林森、红板（江西）、兴泰科技等重大项目建设，四个国家项目共获得无偿资金 8000 万元，在数量和资金上均占全省的五分之一。

吉安市以“生态+”理念，大力发展战略性新兴产业，着力构建电子信息、绿色食品、先进装备制造、新能源新材料、通航、大健康“1+4+1”新型产业体系。坚持电子信息首位产业发展，依托电子信息研究院，大力开展技术攻关，完善产业配套服务，推动电子信息产业“点、线、面、体”全链发展。

吉安市委市政府紧紧围绕“依托吉泰走廊，重点打造全国有影响力的电子信息产业基地”的定位，突出重点，电子信息产业加快集群升级，把壮大特色产业作为构建现代经济体系、实现高质量发展的重要支撑，深入实施工业强市核心战略，举全市之力发展电子信息首位产业，引领产业向中高端跃升、工业向高质量迈进。

电子信息产业从“主导”到“首位”转变，全市电子信息产业主营业务收入连续五年相继迈上 400 亿元、500 亿元、600 亿元、700 亿元、800 亿元台阶，2017 年为 884.2 亿元，成为全市产业发展的“领跑者”和工业升级的“强引擎”。

2018年1—6月，全市电子信息产业实现主营业务收入增幅34%，年内有望实现千亿元目标。

龙头企业优强集群，2017年合力泰主营业务收入超100亿元，成为吉安市首个百亿元企业，投资100亿元的益丰泰TFT项目正式落地，实现了电子信息龙头企业和重大项目百亿元双突破，构筑了龙头企业+骨干企业+配套企业的企业集聚格局；部分主导产品具有较大市场份额和话语权，预计到2020年，百亿元企业可达4户，将组成电子信息产业的“百亿元方阵”。得益于电子信息首位产业的支撑引领，工业经济已成为吉安经济高质量发展的主动力，到2017年，吉安规模工业增加值增速连续六年保持全省前三。

吉安市不断整合各种技术力量，强化节能技术改造，坚持以推动两化深度融合为引领、以促进产业转型升级为重点、以加快新旧动能转换为方向，重点实施工业企业新一轮技术改造，持续打好企业技术改造攻坚战，通过完善重点技改项目库、加强技改项目集中调度和加大技改项目帮扶等一系列措施，吉安市工业企业技改工作取得较好成效。2018年1—7月，吉安市500万元以上工业技改项目131个，总投资547.36亿元，其中，传统产业技改项目73个，总投资153.13亿元，占比分别为55.7%、28%，涵盖了建材、石化、有色、食品等七个重点传统产业领域。促进了吉安市经济素质整体提高，充分发挥了技改项目建设在推进吉安市高质量跨越式发展进程中的积极作用。

“生态+”，加出的还有农业的转型升级、质量提升、农户增收。近年来，吉安市发展井冈蜜柚、绿色大米、有机茶叶、有机蔬菜、特色竹木、特色药材等六大富民产业，坚持向特色优势要竞争力。井冈蜜柚产业的发展是市委、市政府为加快转变农业发展方式、打造特色果业品牌、推进现代农业发展做出的一项重大决策，是促进农业增效、农民增收，确保与全国同步小康的重要举措。全市蜜柚总面积达38.5万亩，投产面积10万亩，总产量5万吨，产值3亿元，“井冈蜜柚处处香，千村万户奔小康”的优美画卷正在形成。

目前，全国柚类栽培面积相对较少，但市场需求量越来越大，吉安市气候条件适宜蜜柚栽培，有宜柚土地面积150多万亩。国家财政投资1000万元资金立项，支持建立井冈山国家农业科技园井冈蜜柚良种繁育与技术推广基地和青原区无病毒优质柑橘良种繁育基地，全市各育苗基地基本实现了井冈蜜柚容器育苗全覆盖。全市百亩以上蜜柚基地近500个，500亩以上基地40余个，千亩以上基地26个，蜜柚栽培面积为全省第一。

在发展模式上，吉安市积极推进“合作社+”的发展模式，通过组织能人、大户带头成立果业合作社，全市共有种植井冈蜜柚的果业合作社175家，农民以土地或资金入股，由合作社统一管理，按股份分配收益。同时，促进产业发展与扶贫攻坚、新农村建设和美丽乡村建设紧密结合，各地结合实际情况发展井冈蜜柚，既可美化村庄环境，又可促进农民增收。提出“一户一亩”井冈蜜柚产业扶贫模式，对有土地、有劳力、有意愿的建档立卡的贫困户100%帮扶种植井冈蜜柚，并免费提供所需苗木及技术服务。

近几年，吉安市先后树立了一批批种植井冈蜜柚的致富典型。吉水县白水镇李小伍带头成立白水镇绿源果业合作社，积极带领群众发展井冈蜜柚致富产业，社员从2007年的5户发展到现在的163户，面积从90亩发展到5000多亩，合作社实行统一管理、统一销售，2016年共计销售井冈蜜柚300多万斤，销售额突破1000万元。

除了井冈蜜柚，“一水两用、一田双收、稻虾共生、粮渔共赢”依托高标准农田建设项目发展以稻虾为主的综合种养产业，同样有效提高了农田利用率和产出效益，促进农民增收。2017年，全市5个稻虾试验点达到亩产150斤虾、800斤稻，产值4000元、利润2000元的目标，实现小龙虾水稻同步增产，产品品质同步提升。养殖企业通过“企业（合作社）+农户”的经营模式，带动农户开展稻虾综合种养。据测算，亩产小龙虾上半年 120 斤、下半年预计 60—80 斤，稻谷 800 斤左右。以小龙虾每斤均价 20 元、稻谷每百斤价 200 元计算，全年小龙虾产值 3600—4000 元、稻谷产值 1600 元左右，合计产值达 5200—5600 元，除去虾苗、饲料、稻谷种子、农药等费用，每亩纯收入 2600 元以上，基本实现经济效益倍增，经济生态效益初步凸显。自主品牌建设初具雏形。“井冈山”牌稻米区域公用品牌建设已列入了全省重点品牌建设行列，以稻虾综合种养基地为重点打造“井冈虾稻”“井冈红米”“井冈软粘”三大系列产品。

近年来，吉安市深入贯彻新发展理念，加快实施服务业发展升级行动计划，加快做大新服务经济总量，扩大服务业中高端供给，近几年国家、省、市安排各类服务业重大项目投资资金保持在 300 亿元以上。2018 年上半年全市 GDP 增长 9.3%，其中服务业增长 11.4%，增速居全省第 3 位，占 GDP 比重达 42.9%，服务业发展呈现“发展提速、比重提高、水平提升”良好态势，成为全市经济社会发展的新引擎。

吉安市布局了一批现代服务业的区域板块，规划打造现代服务业发展“一核一带两片区”，即中心城区服务业核心集聚区、吉泰走廊特色型服务产业带、北部三县现代化生产性服务产业互动区和罗霄山脉资源生态型服务产业互动区，充分发挥了地区产业比较优势和互补对接，推动现代服务业集群崛起。

为抢抓国家生态文明试验区建设重大历史机遇，围绕打造全国知名休闲度假旅游目的地目标，吉安市深入实施“全景吉安，全域旅游”战略，大力推进生态资源开发，全力唱响“红色摇篮，山水吉安”旅游品牌，生态旅游已成为全市旅游经济的重要组成部分。

全域生态旅游产业格局初步形成，加快旅游资源整合和产业要素集聚，大力推进安福羊狮慕、万安万花世界、泰和槎滩陂———蜀口洲、遂川最美梯田、吉水南门洲等 15 个旅游业集聚区和井冈山罗浮双养小镇、吉州窑陶艺小镇、文陂庐陵文旅小镇等20个特色小镇建设，初步形成旅游综合集聚区、特色景观节点区、休闲度假健养区、乡村景色深度网“三区一网”发展格局。井冈山、青原山被评为国家生态旅游示范区，羊狮慕、万安田北画村被评为国家4A级景区，东固景区被评为“省级生态旅游示范区”，泰和苏溪镇被评为“省级生态旅游示范乡镇”，遂川县高山梯田群落被评为“中国最美梯田之乡”，燕坊古村、钓源古村被评为“最美古村落”，渼陂古村被评为“江西十佳旅游摄影外景地”，生态旅游已成为吉安一道亮丽的风景线。

吉安市旅游系统积极发挥井冈山龙头作用，以红带绿、以绿衬红，近年来开发了以井冈山杜鹃山、国际山地自行车赛道、羊狮慕、青原山等为代表的山岳观光休闲度假旅游产品，以青原富田古镇、万安田北农民画村、井冈山茅坪等为代表的乡村旅游休闲假度产品，以吉水库区、万安湖、峡江水利枢纽等为代表的赣江水上旅游观光休闲产品，以武功山温泉、汤湖、热水洲温泉等为代表的温泉康养度假旅游产品等，形成了吉安红绿辉映旅游产品体系，生态旅游融合发展进一步加快。

2019年3月24日，在吉安市第四届人民代表大会第四次会议上，吉安市发展和改革委员会主任刘晓彬报告了2018年全市生态文明试验区建设情况。

2018年，吉安市首创了可供复制的模式。

强化生态文明制度保障，基本建立试验区制度体系。深刻领会生态文明试验区建设核心要义，建立健全系统完整的生态文明制度体系。一是健全生态保护法治体系。出台了全国首部全域水质保护地方性条例《吉安市水库水质保护条例》以及《烟花爆竹燃放管理条例》，持续开展井冈山国家级自然保护区管理、城市绿化管理等立法调研，生态法治体系日趋完善。二是完善生态环境治理体系。推动河（湖）库长制全面落实，建立了“河长制法治特派员”制度，市、县、乡、村四级林长实现全面覆盖。建立生活垃圾强制分类机制，市中心城区率先启动了生活垃圾分类工作。出台了赣江流域生态环境整治、水污染防治、砂场—混凝土搅拌区一体化建设等工作机制。三是建立生态环境监管机制。出台了全省首个生态环境保护责任规定，率先完成了8个国控水质自动监测站建设，划定生态保护红线5089.28平方公里。生态环境损害赔偿、城市园林绿地损坏赔偿等制度正式实行，市、县、乡、村四级环境网格化管理体制全面建立，生态环境监管更加有力。环境资源“三合一”审判模式得到省高级法院高度肯定并全省推广。四是严格落实责任追究制度。出台了领导干部自然资源资产离任审计暂行办法，编制了全市自然资源资产负债表，在全省率先出台生态文明建设领域监督执纪问责工作意见，重点对省环保督察移送的10个单位、34名领导干部进行了问责，全年查处生态环保失职失责问题154起，处理254人，纪律处分71人。

推进重点生态工程建设，持续提升生态环境质量。以重大项目建设为支撑，全面强化生态环境保护，城乡建设内涵品质不断提升。一是加快推进森林质量提升工程。全市完成造林面积22.55万亩，超额完成省下达任务国家储备林基地项目一期8亿元贷款顺利落地，39.1万亩储备林建设步伐加快，遂川县南风面升级为国家级自然保护区。二是大力实施赣江最美岸线建设工程。积极贯彻长江经济带“共抓大保护”工作部署，104项攻坚任务有效落实。赣江“最美岸线”建设正式启动，赣江中心城区段、智慧治水数据平台等一批岸线环境治理项目加快推进。三是着力推动“城市双修”工程。中心城区和吉泰走廊沿线城市双修、中心城区海绵城市试点建设等规划方案完成编制，38个“城市双修”重点项目全面开工，高铁新区海绵城市试点区域及4个海绵城市示范项目基本完工。绿色矿山建设加快推进，全市完成矿区（采石场）复绿补绿1000余亩。四是深入开展农村环境整治工程。高标准实施农村人居环境整治行动，完成4065个新农村点建设，4条美丽乡村建设示范带和赣江美丽乡村综合示范带建设扎实推进，创建了一批示范乡镇、示范村庄、示范庭院，农村生活垃圾第三方治理实现全覆盖，高质量通过国家考核验收。绿色殡葬全面推开，“三沿六区”散埋乱葬现象得到有效整治。

吉安市全力整治突出环境问题，不断增强人民群众获得感。瞄准重点领域，重拳出击，持续推进生态环境专项整治，城乡环境质量不断提高。一是严厉打击生态环境破坏行为。落实中央、省环保督察要求，完成整改问题16个。全市共责令整改案件148件、立案处罚41件、约谈22人，有效解决了一批群众关心的重点、难点环境问题。加大生态环境破坏打击力度，全年查处环境资源刑事案件172件、行政案件132件，批准逮捕破坏生态环境资源类案件23件36人，提起公诉178件261人，对破坏生态环境坚持“零容忍”。二是“蓝天保卫战”全面打响。启动了打赢蓝天保卫战三年行动计划，深入开展了控煤、减排、管车、降尘、禁烧、治油烟等系列专项整治行动，邀请“千人计划”PM2.5治理团队和大气物理专家实地考察，通过限期治理、挂牌督办、约谈警示、考核奖惩等措施，进一步强化了大气污染治理。全年PM2.5同比下降12微克/立方米，低于省考核目标6微克，降幅达23.1%；PM10较上年下降7微克/立方米，降幅9.5%；全市空气质量优良率85.8%，同比上升8.5个百分点，增幅位居全省第一。三是碧水保卫战全面展开。强化重点流域治理，深入开展生活污水及垃圾、工业污染、农业面源污染、港口船舶污染、水域采砂及岸线等五大专项整治行动，劣Ⅴ类水全面消灭，中心城区4条黑臭水体的整治工作如期完成，全市45个规模以上入河排污口实现达标排放，主要河流断面水质优良比例100%。严格实施中心城区赣江段五年禁采，将90余座砂场清理压缩至20座以内，赣江河道砂石资源全面实行政府统一经营管理。推进工业污水处理设施建设，省级以上开发区集中式污水处理设施及自动在线监控装置实现全覆盖。四是净土保卫战成效明显。抓好生猪规范养殖管理，生猪养殖场由7588家减少为1186家，全市禁养区内生猪养殖场退养率继续保持 100%。狠抓土壤污染管控和修复，推动 21.17 万亩土地综合整治与生态修复，建立了污染地块名录及其开发利用负面清单，实施了土壤污染防治修复“三大工程”。生活垃圾焚烧发电项目“1+4 片区”选址规划完成编制，市生活垃圾焚烧发电厂顺利开工建设。

吉安市加快产业结构调整步伐，着力提高绿色经济发展质量。坚持产业发展生态化，生态建设产业化，推动绿色经济快速发展。一是促进绿色产业发展。着力发展绿色农业，全市林下经济作物种植面积 56.8 万亩，稻虾共作综合种养 3.4 万亩，生猪生态循环养殖小区开工建设 35 个。着力发展绿色工业，电子信息首位产业成为全市首个千亿元产业，“点、线、面、体”细分领域加快发展。着力发展绿色服务业，“全景吉安、全域旅游”战略深入实施，全市获评“首批全国生态旅游胜地”“新时代・中国绿水青山最佳旅游名城”等荣誉称号；物流、商贸、文化、健康养老等新兴服务业发展态势良好。二是推广绿色发展方式。井冈山经开区跻身国家级绿色园区，成功创建国家级绿色工厂两个、国家绿色制造系统集成项目两个、省级绿色园区一个、绿色工厂四个，新干县纳入全省八个传统产业优化升级试点之一。遂川清秀山等 4 个风电项目实现并网发电，全市风电总装机规模 54.2 万千瓦；新增天然气用气量 2800 万立方米，总量突破 1 亿立方米。积极开展节能减排行动，单位 GDP 能耗指标值继续保持全省最低。三是培育绿色市场体系。推动乳制品、食用植物油等 8 大类 40 余家食品企业开展质量安全追溯体系建设，建立农产品质量安全追溯点 95 个。新增“三品一标”40 个，“井冈山”区域公用品牌列入省重点建设品牌。

吉安市始终把良好生态环境作为最普惠的民生福祉，着力为群众提供更多优质“生态产品”。一是强化生态文明宣传教育。加强领导干部培训力度，将生态文明建设纳入十九大精神领导干部培训内容，参训人数达 2000 余人。发挥干部考核“指挥棒”作用，把生态文明建设融入干部选拔任用和考核评价体系，

“重视生态就是重视发展”已成为领导干部广泛共识。加强生态文明宣传，改编创办《生态文明周刊》，举办了“生态文明新吉安”“河长杯”等摄影书法比赛。二是促进生态文明共建共享。争取省级流域生态补偿资金3.61亿元，同比增长54.2%，推动了一批生态环保领域的重点项目建设。实施生态扶贫三年行动计划，落实2021个生态护林员岗位，累计建成光伏扶贫项目4825个，总装机容量20.1万千瓦，受益贫困村达到1000余个，完成农村危旧土坯房改造7627户，易地扶贫搬迁353人。三是倡导绿色生活理念。大力开展节约型机关建设，市行政中心获评全国能效领跑者，新增4家国家节约型公共机构示范单位。创建省级“绿色社区”52个，省级“绿色学校”23所。积极推广绿色交通，累计投入新能源公交车702辆，新能源汽车保有量达2341辆，规划电动汽车分时租赁车位3000余个。

吉安市突出重要领域和关键环节的改革试验，积极发挥试点对生态文明建设的示范带动作用。一是争创示范试点。井冈山市荣获第二批“国家生态文明建设示范市”，全市新增五个省级生态文明示范县、两个省级生态文明示范基地、两个省级园区循环改造试点、三个省级绿色低碳示范县、三家省级绿色低碳景区、一家省级低碳农村社区试点，获批数量均居全省前列。二是打造合作平台。强化生态环境保护与治理研究，与中科院地理资源所共建中科吉安生态环境研究院并挂牌运营，为全市生态文明建设提供科技支撑。以升建井冈山国家农高区为契机，推动国家红壤改良工程技术研究中心研究基地落户吉安。三是总结经验。一年来，各地加大改革创新力度，形成了井冈山经开区园区循环化改造、吉安县畜禽粪污资源化利用、遂川生态扶贫、泰和流域综合整治、安福“区域能评”改革、井冈山“绿水青山就是金山银山”实践创新基地、万安生态旅游、永丰风电场生态修复、青原农村污水垃圾全域收集处理、吉州河道采砂场清理、永新城乡环卫购买社会化服务、吉水赣江水生态治理等一批改革经验成果，为全市生态文明试验区建设提供了样板。

2016 年以来，吉安市人大主动策应生态文明建设，连续三年听取审议市政府关于生态文明试验区建设情况报告，完成了水库水质保护和烟花爆竹燃放管理条例的立法，开展了城市绿化管理等立法前期工作，为推进全市生态文明建设提供有力的支撑。市政协突出抓好建言献策，围绕大气污染、湿地保护、绿色产业、循环经济等方面提出了 30 多件提案，开展了生态文明建设和生态环境状况专题民主监督活动，为推动生态文明试验区建设做出了积极贡献。

三线合围、点线面三循环、三改三通三进、两区一带……“三字经”让吉安市生态文明建设目标中期考核进入江西省第一方阵，公众生态环境满意度全省第一。空气质量达到近三年来最好水平，全市地表水环境质量指数居全省第一，土壤污染防治有序推进；生态优势持续巩固，森林面积、森林覆盖率、活立木蓄积量呈现稳步增长，自然保护区、森林公园、湿地公园数量位居全省前列；绿色经济加快发展，服务业增加值占 GDP 比重提高 2.5 个百分点，战略性新兴产业增加值和高新技术产值增加值占规模工业比重分别达到 19.6% 和 44.1%，均高于全省平均水平；制度创新成效明显，吉安市确定的试验区建设 33 项重点制度改革任务中已出台 28 项，生态文明“三线合围”机制和生态循环养殖小区建设纳入全省生态文明典型案例，生态法治建设、自然资源资产审计、生态环保责任规定等制度建设取得明显成效，全市生态文明制度体系更加完善。

与吉安市创造的“三字经”不同的是，在景德镇市和所辖的乐平市以“双创双修”生态修复、城市修补为试点和突破的另一生态文明模式在实践着。

2017 年 11 月 15—16 日，江西省生态修复城市修补工作现场推进会在景德镇市举行。来自全省各地、各部门、各单位的参会代表利用半天时间，现场考察了景德镇市部分“城市双修”项目。通过半天的考察，大家都感觉到了景德镇的城市环境面貌发生了阶段性的巨大变化，其中一个很重要的原因就是抓住了全国“城市双修”试点的机遇，通过大力推进城乡环境整治和“城市双修”，走出了一条不同寻常的城市建设新路子，实现了凤凰涅槃、浴火重生。时任江西省省长的刘奇指出，景德镇是一座能够与世界对话的城市，必须要有更好的环境、更高的品位做支撑，这样才能充分展现江西良好的城市形象和发展形象。

如今的景德镇，城市环境更美了，城市形象更好了，城市功能更全了，经济也开始发力了。景德镇作为全国“城市双修”试点城市，在实现自身改变的同时，更重要的是要发挥试点的带动效应。刘奇总结认为，景德镇一系列的可喜变化，至少有三个方面的经验值得全省各地借鉴：一是要有科学的城市规划，以规划引领“双修”。二是要有可行的实施计划，以项目来推进“双修”。三是要有高效的联动机制，以协作助力“双修”。

“城市双修”修复的不仅仅是生态环境和城市功能，更修复了民心和党委政府的公信力。党中央、国务院的重大决策部署，是治理“城市病”、改善人居环境的重要举措，也是推动供给侧结构性改革、补足城市短板的客观需要。

生态修复和城市修补，是江西省补足城市短板、改善人居环境的重要途径；是治理“城市病”，转变城市发展方式的重要抓手；也是新时代城市转型发展的重要标志。通过“城市双修”，景德镇的城市面貌发生了翻天覆地的变化，成为江西省“城市双修”的榜样。

“双创双修”工作，是改善城乡人居环境的重要途径，是转变城乡发展方式的重要抓手，也是新时代城乡融合发展的重要标志。乐平市抓住景德镇市作为全国试点的契机，科学谋划、项目推进，围绕“十大工程”，做好专项规划、项目库建设工作，列出具体项目清单，明确推进时间表、路线图，巩固和拓展城乡环境大整治成果工作融入“双创双修”，做好打击“两违”、背街小巷改造、空中乱象整治等工作。

隶属景德镇市所辖的乐平市，体育馆主体工程封顶；昌平路等农贸市场提升改造稳步推进；天湖路街心花园改造一新；一条条断头路不仅打通，还美化、绿化、亮化“修饰”一新；工业园区绿化全面提升；以海绵城市理念建设五中滨湖景观快速推进……“双创双修”真正在乐平落地生根、开花结果。

2017年10月，景德镇市“双创双修”动员大会召开后，乐平市连续两次召开市委常委会，专题研究“双创双修”工作，提出“强规划，不折腾，可示范”原则。随即召开全市动员大会，部署“双创双修”工作，始终与景德镇市同步跟进。

在城区，乐平市以拓展新城区、完善老城区为统领，全力推进了绿化、亮化、美化、净化、文化“五化”工程。重点建好停车场、菜市场、幼儿园、公园、广场、养老院、医院、学校等公共服务平台，全面提速绿化、亮化、给排水等基础设施建设，修复老城历史街区，开展背街小巷改造提升。大力整治扬尘和园区污染，引进北京环卫管理市容环境，开展城市生活垃圾集中分类管理，进一步改善了人居环境；严厉打击“两违”建房，保持了“两违”建房零增长；完善雨污分流网络，更新了自来水管网，启动了南内河综合治理和“绿色通道”工程；启动了海绵城市建设，推行城市网格化管理，集中整治交通秩序，疏通了部分梗阻路，打通了部分“断头路”。

在农村，该市以乡镇为单位，加快推进美丽乡村建设。以推进乡村振兴战略为契机，巩固完善小集镇“133”工程，整治管线乱象，推进城乡环卫、供水、公交、教育、卫生一体化，实施了众埠、塔前、镇桥等一批集镇美化亮化工程。加快新农村建设，在每个乡镇选择了一两个村庄实施精品工程。结合农村精准扶贫，贷款2亿元在所有行政村推行农村光伏电站和扶贫车间建设，实现了农民在家门口就业增收和新农村建设的遥相呼应。深入开展乐安河综合修复，禁止肥水养鱼，全市小一、小二型水库245座，收回238座，规范畜禽养殖行为，保护了绿水青山。推进了以婚事新办等为主题的文明乡风建设。洪岩镇还通过建立利益导向机制，探索出一条垃圾分类的好路子。

乐平市完善项目建设管理体制，凡涉及“双创双修”项目的规划设计，必须报城乡规划建设组审核，经领导小组批准后组织实施。城区“双创双修”，分创文、创卫、生态修复、城市修补四个组分头推进。农村“双创双修”，除交通、水利大项目和供水、供电、公交、教育、卫生、国土等工程建设之外的项目，由属地乡镇组织实施，全部归口农村环境组协调指挥、督促考核。该市重点破解乡镇“双创双修”资金难题。鼓励乡镇盘活存量土地和资产，变现优良资产，做好资源变资金文章。市级层面为乡镇提供融资平台，解决一定的启动资金，出台相应的支持政策，让乡镇轻装上阵，形成“三个三分之一”格局，即上级补助、社会投资、本级筹措各三分之一。截至 2018 年 1 月底，乐平“双创双修”建设项目 130 个，投资总额 186 亿元。同时，建立三年规划项目库，将与“双创双修”工作密切相关的项目进行了分类梳理，明确了责任单位、资金来源、建设内容、完成时限。建立了年度实施计划项目库，将工作任务细化量化项目化，明确“一名挂点领导、一个牵头部门、一套具体方案、一张时间表”，快速推进了洪岩旅游总体开发、礌溪河田园综合体、人民路改造、棚户区改造等一批重点项目，开工建设了垃圾发电、景鹰高速挂线改造等项目，打通了昌平北路等 12 条城市“断头路”，基本完成安平路改造工程，体育中心主体工程已在春节前封顶。

“自洪岩镇开展农村垃圾分类改革试点工作以来，全镇村民参与率达到 95% 以上，垃圾总量减少 50% 以上。”乐平市洪岩镇常务副镇长吴大河说，“现在洪岩的环境比以前更好了，这也间接推动了洪岩风景区业绩的同比上升。”

乐平市按照城乡环卫一体化标准，建成覆盖所有乡镇的农村生活垃圾收转运服务体系，建成 10 座标准化垃圾处理站。此外，该市严厉打击“两违”建筑，共拆除违章搭建 9.07 万平方米，拆除违法建房 5.64 万平方米，打击违法占地 4.33 万平方米。建成礌溪河自来水厂，城乡供水一体化更加推行有力，群众生活饮用水安全得到更好保障。

回顾乐平市的“双创双修”工作，体育中心落成了，城市外环通车了，昌平北路等 11 条“断头路”打通了，管道天然气开通且同网同价了，“国字号”洪岩国家森林公园批了……这一桩桩、一件件和广大乐平市民生活密切相关，看得见摸得着的变化，都是该市握拳发力“双创双修”工作交出的亮丽答卷。

生态修复让城市更亮丽，东湖、天湖公园都比以前要漂亮、干净好多。一年来，乐平市重点推进了礌溪河风光带、洪皓森林公园等一批生态公园建设，全面实施控源截污、清水引流工程，恢复和保持东湖、天湖、洪皓公园等清澈水体，对南内河水体全面整治。完成全市 11 座饮用水源地基础建设，城市生活污水和工业园污水处理分别达到国家生活污水排放一级 A 和一级 B 标准，乐安河水质全年保持在国家Ⅲ类以上，共产主义水库被列入全国和全省水源地重点保护区，农村各类水塘水沟基本消灭了劣五类水。

在乐平市委市政府正确领导下，洎阳街道打通了通站路、春华路、昌平北路等 3 条城区“断头路”城区路网的进一步完善，切实提升了广大市民的获得感、幸福感、安全感。乐平市完成人民路、乐平大道、安平路等城市主干道白改黑综合改造，加速推进了老北街保护性修建，市外环、新 206 国道已具备通车条件，打通了东风北路延伸、新平北路等 11 条“断头路”。实施了五中南侧滨游园景观、昌平北路延伸附属景观等形象提升工程，城市标志性建筑、重要出入口景观建设有序推进，完成重要城市节点绿化面积约 2.2 万平方米。栽植各类苗木 9567 株，建设微型公共空间绿地 8.78 万平方米。大力推进城市棚户区和城中村改造，拆除棚改房面积 21 万余平方米，新建 1639 套安置住房，完成 4000 户棚改征收。新增管输天然气 1 万余户，实现与景德镇同城同价。新建了 2 个农贸市场，特别是建成了全省一流的集智能洗车、智慧书屋、便民购物于一体现代农贸市场——昌平路邻里中心。

城市美了，城市宜居了。乐平市的乡村也在“双创双修”中建设更多标准一流、功能一流、服务一流的秀美宜居乡村。

2019 年 7 月 27 日，乐平市委书记俞小平先后来到涌山、共库、洪岩、后港等地，实地调研部分“双创双修”农村在建项目。到涌山镇涌山村“一河两岸”改造工程现场，实地查看街道改造、河道整治、村史馆建设等情况。俞小平说，改造要以人为本、注重细节，既要美丽更要实用，满足群众生活需求；村史馆建设要遵循人文有渊源、文化有传承、历史有脉络的原则，将村庄形成、繁衍、发展的过程全面展示，勾得起回忆、引得起共鸣、强得起自信。

在共库管理局，俞小平等查看了“共库精神”纪念馆选址及村庄改造情况纪念馆建设一定要保留原汁原味，保护好利用好遗留的建筑，修旧如旧，真实客观地反映时代特色，以历史再现的方式重现当时的工作生活场景，让大家能身临其境地感受感悟“共库”精神。

在乐平以色列农业科技示范园，俞小平查看了大棚建设情况，并就当前示范园建设进行深入了解。他说，乐平是江南菜乡，科技示范园对优化乐平市蔬菜产业结构、完善产业链、提升科技附加值、创出乐平蔬菜品牌意义重大，要加快蔬菜品种选定、运营团队组建、品牌 LOGO 设计等步伐，尽快投产尽早见效。

调研中，俞小平真诚地说，农村人居环境提升是“双创双修”的重要内容，是美丽乐平建设的需要，是让广大农村居民有更多获得感和幸福感的需要。实施过程中一定要从实际出发，发掘村庄特色，尊重人文风俗。要突出重点，在农村生活垃圾处理、生活污水治理、推进“厕所革命”和村容村貌整治提升上下功夫，连线连片推进村庄整治建设。要坚持以人为本的原则，充分听取群众的意见，满足人民群众日益增长的美好生活需求，让“双创双修”人人参与、人人共建、人人共享。

吉安市、景德镇市、乐平市……是江西省建设国家生态文明试验区的缩影。

从 2017 年 10 月 2 日，《国家生态文明试验区（江西）实施方案》（以下简称

《江西方案》)正式实施,被纳入首批国家生态文明试验区的福建、江西、贵州三省,发展阶段不同、资源禀赋各异,《江西方案》是中央关于生态文明建设的顶层设计与江西具体实践的结合，针对江西山水林田湖草的系统保护、环境监管与保护、绿色产业发展、市场体系建设、生态文明共建共享和责任追究等重点领域，提出了系统性的制度试验安排。

相比较此前关于江西发展的各时期、各方面的规划和方案，这一次的《江西方案》突出了江西独特的地理自然特征，突出了江西发展阶段的要求，突出了权、责、利的统一。

作为我国南方地区重要生态安全屏障的江西，鄱阳湖流域与江西国土面积基本重合，是一个相对独立的自然生态系统。《江西方案》中将山水林田湖草作为生命共同体，重点在流域生态系统修复、流域综合管理、流域水环境治理等方面探索试验，为兄弟省份乃至国家流域综合管理探索经验。

《江西方案》专门提出了构建促进绿色产业发展的制度体系，在培育绿色产业、产业转型升级以及资源高效利用等方面加大推进力度，努力走出一条经济发展和生态文明水平提高相辅相成、相得益彰的路子。

建设生态文明试验区关键在落实，核心就是要形成权力、责任、利益相匹配的推进机制。《江西方案》一系列制度设计，在源头上明确了所有权归属及其权力清单，在过程中确定了系统完整的监管者责任，在后果上提出了考核评价的详细要求，以此形成既有正向激励，又有反向约束的推进机制，确保各项任务落到实处、取得实效。

30 多年前，被称为世界可持续发展典范的“山江湖工程”，按照“治湖必须治江，治江必须治山、治山必须治穷”的科学发展理念，打造出了一个“绿色生态江西”的雏形。其在区域可持续发展、流域综合治理、湖泊保护等领域的先进理念和技术，不断向其他发展中国家复制输出。

作为国家生态文明综合改革“试验田”的江西，江西需要为美丽中国贡献“江西智慧”。

2019年11月25日，江西省省长易炼红在南昌市专题调研生态环境保护工作。他强调，我们要深入学习贯彻党的十九届四中全会精神和习近平生态文明思想，牢固树立“绿水青山就是金山银山”的理念，坚决打好污染防治攻坚战，以更高标准打造美丽中国“江西样板”，努力在国家生态文明试验区建设中走在前列、成为标杆，让江西永葆绿水青山、处处美景，提升群众生活品质，助推全省高质量跨越式发展。

易炼红首先来到西湖区孺子亭公园，实地考察黑臭水体整治情况。易炼红指出，良好的生态环境是最公平的公共产品、最普惠的民生福祉。要坚持问题导向，补短板、强弱项，继续加大投入、加强整治，采取有力有效工程措施，努力构建常态、防止反复，确保一湖碧水，让老百姓享受更多生态福利。

随后，易炼红来到南昌经开区，现场检查调研了白水湖污水处理厂超标排放问题整改情况。他指出，要按照远近结合、标本兼治、系统治理的原则，科学制订整改方案，压实整改责任，明确工作目标、整改措施，把好每个环节，确保整改提质到位。省生态环境厅要派出工作组，督促和协调指导责任单位按照时限要求做好整改工作。要举一反三、全面排查，对整改不力的要采取综合性措施，严肃追责问责，确保实现长治久清。

在考察乌沙河流域再生水项目时，易炼红查看了分布式污水处理设施，并走到河边检查水质。他指出，针对环保问题多、欠账多等状况，要持续攻坚、久久为功，全力做好控源截污、污水处理、河道清淤、引水活化等工作，加快推进生态修复、环境美化。

易炼红还考察了麦园垃圾填埋场渗滤液改造工程和生活垃圾焚烧发电项目，了解臭味扰民和渗滤液溢流外排等问题整改情况。得知工程项目今年年底将建成并投入使用、发挥效益，易炼红给予肯定，希望坚持科学精准治理、精益求精运营，以一流的技术、一流的设备、一流的管理实现一流的效果，让人民群众有更多获得感、幸福感。

调研中，易炼红强调，绿色生态是江西最大财富、最大优势、最大品牌。要坚持走生态优先、绿色发展之路，全面完成污染防治攻坚战各项目标任务，认真抓好中央环保督察“回头看”反馈问题整改，切实解决突出环境问题，持续改善生态环境质量，确保生态环境安全。

江西省在生态文明建设领域的一系列改革创新举措将陆续“落地”，提出建立全过程的生态文明绩效考评追责制度体系，推动事前、事中、事后全过程管理。2017 年开展了生态文明建设（绿色发展）评价，2018 年在全国率先开展考核，有效发挥绿色发展“指挥棒”的作用，在全国率先开展矿产资源资产负债表试点。2018 年全面推行领导干部自然资源资产离任审计工作。

在推进鄱阳湖流域综合治理方面，仍将坚持践行山水林田湖草生命共同体理念，从加强顶层设计与强化落地措施两方面发力，形成体系较为完善的流域综合治理模式。2018 年修订并完善了江西省流域生态保护补偿办法，科学制定补偿标准、方法和途径，完善补偿资金筹措与增长机制，逐步构建覆盖全省、统一规范的全流域生态保护补偿制度。

建设国家生态文明试验区，是党中央、国务院赋予江西的重大使命，是江西创新发展、绿色崛起的重大机遇，也是走出一条符合江西发展新路子的必然抉择。按照《江西方案》确定的战略定位、建设目标和主要任务，发挥各利益相关方的合力，确保各项目标实现，确保各项措施落地，当好生态文明建设的排头兵。

2017 年 7 月，江西省委第十四届三次全体（扩大）会议把推进试验区建设作为主题，专门研究并审议了贯彻落实《江西方案》的意见，部署试验区建设各项任务，举全省之力打造美丽中国“江西样板”，确保向中央交出一份亮丽答卷。

随着《江西方案》的出台，江西也已吹响了生态文明建设再出发的号角，一个个生态文明建设新理念、新措施、新成效将不断呈现在人们面前——

江西建立了高规格的推进体系。省委书记、省长亲自担任生态文明建设领导小组的组长和副组长，要求各级党委、政府主要负责同志要担负生态文明建设和体制改革主体责任，始终靠前指挥、狠抓落实；生态文明建设成为各级党政和各部门的“一把手工程”。

江西建立了强有力的推进机制。建立整套调度、推进、督导、问责机制，将出台“月调度、季通报、半年总结、年终督察”的整体推进机制。

江西建立了问题导向与目标导向相结合的责任落实机制。将生态文明试验区建设各项任务进行目标化，确定年度、季度工作目标，横向分解到各部门，纵向落实到责任单位。

在迈向生态文明的伟大进程中，江西勇于担当，聚焦重点难点，当好改革“试验田”，在制度创新的道路上“先行快跑”、大胆探索，定将闯出不一样的精彩。

江西省在全国率先建立了每年向省人代会报告生态文明建设情况的制度，省委书记、省长亲自挂帅，建立了省、市、县、乡、村五级“河长制”，并与福建、贵州一起，被纳入首批国家生态文明试验区，也是中部地区绿色崛起先行区。

江西在做一套示范区的“加减乘除”。

做好生态文明的“加法”。一要用好现实基础，建设国家生态文明试验区要借势力推，借赣江新区建设之势，建设系统性的生态文明。借罗霄山特困地区、革命老区扶贫开发之势，建立扶贫开发型生态文明。借鄱阳湖生态经济区之势，建设湖区型生态文明。借赣南承接产业转移示范区建设之势，建设与工业化协同互动的生态文明。借南昌大都市区建设之势，建设城市生态文明；二要加大投入，有效提升基础设施建设和利用水平；加快新上一批节能环保、技术含量高的项目，对能够有效拉长产业链的现有产业深加工项目以及科技含量高、附加值高的项目，政府要主动制定相应的扶持政策，强力推动产业优化升级和经济发展方式的转变。三要加大“生态文明建设”的宣传力度，提升全社会的“生态文明建设”意识，使“生态文明建设”思想深入人心，增强全民节约意识、环保意识、生态意识，形成合理消费的社会风尚，营造爱护生态环境的良好风气，进而调动各方力量自觉参与到“生态文明建设”的行动中，真正以思想的转变引领发展的转型。

做好节能降耗的“减法”。要以壮士断腕、抓铁有痕的气魄做好生态“减法”。加大对高能耗企业的重点监控，重点抓好节能减排工作，关闭浪费资源、污染环境的落后工艺，下决心淘汰落后产能，大力发展循环工业经济和清洁能源，扶持和壮大一批资源综合利用的高新技术企业，采取以源头减废为主导的政策，以节能减排为重点，推动循环经济过渡为主导经济。

探索生态经济的“乘法”。要大力发展生态经济，绿色品牌产业化，园区产业绿色化，实现生态效益、经济效益与社会效益的共赢。构建绿色品牌增值体系，借助体系设计和平台化的管理模式，在设计和销售过程中实现单位产品价值的提升，体系设计中延长产业链并争取做成闭环，并借助物联网标识技术等最终形成产品追溯等体系；园区产业绿色化，借助“大工业”“大数据”等战略行动，依托园区平台建设，培育并发展新能源等新兴产业，重点发展绿色农业和生态旅游等混合业态。

绿色生态是江西最大财富、最大优势、最大品牌，一定要保护好，走出一条经济发展和生态文明水平提高相辅相成、相得益彰的路子，打造美丽中国“江西样板”。打造美丽中国“江西样板”必须加速推进绿色崛起，而绿色崛起的根本路径是绿色发展，绿色发展的关键在于构建绿色产业体系。

不负青山，方得金山。江西的绿色发展红利加速释放。

首先，江西省以农业资源高效集约利用为突破口，建立绿色农业综合生产体系。要推进农业资源科学开发、合理调配，推进农业资源高效集约利用。其次，做大做强农业龙头企业，创新组织模式，打造绿色生态农业集聚区。最后，还要大力发展高效生态现代农业，推进绿色农产品安全生产示范区建设，增加绿色农产品有效供给。

以节能环保装备制造业为突破口，实现产业转型升级。要把节能环保装备制造业作为培育先进装备制造业战略性新兴产业的首要任务，其次是要引进国际国内高端节能环保装备制造企业和项目，做大做强节能环保装备制造业。还要建立节能环保装备制造业高新技术研发中心和技术转化平台，推进科技创新和成果转化。

以提升传统产业为突破口，建设绿色工业园区。首先，化解过剩产能和淘汰落后产能，着力解决钢铁、水泥、平板玻璃、船舶等行业产能过剩矛盾。其次，进一步推进江西省传统产业转型升级，推进传统产业制造高级化、生产低碳化和产业集聚化。最后,还要加快推动产业集群发展,形成一批功能定位清晰、规模优势突出、集群效应明显、辐射带动有力的绿色工业园区。

以绿色生态旅游产业为突破口，优化江西省旅游业布局。要以“旅游强省”为目标，积极引进补链、延链项目，提升绿色生态旅游产业集群的整体竞争力。通过积极发展旅游新业态，形成绿色生态旅游产业链，加快推进旅游产业发展升级。另外，要优化绿色生态旅游业发展布局，推动不同地域绿色生态旅游特色化、品牌化、差别化发展，打造绿色生态旅游示范区。

以发展现代服务业为突破口，助推现代服务业绿色化发展。建立金融创新产业园区，积极发展互联网金融、供应链金融。通过大力发展农村电商，完善冷链物流体系，提高农产品配送能力。以产业转型升级为导向，加快发展生产性服务业。最终要以满足人民群众服务需要为导向，提高生活性服务业发展水平。

以体制机制为突破口，建立江西省绿色产业发展评价考核制度。进一步推动实施江西省绿色产业发展目标的年度考核制度，并加强年度考核，通过建立严格的绿色产业发展奖惩制度，并将结果作为评价领导干部政绩、年度考核和选拔任用的重要参考依据。

做好综合治理的“除法”。一方面，要破除传统的路径依赖，破除粗放低效的传统模式，破除政府包办的传统思维，建立多元化的生态投入机制，提高生态文明建设的综合治理水平和精细化程度；另一方面，要加强生态环境问题的监管，实行各部门联合执法，从项目审批，生态评估、生产过程、消费过程等方面全过程严格监督。同时还要充分动员媒体和公众对环境问题进行监管，加强环境监管，健全生态环境保护责任追究制度和环境损害赔偿制度。在具体建设中，江西不断完善生态文明建设顶层设计，建立了生态保护、水资源和土地资源三条红线制度，划定生态保护红线 5.52 万平方公里；完善自然资源产权制度，深入实施江西省主体功能区规划，推动 26 个国家重点生态功能区全面实行产业准入“负面清单”制度；出台全流域生态补偿实施意见；建立生态文明建设评价指标体系。

江西已建立覆盖省、市、县的水资源管理“三条红线”，将水资源管理纳入市县科学发展考核体系，启动永久基本农田红线划定工作；还筹集生态流域补偿资金 20.91 亿元，成为全国生态补偿金筹集力度最大的省份。

江西探索生态补偿机制再迈新步伐，为加固生态文明制度“四梁八柱”，2017 年江西出台了《关于健全生态保护补偿机制的实施意见》，明确提出到 2020 年，森林、湿地、水流、耕地四大重点领域的生态保护补偿实现全覆盖，建立起符合江西省情的生态保护补偿制度体系。

到 2017 年，作为全国生态环境质量“优等生”和改革“试验田”，江西践行生态文明建设新使命，扎实推进生态文明试验区建设——加强顶层设计，生态立省的战略格局更加鲜明；厚植生态优势，全省生态环境质量进一步提升；绿色动能更加强劲，生态与经济发展更加协调……初步探索出一条具有江西特色的绿色发展新路子，实现经济社会发展与生态文明建设相互促进，生动实践了“绿水青山就是金山银山”的战略思想。

中共江西省委十四届七次全体（扩大）会议于2018年12月27日在南昌举行。江西省委副书记、省长易炼红在此间表示，绿色生态是江西最大财富、最大优势、最大品牌。“要以当仁不让的气概，打好绿色崛起的主动战。”

当天，在回顾今年江西经济工作时，易炼红表示，一年来，江西经济发展的“基础大盘”越来越牢固，经济发展的“现代特质”越来越彰显，经济发展的“引擎动力”越来越强劲。江西在加快发展中突出生态优先，经济发展的“绿色含量”越来越丰盈。

易炼红说，今年江西扎实推进国家生态文明试验区建设，认真抓好中央环保督察反馈问题整改，大力推进蓝天、碧水、净土等保卫战，实施长江经济带“共抓大保护”攻坚行动和“五河两岸一湖一江”全流域整治行动，开展城乡环境综合整治和绿色殡葬改革，一批突出环境问题得到有效解决。

此外，江西全省生态环境质量得到巩固和提升。易炼红介绍说，截至11月，PM2.5浓度均值同比下降15.9%，空气优良天数比率为88.3%，南昌、景德镇市空气质量达到国家二级标准，国考断面水质优良率为90.7%，江西省成为全国唯一“国家森林城市”设区市全覆盖的省份。

在谈及今后的经济工作时，易炼红认为，中国加快经济结构优化升级、提升创新能力、加快绿色发展带来的机遇，有利于江西省充分发挥绿色生态、特色产业、人力资源等方面的比较优势。江西要抓住用好这些“进”的机遇，顺势而为，乘势而上，努力开创高质量跨越式发展新局面。

易炼红强调，绿色生态是江西最大财富、最大优势、最大品牌。必须切实担负起建设国家生态文明试验区的使命，用好中央赋予的绿色金融改革创新等先行先试权，加快打通绿水青山与金山银山的双向转换通道，努力在生态环境保护、生态制度创新、生态经济发展等方面走在全国前列。

对此，易炼红认为，要严格执行生态保护红线，严查严处各类污染环境、破坏生态的行为；大力推进“生态+”，打造可持续综合开发利用生态环境资源的产业体系，提高点“绿”成“金”、增值变现的水平；加快构建政府主导、企业主体、社会组织和公众共同参与的环境治理体系，努力形成生态环境保护大格局。

制度建设是生态文明建设的核心，也是中央设立国家生态文明试验区的出发点。“河长制”则是江西以制度力量守护绿水青山的一个缩影。在国家生态文明试验区建设中，江西努力形成一批可复制、可推广的制度成果，在生态文明制度建设上打造“江西样板”。

建立健全“源头严防”制度体系。强化“三条红线”管控，划定生态保护红线，将全省生态功能重要区域全部纳入保护范围；划定水资源红线，制订“十三五”水资源消耗总量和强度双控行动工作方案；划定土地资源红线，全面划定城市周边永久基本农田3693万亩；健全自然资源产权制度，完善空间管控制度。

建立健全“过程严管”制度体系。完善全流域生态补偿制度，在全国率先实行全流域生态补偿，首批流域生态补偿资金20.91亿元全部下达到位，是全国生态补偿金筹集力度最大的省份；建立健全环境保护管理与督察制度，构建环境治理和生态保护市场体系。

建立健全“后果严惩”制度体系。出台《江西省生态文明建设评价考核办法（试行）》，实行环保“一岗双责”，各地经济社会发展任务要和生态文明建设任务同评价、同考核。出台江西省党政领导干部自然资源资产离任审计实施意见和江西省党政领导干部生态环境损害责任追究实施细则，实行精准追责、终身追究。

坚持把体制机制创新作为国家生态文明试验区建设的核心任务，江西省初步形成了“源头严防、过程严管、后果严惩”的生态文明“四梁八柱”制度框架。

深化生态文明体制改革，既要以“顶层设计”来总览全局、把握方向、协调推进，也要用“基层探索”来接地气、聚人气。江西省已分两批确定了32个省级生态文明示范县、60个省级生态文明示范基地。

安远县全面整合资金政策和执法力量，在全省率先成立生态综合执法大队，集中行使环境保护、水事管理、渔业保护等方面法律法规规定的行政处罚权，对山上山下、地上地下、水上水下进行整体保护、系统修复和综合治理，生态综合执法工作取得了积极成效。

在生态大县资溪，由于逐步建立、规范并严格执行自然资源资产审计制度，近年来，该县有30名干部因生态保护成绩出色得到提拔重用，也有18名干部因审计结果不达标而分别受到免职、降级等处罚……

依山傍水的武宁县罗坪镇长水村，一间间农家客栈、驿站和食堂错落有致，俨然成了游客避暑的世外桃源。以前村民的收入主要来源于砍树卖钱，一年收入不过万把块，如今大家都吃上了“旅游饭”，日子越来越好过了。

长水村从“砍山”到“看山”，从“卖木材”到“卖生态”的实践，证明蓝天白云、绿水青山是长远发展、可持续发展的最大本钱，环境优势、生态优势可以直接转变成经济优势、发展优势。

发展绿色经济是国家生态文明试验区建设的根本要求，是加快推进绿色崛起的重要支撑。绿水青山，不仅是展示生态江西的“金名片”，更能孕育出新的发展优势，培育出新的发展动能。

面对经济新常态，不管经济下行的压力有多大，无论转型升级的任务多么艰巨，江西始终不以牺牲生态环境为代价换取经济发展的一时繁盛。

产业发展做好“加减法”。在培育新动能上做“加法”，建立创新型省份建设“1+N”政策体系，制定并出台贯彻新理念培育新动能政策措施，推动全省新技术、新产业、新业态、新模式加速发展。在改造传统动能上做“减法”，积极化解钢铁、煤炭过剩产能。2016 年，江西省退出粗钢产能 433 万吨、生铁产能 50 万吨，“十三五”五年任务一年完成；关闭退出煤矿 229 处、退出煤炭产能 1400 万吨，超额完成年度任务。

生态价值推动“快转化”。大力发展“生态 +”现代农业，深入实施“绿色生态农业十大行动”，创建 11 个国家级现代农业示范区，成为全国唯一的“全国绿色有机农产品示范基地试点省”；大力发展“生态 +”现代服务业，突出抓好“大健康”产业和生态旅游产业，构建“一核三带四板块”的大健康产业总体布局；打造 35 个旅游重点产业集群，进一步唱响“江西风景独好”旅游品牌。

循环经济实施“新规划”。深入实施江西省循环经济发展和节能减排“十三五”规划；推进吉安、丰城、樟树和南昌经开区、萍乡经开区分别创建国家循环经济示范城市和国家园区循环化改造试点。将符合改造条件的燃煤电厂全部纳入超低排放和节能改造计划，推进有色、建材等 9 个行业 50 个重点节能技改示范项目建设。

构建促进绿色发展的制度体系，明确绿色经济主攻方向，依托江西省生态资源和产业优势，推动“一产一策”，建立产业引导机制，做强做大绿色智慧农业、大健康、节能环保、新能源产业，加快传统产业绿色化改造关键技术研发和推广，开展重点用能单位节能低碳行动。

完善生态文明市场导向制度，制定江西省主要污染物初始排污权核定与分配技术规范、排污权出让收入管理实施办法，基本完成萍乡山口岩水库省级水权交易试点，推进南昌、鹰潭环境污染第三方治理试点，江西省碳排放权交易中心获批成立。

健全绿色金融服务体系。完善企业环境信用评价制度，推动企业环境信息纳入金融信用信息基础数据库，向金融机构开放共享。引导银行等金融机构将信贷资金投放于环保、节能、清洁能源、清洁交通等绿色产业。

坚持把发展绿色产业、促进产业绿色化，作为促进经济发展与资源环境相协调的基本途径，江西经济呈现出“数据飘红、成色更绿”的喜人态势：2016 年，全省高新技术产业占工业增加值的比重达 30% 左右，服务业增加值占 GDP 比重突破 40%，绿色发展取得初步成效。

在保持生态环境质量巩固提升的同时，经济发展实现量质双升，主要经济指标增速保持在全国“第一方阵”，生态与经济发展更加协调，初步探索出一条具有江西特色的绿色发展新路子。

在南昌，市民出门 500 米就能进绿地公园，真正实现了“让森林走进城市、让城市拥抱森林”。在全国率先实现国家园林城市设区市全覆盖，国家森林城市达到 7 个、数量位居全国前列……城市就是园林、森林，出门就能见绿，江西优越生态环境让每个人受益。

喝更干净的水、呼吸更清洁的空气、享受更良好的环境，是民之所望。江西省把环境保护放在公共治理的优先位置，着力解决涉及群众切身利益的突出环境问题，让老百姓在生态文明建设中更有获得感。

推进“净空”行动，让天空更湛蓝。全面完成 158 个重点行业大气污染限期治理项目，推进大气环境监测体系建设，建成省级和南昌、九江的空气质量预报预警体系。积极发展清洁能源，风电、光伏发电装机容量分别突破 140 万千瓦和 180 万千瓦。

推进“净水”行动，让河水更清澈。完成农村日供水 1000 吨（含）以上的饮用水水源保护区划定工作，所有集中式饮用水源地水质均达到国家标准。新建改建城镇和工业园区各类污水管网 1535 公里，全省城市污水处理率达到 88%。

推进“净土”行动，让大地更干净。推进 7 个重点防控区重金属污染监测、治理与修复工程建设，重点行业重金属污染物排放量连续三年下降。基本建成农村生活垃圾“户分类、村收集、乡转运、县处理”的处理体系，德兴市“垃圾兑换银行”等生动模式处处涌现，全省城镇生活垃圾无害化处理率达到 80.7%。

良好的生态环境是最公平的公共产品，是最普惠的民生福祉。江西省始终把生态文明建设作为重要民生工程，健全教育宣传机制，培育生态环保意识，倡导绿色消费、低碳生活，初步形成生态文明理念广泛认同、生态文明建设广泛参与、生态文明成果广泛共享的良好局面。

推进绿色惠民。通过绿色发展带动脱贫攻坚，走出了一条生态文明建设与扶贫开发融合发展的道路。实施生态扶贫工程，完成生态移民 9.6 万人；结合国有林场改革，推动 2 万伐木工转变为生态“护林员”；全面推进光伏扶贫，争取国家下达光伏扶贫计划 62 万千瓦。

弘扬绿色文化。举办世界绿色发展投资贸易博览会、中国鄱阳湖国际生态文化节、环鄱阳湖国际自行车大赛、节能宣传周、绿色家庭创建等主题活动，实施公交优先、“绿色出行”计划，大力推广新能源汽车，新投放新能源公交车超过 1 000 辆。

引导绿色共建。进一步完善重大项目环境影响评价群众参与机制，推动环境敏感性项目“邻避”论证。完善环境保护信息公开制度，建立环境保护信息公开平台。推进生态环保项目与社会资本合作，重点推介抚河流域综合治理等 50 个生态文明 PPP 项目。

到 2019 年 1 月江西省“两会”期间，江西晒出了一份环境质量持续向好的成绩单。

11 个设区市空气质量首次完成目标。2018 年全省 PM2.5 浓度 38 微克 / 立方米，同比下降17%，降幅居全国前列。优良天数比率为88.3%，同比提高了5个百分点；11个设区市空气质量首次全面完成考核目标任务，南昌、景德镇空气质量达到国家二级标准，实现历史性突破。国家考核断面水质优良率92%，高于国家考核目标9.3个百分点；基本消除监测断面劣V类水体。

这些成绩的取得离不开《国家生态文明试验区（江西）实施方案》的落地落实，方案统筹推进了制度设计与成果转化。组建了自然资源与生态环境部门，让国土空间管控、生态保护修复、城乡污染治理等职责进一步理顺，赣江流域环境监管体制改革全面推开，省以下环保机构垂管改革基本到位。尤其是随着环境资源审判、生态检察、生态综合执法模式在全省推开，两起恢复性司法案件入选全国环资审判十大典型案例，检察机关立案环境公益诉讼案件1012件，健全了生态环境监管制度。

围绕群众关心关切、反映强烈的环境问题，江西全面实施了长江经济带“共抓大保护”攻坚行动，开展“五河两岸一湖一江”全流域治理。如推进生态鄱阳湖流域建设，全面建成覆盖规模以上入河排污口、水质监测站、重点排污企业的在线监测系统，完成重点区域14个城镇生活污水处理厂一级A提标改造，所有开发区建成污水处理设施，运营开发区污水处理厂全部达到一级B排放，“厕所革命”取得积极进展。

2018年，江西生态文明建设投入力度进一步加大，全省节能环保支出达163.4亿元，同比增长14%。森林覆盖率、湿地保有量保持稳定，成为全国唯一“国家森林城市”设区市全覆盖的省份，森林、湿地生态系统综合效益达到了1.5万亿元。

生态安全保障制度进一步健全，江西已完成自然资源统一确权登记试点、自然生态空间用途管制试点，启动编制自然资源产权主体权利清单。初步划定生态保护红线4.6万平方公里，占国土面积28.06%，省级以上重点生态功能区全部实行产业准入负面清单。以河长制、湖长制、林长制为主体的全域监管责任体系基本完善。

为构建山水林田湖草生命共同体，江西还加快实施了重点生态保护修复工程，如重点区域森林绿化美化彩化珍贵化建设，完成造林 137.2 万亩，签订天然商品林停伐、管护协议面积 2280 万亩，筹措补偿资金 10.9 亿元，将生态公益林补偿标准提高到 21.5 元 / 亩，居全国前列、中部第一。

特别是农田整治工程，通过启动新一轮高标准农田建设，江西累计完成建设任务 1957 万亩，消化批而未用土地 32.43 万亩，全省土地开发复垦超过 20 万亩，农药化肥使用量连续三年负增长。

绿色动力不断增强，林下经济总产值达到 1533 亿元。

数据显示，2018 年江西服务业占 GDP 比重达到 44.8%，高新技术产业、战略性新兴产业占规上工业比重分别达到 33.8%、17.1%。同比分别提高 2.1 个、2.9 个和 2 个百分点。

第三产业比重的提高，主要依赖于大力发展数字经济，光伏、锂电、新能源汽车等新兴产业，从主营业务收入上看，江西就实现两位数增长。同时，随着加快推进农业一、二、三产的融合，江西林下经济总产值达到 1533 亿元。依托生态优势大力发展生态旅游、休闲康养等产业，全省旅游接待总人次和总收入分别增长 19.7% 和 26.6%。

此外，绿色金融的助力，也让实体经济插上发展的翅膀。在赣江新区已设立各类绿色基金 500 亿元，开展重点行业企业环境污染责任保险试点，全省上市绿色企业 10 家、新三板挂牌绿色企业 36 家，绿色信贷余额达到 1764 亿元，发行绿色金融债 120 亿元。

2016 年中央确定江西省为国家生态文明试验区以来，全省上下牢记习近平总书记关于打造美丽中国“江西样板”的殷殷嘱托，认真落实中央关于生态文明建设的部署要求，时任省长的刘奇提出了“一年开好局、两年有变化、四年见成效”总目标。2018 年，刘奇在组织审议《江西省 2018 年生态文明建设工作要点》的会上，要求层层落实责任，不能变成责任下推、层层甩包袱，要一级做给一级看，一级带着一级干，以滚石上山的韧劲，坚决抓好突出问题整改。

一个个举措、一次次突破，让江西生态文明试验区的改革创新走在全国前列。环保垂管改革进度位列非试点省第一，自然资源同意确权登记、自然生态空间用途管制、五级林长制等工作走在全国前列。靖安生态文明建设实践得到总书记肯定，萍乡海绵城市建设、景德镇“城市双修”获得国务院通报表扬，赣州山水林田湖草保护修复、新余生态循环农业、鹰潭城市生活垃圾第三方处理、抚河水域环境综合治理等形成了“江西经验”，生态文明目标责任体系更加完善，生态价值观念深入人心。

后　记

向世界推荐江西

当前，中国经济向高质量发展的影响在不断加深，提升地方经济发展竞争力，关键是要贯彻好中央提出的新发展理念，坚持以创新为引领，加快培育新动能，推动新旧动能接续转换。

在这片古老的土地上，五大领域正在起飞。

围绕发展新制造经济，大航空、新能源汽车、新型电子、智能装备、新材料等优势产业发展。在这里诞生了新中国第一架飞机，成功首飞的国产大型客机 C919，江西承担了多项机身制造关键技术研发以及部分机身制造任务。江西正着力发挥航空产业优势，加快建设南昌航空工业城和景德镇航空小镇；加快发展航空教育、通航旅游、航空物流、航空会展、航空地产、航空信息服务等相关产业，全力打造千亿元级航空产业。

围绕发展新服务经济，重点抓好全域旅游、工业设计、现代物流、现代金融、文化创意等产业发展。风景独好的江西，旅游资源丰富，现有 10 个国家 5A 级旅游景区、105 个 4A 级旅游景区，旅游收入年均增长都在 30% 以上。20 世纪 80 年代香港著名摄影家陈复礼先生在江西婺源拍摄了一幅作品——《天上人间》，让这个很多人连名字都很陌生的小县迅速“蹿红”，成为游客向往的中国最美乡村。江西还有不少养在深闺中的“大家闺秀”，需要更多像陈先生那样善于发现美的眼睛去发现、去体验。颇具潜力的工业设计、现代物流、现代金融等服务业，虽然江西基础还比较弱，但潜力巨大、商机无限，是投资合作的“富矿”。

围绕发展绿色经济，重点抓好中医药、节能环保、新能源、绿色智慧农业等产业发展。其中，江西中医药底蕴深厚，独具特色。民间有一句话：药不到樟树不齐，药不过樟树不灵，足见江西在全国中医药产业的地位和影响。值得一提的是，江西的热敏灸技术享誉世界，形成了“北有天津针，南有江西灸”的针灸治疗新格局。为加快中医药产业发展，我们正全力打造中国（南昌）中医药科创城；实施樟树“中国药都”振兴工程，培育一批赣产道地优势中药材种植基地，促进中医药与旅游、健康等产业融合发展。通过多措并举，创造中医药产业新辉煌。与此同时，我们加快现代农业发展，大力发展绿色农产品。绿色无公害农产品，成为江西标志性的品牌。

围绕发展智慧经济，着力抓好以大数据、物联网、电子商务、智慧城市为代表的智慧经济。中国电信南昌中部云计算基地、浪潮云计算大数据中心正在加快建设；电子商务快速增长，去年销售额达4361.2亿元，同比增长51.9%。此外，正在鹰潭市推动移动物联网发展，中国移动、中国电信和中国联通均实现了窄带物联网全域覆盖，智能水表、智能停车等应用正在进行试验，并将在全省推广；移动物联网产业园和成立产业联盟正在稳步推进，可以说智慧经济蕴藏着无限潜力。

围绕发展分享经济，着力抓好以生产能力分享、创新资源分享、生活服务分享为主要内容的分享经济，拓展分享经济新“蓝海”。下一步，我们将利用工业云平台，为企业提供制造能力和技术服务能力的展示与分享；建设成布局合理、资源丰富、运行高效、安全可靠的创新资源分享平台，促进大众创业、万众创新；推进二手设备和再生资源互联网交易平台建设，促进多层次的生产要素分享；同时，大力推进交通出行、物流运输、旅游体验、家庭服务等领域的资源和服务分享。分享经济前景广阔、“蛋糕”巨大。

江西在上述五大领域发展带来巨大商机的同时，呈现出三大红利。

“平台红利”。2016年获国家批准建设的“国家级新区”江西赣江新区，规划范围465平方公里。新区将以“长江中游新型城镇化示范区、中部地区先进制造业基地、内陆地区重要开放高地、美丽中国‘江西样板’先行区”为战略定位，构筑以光电信息、高端装备制造、生物医药、新能源新材料、有机硅、现代轻纺业为支撑的主导产业。我们认为，现在的赣江新区是一个“潜力股”；不久的将来，必将成为“绩优股”。

“政策红利”。当前，“一带一路”、长江经济带、长江中游城市群、中部地区崛起、鄱阳湖生态经济区建设、赣南苏区振兴发展、国家生态文明试验区等战略在江西叠加汇集，提供了十足的“国家动力”，出台了100条政策措施，为企业发展降成本、优环境；发起并设立了1000亿元规模的省级发展升级引导基金，支持社会资本发展实体经济。同时，我们始终坚持为企业提供“管家式”“保姆式”的服务，为企业经营提供优良的环境。

“区位红利”。江西是长三角、珠三角、闽东南三角的共同腹地，沪昆高铁、合福高铁在这里交会，昌吉赣深客专建设全面推进，将形成南昌至香港、上海、广州、深圳、武汉等周边城市3—4小时以内的高铁经济圈；并开通了赣欧国际铁路货运班列、12条铁海联运线路、3条“五定班列”。特殊的区位和便利的交通，使江西成为重要的人员流和物流集散中心，宜居宜业宜游，发展前景广阔。

从到江西工作，刘奇书记就把推荐江西作为自己一项分内的工作，他曾用“杜鹃红”“青花蓝”“香樟绿”“马蹄金”四种颜色来推介江西，加深人们对江西的了解和认识。

杜鹃红。在江西这片红土地上，最有特色的花，就是杜鹃花，又叫映山红。江西井冈山上盛开的杜鹃花，不仅彰显着江西人勇于创新、敢闯新路的红色基因，同时也是今天江西红红火火的发展势头的真实写照。江西主要经济指标增速位居全国“第一方阵”，新技术、新产业、新业态、新模式蓬勃发展，新动能加速形成。

青花蓝。世界认识中国，从 china 开始；世界认识 china，从江西景德镇开始。江西景德镇的陶瓷技术冠盖古今。尤其是青花瓷艺术，是创新精神和工匠精神的完美结合，创造了世界陶瓷艺术的高峰。青花蓝，不仅是古代江西产业创新的标志性符号，同时也是今天江西勇于创新的标志符。今天的江西，始终坚持以创新为引领，推动全社会创新创业活力竞相迸发。江西的硅衬底 LED 技术获得国家科学技术发明奖一等奖。以此为依托，我们正全力发展 LED 照明全产业链，努力打造"南昌光谷"，让"中国芯"点亮全世界。

香樟绿。樟树是江西省的省树，四季常青的绿色成为江西最美的风景。江西森林覆盖率达 63.1%，被誉为中国"最绿的省"之一。中国第一大淡水湖、被誉为"候鸟天堂"的鄱阳湖就在江西。2016 年年初，习近平总书记视察江西时指出，江西是个好地方，生态秀美，名胜甚多，人称"庐山天下悠、三清天下秀、龙虎天下绝"。江西人民牢记习近平总书记的重要指示，切实珍惜好、保护好生态环境，全面推进国家生态文明试验区建设，努力打造美丽中国"江西样板"。让绿色发展成为江西的重要标志。

马蹄金。江西省南昌市的西汉海昏侯国遗址重大考古发现惊艳了世界。其中出土的大量西汉时期马蹄金等金器、竹简，展示了一个历史悠久、人文底蕴深厚的金色江西。江西建省早、物阜丰、人文兴盛，拥有千年名楼滕王阁、千年书院白鹿洞书院、千年古刹东林寺等名胜古迹，以及儒教、佛教、道教等多元文化。"唐宋八大家"中的欧阳修、王安石和曾巩，"东方的莎士比亚"汤显祖等都是中华文化的耀眼明星。赣鄱大地，佳山丽水与名胜古迹交相辉映，历史文化与恬静生活浑然一体，自然风光与民俗风情相映成趣。

这一切既是历史的荣耀，也是今天我们闪亮的名片。